Alltagsentscheidungen

Klaus Schredelseker

Alltags-entscheidungen

Die anderen sind nicht dümmer als wir

Klaus Schredelseker
Institut für Banken und Finanzen
Leopold-Franzens-Universität Innsbruck
Innsbruck, Österreich

ISBN 978-3-658-12400-7 ISBN 978-3-658-12401-4 (eBook)
DOI 10.1007/978-3-658-12401-4

Die Deutsche Nationalbibliothek verzeichnet diese Publikation in der Deutschen Nationalbibliografie; detaillierte bibliografische Daten sind im Internet über http://dnb.d-nb.de abrufbar.

Gedruckt auf säurefreiem und chlorfrei gebleichtem Papier

Springer ist Teil von Springer Nature
Die eingetragene Gesellschaft ist Springer Fachmedien Wiesbaden GmbH
Die Anschrift der Gesellschaft ist: Abraham-Lincoln-Strasse 46, 65189 Wiesbaden, Germany

Vorwort

Täglich sind wir mit Entscheidungen konfrontiert. Manchmal geht es um richtungsweisende Dinge, wie die Berufswahl oder die Wahl des Ehepartners. Manchmal geht es um Banalitäten, wie die Frage, ob wir uns ein Erdbeereis oder ein Himbeereis gönnen sollen. Manchmal geht es, wie bei der Bundestagswahl, um große Politik und manchmal geht es um höchst Privates, wie um die Farbe des Wohnzimmersofas. Immer geht es aber um die Notwendigkeit, dem einen den Vorzug gegenüber dem anderen zu geben. Jeder Student der Wirtschafts- und Sozialwissenschaften muss einen Kurs in Entscheidungstheorie über sich ergehen lassen. Die Entscheidungstheorie, eine Verbindung aus Psychologie, Wahrscheinlichkeitstheorie, Mathematik, Verhaltenstheorie und Ökonomie stellt den faszinierenden Versuch dar, einerseits Hilfestellung beim Treffen rationaler Entscheidungen zu geben, andererseits zu erklären, wie real beobachtbare Entscheidungen von Einzelpersonen oder Kollektiven zustande kommen.

Dieses Buch beschäftigt sich mit Entscheidungen, aber es ist kein Buch über Entscheidungstheorie, wenngleich ab und zu auch auf entscheidungstheoretische Konzeptionen Bezug genommen wird. Es ist ein Buch über die Alltäglichkeit von Entscheidungen, präsentiert anhand von 99 höchst unterschiedlichen Episoden, trivialen und weniger trivialen.

Es gibt Probleme, bei denen wir glauben, die Lösung liege auf der Hand, aber bei genauerem Hinsehen müssen wir feststellen, dass genau das Gegenteil geboten wäre. Es gibt Probleme, bei denen es müßig wäre, Lösungen den einfachen Kategorien von richtig und falsch zuordnen zu wollen. Es gibt Probleme, bei denen sich die Lösung durch Anwendung eines mathematischen Algorithmus zwingend ergibt. Es gibt Probleme, bei denen es nötig ist, ins Blaue zu denken und wo es nur darum gehen kann, Sinnvolles von Unsinnigem zu unterscheiden. Es gibt auch Probleme, bei denen es keine Lösung gibt und auch keine geben kann. Vor allem gibt es aber Probleme in Wirtschaft und Gesellschaft, bei deren Lösung wir gezwungen sind, das Denken anderer in unsere Überlegungen einzubeziehen; hier öffnet sich das weite Feld spieltheoretischer Zugänge. Die Spieltheorie, die in den Vierzigerjahren entwickelt wurde und die für lange Zeit eher ein Betätigungsfeld für Mathematiker war, ist mittlerweile zur wissenschaftlich fruchtbarsten Methode der Wirtschafts- und Sozialwissenschaften herangereift und hat viele moderne Erkenntnisse erst möglich gemacht. Sie steht in der besten Tradition der Aufklärung: Wer spieltheoretisch denkt, nimmt seinen Mitstreiter (Kontrahenten, Gegner) als intelligentes Wesen ernst und versucht nicht, ihn zu einem bestimmten Verhalten zu veranlassen, zu formen, zu beeinflussen. Er weiß, dass der andere nicht dümmer ist als er selbst. Und er verhält sich entsprechend.

Ich habe über viele Jahre an der Universität Innsbruck die Vorlesung Entscheidungen gehalten und den Studierenden jeweils am Vorabend der Veranstaltung ein Internetfenster angeboten, in dem sie eine Reihe von Entscheidungsproblemen lösen konnten. Die Studenten gaben ihre Lösungen per Internet ein, sie wurden ausgewertet und die Probleme am folgenden Tag in der Vorlesung besprochen. Um die Ernsthaftigkeit der Lösungen sicherzustellen, konnte man bei vielen Problemen Punkte erzielen, die für die Klausur vorgetragen wurden. Es wurde immer wieder von hitzigen Debatten in den Kneipen des Univiertels an den Montagabenden berichtet, denn die Lösungen mussten bis Montagabend 23 Uhr eingegeben werden. Es würde mich freuen, wenn auch das eine oder andere Problem aus diesem Buch zu angeregten Gesprächen Anlass gäbe.

Klaus Schredelseker
Innsbruck und Sassetta, Oktober 2016

Inhaltsverzeichnis

XIV Alltagsentscheidungen

1

Das Drei-Stühle-Problem
Wo gewinne ich am ehesten?

In einem Raum stehen drei Stühle direkt hintereinander; drei Personen werden gebeten, auf ihnen Platz zu nehmen. Somit sieht die auf dem dritten Stuhl sitzende Person die beiden anderen vor sich; derjenige, der auf dem zweiten Stuhl Platz genommen hat, sieht nur seinen Vordermann auf dem ersten Stuhl; dieser wiederum sieht niemanden. Es ist nicht erlaubt, sich umzudrehen. Nun werden allen die Augen verbunden und eine vierte Person betritt den Raum; sie hat drei blaue und zwei rote Mützen (dies ist allen bekannt) und setzt jedem der drei Sitzenden eine zufällig gezogene Mütze auf; die zwei nicht benötigten Mützen werden entfernt.

Nach Abnahme der Augenbinden erhält derjenige einen hohen Preis, der als Erster die Farbe seiner eigenen Mütze benennen kann. Da Falschangaben bestraft werden, wäre es sehr riskant, die Mützenfarbe erraten zu wollen. Sie betreten als Erster den Raum und haben freie Platzwahl. Auf welchen der drei Stühle setzen Sie sich?

K. Schredelseker, *Alltagsentscheidungen*, DOI 10.1007/978-3-658-12401-4_1

Antwort

Erfahrungsgemäß wählen die meisten Befragten den dritten Stuhl, da sie als Information nur ansehen, was einer unmittelbaren Sinneswahrnehmung (Sehen, Hören, Fühlen etc.) zugänglich ist. Auf dem dritten Stuhl sieht man zwei Personen, auf dem zweiten nur eine und auf dem ersten keine; somit ist der Informationsstand auf dem dritten Stuhl am höchsten. Wer so denkt, übersieht, dass das Wissen über das Wissen oder Nichtwissen anderer (in der Informationsökonomie oft ‚Information zweiter Ordnung' genannt) ebenfalls eine wichtige Informationsquelle sein kann. Tatsächlich ist die Gewinnwahrscheinlichkeit auf dem ersten Stuhl sechsmal so hoch wie auf dem dritten, wie die folgenden Überlegungen zeigen.

Auf dem dritten Stuhl kann man eine eindeutige Aussage über die Farbe seiner Mütze nur dann machen, wenn man vor sich zwei rote Mützen sieht. Da es nur zwei rote Mützen gibt, muss die eigene dann notwendigerweise blau sein. Die Wahrscheinlichkeit für diese Konstellation liegt bei 10 %, denn die Wahrscheinlichkeit dafür, dass der erste eine rote Mütze erhält, beträgt 40 % und die Wahrscheinlichkeit dafür, dass auch der zweite eine rote Mütze hat, beläuft sich auf 25 % (unter den verbleibenden vier Mützen befindet sich nur noch eine rote): Somit ergibt sich $0{,}4 \cdot 0{,}25 = 0{,}1$, d. h. 10 %.

Die Person auf dem zweiten Stuhl weiß dies und kann daher, wenn sie vor sich eine rote Mütze sieht, ohne zu hören, dass ihr Hintermann eine entsprechende Meldung macht, darauf schließen, selbst eine blaue Mütze auf dem Kopf zu haben. Die Wahrscheinlichkeit für diese Konstellation beträgt 30 %, denn die Wahrscheinlichkeit dafür, dass der erste eine rote Mütze aufhat, beläuft sich auf 40 % und die Wahrscheinlichkeit dafür, dass der zweite eine blaue Mütze trägt, beläuft sich auf 75 %: 0,4 · 0,75 = 0,3, d. h. 30 %.

Somit weiß die Person auf dem ersten Stuhl dann, wenn keiner der beiden hinter ihm sitzenden Personen die Farbe seiner Mütze benennt, dass er keine rote, sondern nur eine blaue Mütze auf dem Kopf haben kann. Dies ist mit einer Wahrscheinlichkeit von 60 % der Fall.

Wenn die drei Mützen zufällig gezogen werden, ist somit die Wahrscheinlichkeit, den Preis zu erringen, auf dem zweiten Stuhl dreimal so hoch und auf dem ersten Stuhl sechsmal so hoch wie auf dem dritten Stuhl. Wer nur die unmittelbare Information (Information erster Ordnung) in seine Überlegungen einbezieht, übersieht einfach, dass das Wissen um das Wissen oder Unwissen anderer eine weitere wichtige Informationsquelle sein kann. Auch die anderen können denken. Sie sind vielleicht nicht klüger als wir, sie sind aber auch nicht dümmer.

2

Die beiden schlauen Buben

Wissen über Wissen

Auf dem herbstlichen Hof spielen Julius und Peter, zwei kleine Buben, deren Mutter ihnen jeweils eine rote Mütze aufgesetzt hat, denn es ist schon recht kalt geworden. Die Buben wollten Fußball spielen und haben sich nicht für die Art ihrer Mütze interessiert, sehen aber, welche Farbe die Mütze des anderen hat. Nun kommt Onkel Franz vorbei und bietet demjenigen, der die Farbe seiner Mütze benennen kann, ohne sie abzunehmen, eine Tafel Schokolade an. Die beiden sind ratlos. Da sagt Onkel Franz: „Eines kann ich euch verraten: Mindestens einer von euch hat eine rote Mütze auf dem Kopf."

Was wissen Julius und Peter jetzt?

K. Schredelseker, *Alltagsentscheidungen*, DOI 10.1007/978-3-658-12401-4_2

Antwort

Offenbar haben wir es hier mit einer Variante des Drei-Stühle-Problems Kap. 1 zu tun. Wenn Julius und Peter das Problem in klassisch naturwissenschaftlicher Weise angehen, werden sie beide, da sie ja die rote Mütze auf dem Kopf des jeweils anderen sehen, denken: ‚Das sehe ich. Was Onkel Franz da erzählt, ist für mich nichts Neues.' So gesehen ist die Information aus Sicht der beiden tatsächlich redundant.

Wenn die beiden Buben hingegen in sozialwissenschaftlichen Kategorien an das Problem herangehen, werden sie zunächst für einen kleinen Moment zögern und dann wissen, dass sie selbst nur eine rote Mütze auf dem Kopf haben können. Jedem der beiden ist nämlich klar, dass dann, wenn er selbst eine andere als eine rote Mütze auf dem Kopf hätte, sein Kamerad spontan sagen würde, seine Mütze sei rot. Das kurze Zögern des anderen ist damit für Julius und für Peter ein untrügliches Zeichen dafür, dass ihre eigene Mütze jeweils auch rot sein muss. Auch hier geht das Wissen über das einfache Beobachten hinaus und bezieht das Wissen um das Wissen bzw. Unwissen des anderen in die eigenen Überlegungen ein. Da beiden das Problem zur gleichen Zeit bewusstwird, muss Onkel Franz wohl oder übel noch eine zweite Tafel Schokolade opfern.

3

Des anderen Umschlag ist immer hübscher

Soll man tauschen oder nicht?

Großvater möchte seinen beiden Enkeln Anne und Bernd etwas Gutes tun und gibt Anne ein Kuvert mit einem bestimmten Geldbetrag. Sodann wirft er verdeckt eine Münze und wenn diese auf *Zahl* fällt, gibt er den doppelten Betrag in ein Kuvert, das Bernd erhält; sollte die Münze allerdings auf *Kopf* fallen, so erhält Bernd in seinem Kuvert lediglich die Hälfte dessen, was sich in Annes Kuvert befindet. Da der Großvater auf jeden Fall vermeiden will, dass die beiden Enkelkinder das Gefühl haben könnten, benachteiligt zu sein, gestattet er, dass sie ihre Kuverts tauschen, wenn beide es wünschen. Anne und Bernd nehmen dankend ihre beiden Kuverts in Empfang und sind einigermaßen ratlos.

Anne überlegt sich nämlich: Bernd hat in seinem Umschlag entweder das Doppelte oder die Hälfte von dem, was ich habe: Sollten in meinem Kuvert z. B. 100 € liegen, so muss Bernd mit gleicher Wahrscheinlichkeit entweder 200 oder 50 € haben. Ich sollte auf jeden Fall versuchen, mit ihm zu tauschen, denn dabei kann ich 100 € gewinnen, aber nur 50 verlieren. Der Erwartungswert des Betrages, den Bernd in seinem Kuvert hat, ist mit 200 / 2 + 50 / 2 = 125 €

K. Schredelseker, *Alltagsentscheidungen*, DOI 10.1007/978-3-658-12401-4_3

jedenfalls höher als der Betrag in meinem Umschlag. Anne weiß, dass dies selbstverständlich unabhängig von den tatsächlichen Zahlen gilt: Sie muss damit rechnen, dass sich in Bernds Kuvert stets das durchschnittlich 1,25-fache des Betrages befindet, den sie selbst hat. Bernd stellt hingegen folgende Überlegung an: Wenn die Münze auf *Zahl* gefallen ist, wurde Annes Betrag verdoppelt, somit hat sie die Hälfte von mir; wenn hingegen die Münze auf *Kopf* gefallen ist, so wurde ihr Betrag halbiert und sie hat das Doppelte von mir. Sollten sich in meinem Kuvert z. B. 100 € befinden, so hat sie 50 oder 200 €. Ich sollte somit auf jeden Fall tauschen, denn der Erwartungswert des in ihrem Kuvert befindlichen Betrags ist um 25 € höher als der meine.

Beide gehen also davon aus, sich besser zu stellen, wenn sie auf den Tausch eingehen. Haben Sie wirklich recht oder unterliegen sie einem Denkfehler?

Der Verfasser in einer Innsbrucker Vorlesung, gezeichnet von einem Hörer

Antwort

Das Problem ist bereits seit den fünfziger Jahren bekannt und wurde 1989 von *Barry Nalebuff* (*1958), einem Spieltheoretiker an der Yale Universität, unter der Bezeichnung *The Other Person's Envelope is Always Greener* verbreitet. Natürlich unterliegen Anne und Bernd einem Denkfehler, denn die Summe in ihren beiden Kuverts ist konstant und kann durch Tausch nicht verändert werden; schon gar nicht kann dies für beide vorteilhaft sein. Nur: Worin liegt der Fehler?

Es gibt eine Reihe von Lösungsansätzen, die *Nalebuff* im *Journal of Economic Perspectives* (Vol. 3, 1989, S. 171–181) vorgestellt hat. Beschränken wir uns hier auf die Lösung von *Hal Varian* (*1947), die sehr schön das Wechselspiel zwischen eigenem Denken und dem Denken über das Denken anderer charakterisiert.

Nehmen wir an, Großvater habe nur einen Betrag in Höhe von N zur Verfügung. Damit kann er maximal nur N / 3 = M in Annes Kuvert legen, da er andernfalls dann in Zahlungsschwierigkeiten kommt, wenn die Münze auf *Zahl* fallen sollte. Der Betrag in Bernds Kuvert kann somit nur im Bereich von 0 ... 2 M liegen. Findet Bernd in seinem Kuvert einen Betrag im Bereich von M / 2 ... 2 M, so weiß er, dass die Münze auf *Zahl* gefallen sein muss und er sich durch einen Tausch nur verschlechtert. Anne weiß ihrerseits, dass sie, wenn in ihrem Kuvert ein Betrag M / 4 ... M liegt, nicht handeln sollte. Der Grund ist einfach, denn wenn *Zahl* gefallen ist, hat Bernd einen Betrag im Bereich von M / 2 ... 2 M, bei dem er nicht handeln wird; ist hingegen *Kopf* gefallen, weiß Anne, dass ein Tausch sie nur verschlechtern kann. Somit ist der Bereich, in dem es wechselseitig zu einem Tauschwunsch kommt, reduziert auf jene Fälle, in denen Anne weniger als M / 4 in ihrem

Umschlag hat. Für Bernd bedeutet dies ein Betrag im Bereich von 0 ... M / 2; er weiß aber, dass dann, wenn sein Kuvert mehr als M / 8 enthalten sollte, *Zahl* gefallen sein muss und er durch Tausch nur verlieren kann. Da auch das Anne antizipiert, wird sie auf einen Tausch nicht eingehen, sofern sie mehr als M / 16 in ihrem Umschlag vorfindet ... Denkt man diesen Prozess zu Ende, so geht der Bereich, in dem es zu einem wechselseitigen Tausch kommen könnte, gegen M / ∞, d. h. gegen null. Anne und Bernd werden somit ihre Kuverts nicht tauschen wollen.

Diese Lösung geht von der Annahme aus, dass Großvater nur über begrenzte Mittel verfügt, was in der Realität sicherlich zutreffen dürfte. In diesem Fall sind die Wahrscheinlichkeiten dafür, dass mein Gegenüber das Doppelte oder die Hälfte des mir gegebenen Betrags hat, eben nicht mehr gleich; wir haben es mit bedingten Wahrscheinlichkeiten in der Weise zu tun, dass die Wahrscheinlichkeit, doppelt so viel zu haben als der andere, umso geringer ist, je größer der Betrag in meinem eigenen Kuvert ist.

Die Alternative wäre ein unendlicher Raum, über den eine Gleichverteilung auf der Menge der natürlichen Zahlen allerdings nicht definiert ist: Die Wahrscheinlichkeit dafür, dass ein Betrag kleiner ist als die Zahl Z ist stets null, unabhängig davon, wie hoch Z ist. Daher muss M irgendwo eine Grenze haben. Unabhängig davon, wo diese Grenze liegt, gilt die vorherige Überlegung: Weder für Anne noch für Bernd gibt es Sinn, die Umschläge tauschen zu wollen. Zumindest, solange jeder davon ausgeht, dass der andere zu den gleichen Überlegungen fähig ist wie er selbst, dass er eben nicht der Dümmere ist.

4

Welche Zahl sollte ich wählen? Und was denken die anderen?

Stellen Sie sich vor, Sie sitzen in einer Vorlesung mit etwa 120 Zuhörern. Der Dozent gibt jedem ein Kärtchen, auf das man seinen Namen und eine Zahl zwischen null und 100 schreiben sollte. Aus den angegebenen Zahlen wird dann der Durchschnitt gebildet und diejenigen, deren Zahl nahe bei zwei Dritteln eben dieses Durchschnitts liegen, erhalten Punkte für die am Ende des Kurses abzulegende Prüfung: Fünf Punkte für denjenigen, der dieser Marke am nächsten kommt; vier Punkte für den zweitnächsten, drei Punkte für den drittnächsten, zwei Punkte für den viertnächsten und einen Punkt für denjenigen, der in dieser Rangfolge an fünfter Stelle steht. Da es sich um eine wichtige Prüfung handelt, bei der auch schon mal ein einzelner Punkt entscheidend sein kann, nehmen Sie die Ihnen gestellte Aufgabe wirklich sehr ernst.

Welche Zahl werden Sie auf Ihr Kärtchen schreiben? Denken Sie nach und schreiben Sie eine Zahl auf, *bevor* Sie nachschauen.

K. Schredelseker, *Alltagsentscheidungen*, DOI 10.1007/978-3-658-12401-4_4

Antwort

Ich habe das Spiel viele Male mit unterschiedlichem Publikum, meistens mit Studenten der Vorlesung Entscheidungstheorie an der Universität Innsbruck durchgeführt und stets war die Streuung der angegebenen Zahlen enorm. Allerdings war regelmäßig zu beobachten, dass eine Großzahl der Teilnehmer eine Zahl zwischen 30 und 35 angegeben hat. Der Grund dafür liegt auf der Hand: Viele gehen davon aus, dass der Durchschnitt einer von vielen Personen zwischen null und 100 frei gewählten Zahl etwa bei 50 liegen dürfte; zumindest spricht nichts dafür, dass er wesentlich davon abweichen sollte. Bildet man davon zwei Drittel, so erreicht man einen Wert in der Nähe von 33.

Wer eine Zahl in diesem Bereich wählt, geht davon aus, dass er selbst durchaus zu vernünftigem Denken befähigt ist, seinen Mitmenschen aber vergleichbare Fähigkeiten abspricht; er ist eben davon überzeugt, dass die anderen dümmer sind er selbst. Hätten nämlich alle anderen auch eine derartige Überlegung angestellt, so hätte der Durchschnitt bei 33 liegen müssen und die anzupeilende Gewinnzahl bei 22. Hätte man weiterhin unterstellt, dass dies auch allen anderen bewusst ist, so wäre 14 die richtige Wahl gewesen etc. Zu Ende gedacht landet man unwillkürlich bei der Zahl Null, die sich ergeben muss, wenn alle Beteiligten nicht nur selbst rational sind, sondern Rationalität auch allen anderen zubilligen. Natürlich schießt dieses Ergebnis über das Ziel hinaus, die Zahl zu nennen, die zwei Drittel des erwarteten Durchschnitts darstellt. Wir wissen, dass die Menschen immer wieder Fehler machen, wir wissen aber auch, dass auch andere Menschen zum Denken fähig sind. Für das dargestellte Spiel gibt es daher keine eindeutige

Lösung. Derjenige gewinnt, der die Denkfähigkeit der anderen Spielteilnehmer am realistischsten einzuschätzen vermag.

Lassen Sie uns aber die von Ihnen getroffene Wahl interpretieren:

- Sollte die von Ihnen gewählte Zahl größer sein als 40, so haben Sie die Fragestellung wahrscheinlich nicht verstanden oder das Wesentliche überlesen.
- Sollte die von Ihnen gewählte Zahl in den Dreißigern liegen, so gehen Sie davon aus, selbst vernünftige Überlegungen anstellen zu können; anderen sprechen Sie allerdings eine solche Fähigkeit ab.
- Sollte die von Ihnen gewählte Zahl in den Zwanzigern liegen, so billigen Sie anderen durchaus ein gewisses Maß an Vernunft zu, das allerdings deutlich hinter dem zurückbleibt, was Sie für sich selbst in Anspruch nehmen.
- Sollte die von Ihnen gewählte Zahl zwischen 10 und 19 liegen, so billigen Sie den anderen durchaus ein hohes, allerdings nicht perfektes Maß an Vernunft zu.
- Liegt die von Ihnen gewählte Zahl im einstelligen Bereich oder gar bei null, so gehen Sie davon aus, dass nicht nur Sie, sondern auch alle anderen Menschen weitestgehend rational handeln. Mit dieser Einschätzung sind Sie im Einklang mit den Kernaussagen der neoklassischen Ökonomie, die unterstellt, dass alle Wirtschaftssubjekte nicht nur selbst rational entscheiden, sondern dabei auch unterstellen, dass alle anderen dies in gleicher Weise tun.

Wenn ich an einem derartigen Spiel teilnehmen müsste, so würde ich meine Entscheidung von der Einschätzung abhängig machen, die ich von der Vernunft meiner jeweiligen Mitspieler habe, d. h. situationsabhängig anders entscheiden.

Ich muss versuchen, mich in die Rolle der anderen hineinzuversetzen. Je vernunftbegabter ich meine Mitspieler halte, umso niedriger wird die von mir angegebene Zahl sein. Null würde ich allerdings niemals angeben; die Zahl 33 allerdings auch nicht, denn meine Mitmenschen sind klug, aber nicht perfekt rational. Dasselbe gilt für mich selbst: Ich weiß, dass ich Fehler mache, die anderen aber auch. Die anderen sind nicht systematisch dümmer sind als ich es bin. Für mich selbst nehme ich allerdings auch in Anspruch, nicht systematisch dümmer zu sein als sie.

5

Warum es so schwer ist, die Wahrheit zu erfahren

Asymmetrische Information und Signale

Sie möchten für Ihre Freunde Ihr Lieblingsgericht Saltimbocca alla Romana zubereiten und brauchen dafür ein Kalbfleisch, das gut abgehangen ist und das nicht beim Braten zunächst in der eigenen ausgeschwitzten Flüssigkeit köchelt, bis es, hart geworden, endlich zu bräunen beginnt. Sie gehen daher zu einem Metzger und fragen ihn: „Haben Sie ein gutes Kalbfleisch?" Natürlich antwortet der Metzger „Selbstverständlich haben wir erstklassiges Kalbfleisch" und zeigt ein schönes Stück seiner Ware, das auch durchaus appetitlich und verlockend ausschaut.

Vielleicht handelt es sich tatsächlich um erstklassiges und sogar gut abgehangenes Kalbfleisch, nur Sie wissen es nicht; es könnte auch anders sein, aber das ist durch bloßes Betrachten der Ware nicht so leicht zu erkennen. Und Sie wissen, dass der Metzger kaum anders kann, als das von ihm angebotene Fleisch als erstklassig zu bezeichnen, unabhängig davon, welche Qualität ihm tatsächlich zukommt. Damit ist seine Aussage nichts wert, sie liefert dem Fragesteller keine neue Information; die Aussage des Metzgers ist leeres Gerede, in ökonomischer Diktion ‚cheap talk'. Der Fehler in

K. Schredelseker, *Alltagsentscheidungen*, DOI 10.1007/978-3-658-12401-4_5

diesem Kommunikationsprozess liegt eindeutig beim Fragenden, der eine solche Frage nicht hätte stellen dürfen, und nicht beim Antwortenden, der im Eigeninteresse so hat reagieren müssen, wie er tatsächlich auch reagiert hat. Ähnliches widerfährt uns regelmäßig dann, wenn wir es mit jemandem zu tun haben, der ein wirtschaftliches Interesse daran hat, die Unwahrheit zu sagen (oder, schwächer formuliert, ein bisschen zu mogeln), der aber weiß, dass er dafür ernsthaft nicht zur Rechenschaft gezogen werden kann. Ist es daher unmöglich, von einem anderen, der mehr weiß als wir selbst, die Wahrheit zu erfahren?

Antwort

Hier geht es um asymmetrische Information, darum, dass der eine über eine Sache informiert ist, der andere nicht. Ob es möglich ist, von einem anderen, der mehr weiß als wir selbst, die Wahrheit zu erfahren, hängt von seinen jeweiligen Interessen ab. Wenn ich meine Uhr vergessen habe und auf der Straße einen Passanten frage, wie spät es sei, habe ich kaum Veranlassung, an der Richtigkeit seiner Aussage zu zweifeln, denn ich kann bei ihm kein Interesse erkennen, das ihn zu systematisch zu einer Falschantwort verleiten könnte. Ich weiß zwar, dass er seine Uhr falsch abgelesen haben könnte oder dass sie falsch gehen könnte. Allerdings halte ich dies aufgrund meiner Lebenserfahrung für unwahrscheinlich und ich vertraue somit seiner Zeitangabe. Ganz anders ist meine Einschätzung dann, wenn ich bei meinem Gegenüber von einer eindeutigen Interessenlage ausgehen muss. In diesem Fall reicht die einfache Mitteilung nicht aus, es muss schon etwas entscheidend Anderes hinzukommen, um mich von der Vertrauenswürdigkeit seiner Aussage zu überzeugen.

Mögliche Zutaten zum cheap talk wären das Berufsethos des Sprechers, seine Reputation und Signalling, d. h. die gezielte Herbeiführung einer Situation, in der der Sprecher einen wirtschaftlichen Vorteil daraus hat, dass er die Wahrheit sagt.

Berufsethos meint die sittlichen und moralischen Grundsätze, die den Angehörigen einer bestimmten Berufsgruppe zugerechnet werden und das die Berufsangehörigen zu einem großen Teil auch tatsächlich verinnerlichen. Ihnen kann eine unglaublich handlungsleitende Kraft zukommen, wenn die Personen sich zu ihrem Beruf, zu ihrer Tradition, zu ihrer Aufgabe in der Gesellschaft und zu ihrer Rolle als *bon citoyen* bekennen. Das eingangs dieser Fragestellung formulierte Problem des guten Kalbfleischs habe ich nicht zufällig gewählt. Vor vielen Jahren wollte ich ein Abendessen für liebe Freunde ausrichten und hatte mir vorgestellt, als Hauptgericht *Saltimbocca alla romana* zu bereiten. Ich ging zu einem renommierten Metzger in der Stadt, bei dem ich, weil er als teuer galt, sonst nie eingekauft hätte. Auf die Frage, ob er gutes Kalbfleisch habe, bekam ich die oben geschilderte selbstverständliche und damit nichtssagende Antwort, cheap talk eben. Ich entschuldigte mich für die dumme Frage und erklärte dem verdutzten Metzger, was ich unter gutem Kalbfleisch verstünde und was ich mit dem Fleisch zu tun beabsichtigte. Ich hatte ihn an seinem Berufsethos gepackt, denn er sagte mir unumwunden, dass er ein solches Fleisch nicht hätte, er könne es mir jedoch innerhalb von drei Tagen besorgen. Er könne mir allerdings sofort eine erstklassige Kalbsleber anbieten. Ich kaufte die Kalbsleber, servierte unseren Gästen ein, so hoffe ich, erstklassiges *Fegato alla veneziana*, es war ein schöner Abend, alle waren zufrieden und ich war fortan ein treuer Kunde seines Hauses. Leider ist Berufsethos für viele ein antiquierter Begriff aus einem längst vergangenen Ständestaat, dem in einer modernen effizienzorientierten Gesellschaft keine Bedeutung mehr zukomme. Dabei ist es noch immer ein höchst wirksames Instrument der Überwindung von Informationsasymmetrien. Die Berufsverbände täten gut daran, der Herausbildung und Wahrung hoher berufsethischer Standards höchstes Augenmerk zu schenken. Das gilt auch dann, wenn man realistischer Weise davon ausgehen muss, dass einzelne sich Vorteile davon versprechen, sich über die Standards hinwegzusetzen.

Der Wirkungsmechanismus Berufsethos setzt ein hohes Maß an Vertrauen voraus. Ethische und moralische Prinzipien sind nichts, zu denen einen die wirtschaftliche Vernunft zwingt, sondern sie sind eher Ausdruck von Anstand, Tradition, Stolz und Selbstachtung. Eher folgt das Prinzip „Reputation" einer ökonomischen Logik. *Reputation* ist ein Gut, dass aufzubauen sehr viel Zeit kostet und das zu vernichten sehr schnell gehen kann. Ist es jemandem gelungen, sich in seinem sozialen Umfeld Reputation zu erwerben, so kann er damit rechnen, dass seinen Aussagen mehr Vertrauen entgegengebracht wird als anderen, die keine oder eine geringere Reputation genießen. Der Grund dafür ist, dass die Kosten eines unehrlichen Verhaltens enorm ansteigen: Je höher die Reputationsrente, der Vorteil, der aus dem höheren Vertrauen erwächst, umso höher sind die Opportunitätskosten des Reputationsverlusts. Warum sind im Private Banking überdurchschnittlich viele Personen aus dem europäischen Hochadel (als Mitglied der Geschäftsführung oder als Kundenberater) tätig? Es ist nicht zu erwarten, dass Vertreter des Adels mehr von Bankgeschäften verstehen als andere. Allerdings wird ein Kunde, der sein Vermögen bewahren und mehren möchte, einem Berater, der einer jahrhundertealten hoch angesehenen Familie angehört und der stolz auf seine Abstammung ist, allein deswegen mehr Vertrauen entgegenbringen, weil er weiß, dass für diesen die Kosten eines Imageverlusts wesentlich höher sind als sie es für Karl Wackernagel wären. Der Graf wird seine Kunden zwar nicht besser beraten, aber sie werden es für weniger wahrscheinlich halten, dass er sie übers Ohr zu hauen versucht. In aller Regel ist nämlich der Vorteil, den er damit erreichen könnte, wesentlich geringer als die Kosten seines Reputationsverlusts. Einen hohen Vermögenswert bringt man nicht eines kurzfristigen Vorteils wegen in Gefahr. Was den Grafen in die Wiege gelegt wird, muss sich der gemeine Bürger und auch jedes Unternehmen mühevoll erarbeiten. Deswegen ist es auch einigermaßen unverständlich, dass Volkswagen sich sein erstklassiges und über viele Jahre durch gute Arbeit erworbenes Standing nur eines kurzfristigen Vorteils willen zunichtegemacht hat. Hier haben eindeutig nicht die Techniker (ihnen war offenbar eine unlösbare Aufgabe gestellt worden), sondern die Ökonomen versagt.

Ganz klar ökonomischer Logik folgt das *Signalling*. Es ist ein klassisches Instrument zur Überwindung von Informationsasymmetrien und geht zurück auf eine Arbeit des Nobelpreisträgers *Michael Spence* (*1943). Er versuchte die Frage zu beantworten, warum bei der Einstellung von Universitätsabsolventen die Personalchefs offenbar den gewählten fachlichen Schwerpunkten der Bewerber nur einen sehr geringen Stellenwert einräumten: Wenn es um die Besetzung einer Stelle in der Marketingabteilung eines Unternehmens geht, hat derjenige Bewerber, der in seinem Studium schwerpunktmäßig Marketingveranstaltungen belegt hat, kaum höhere Chancen, eingestellt zu werden, als ein Bewerber mit einem Schwerpunkt im Bereich Rechnungswesen oder mit einem naturwissenschaftlichen Studium. Ist daher das an der Universität erworbene Wissen für die Praxis wertlos? Die Antwort von *Spence* lautete: In einem gewissen Sinne ja, denn es kommt weniger darauf an, *was* jemand studiert hat als darauf, *dass* er ein Studium mit Erfolg absolviert hat. Er hat damit unter Beweis gestellt, unter Stress und zielorientiert arbeiten zu können, Durchhaltevermögen zu haben, fähig zu sein, sich neues Wissen anzueignen etc. Mit dem erfolgreichen Abschluss sendet er ein Signal über seine Qualifikation aus, das ein geringer qualifizierter Bewerber nicht aussenden könnte, denn es wäre für ihn mit wesentlich höheren Kosten (längere Studienzeit, stärkere Belastung, mehr Nachhilfe o. ä.) verbunden. Ein Signal ist somit in ökonomischer Sicht eine Mitteilung über verborgene Qualitäten, der deswegen Vertrauen entgegengebracht wird, weil derjenige, der die gewünschten Qualitäten aufweist, dieses Signal zu wirtschaftlich vertretbaren Kosten produzieren kann, was demjenigen, dem die Qualitäten fehlen, eben nicht möglich ist.

Ich habe mir vor Jahren ein Paar Schuhe gekauft, von denen der Hersteller in seinen Werbeanzeigen behauptet, sie seien besonders luftdurchlässig, denn die Sohle sei mit einer semipermeablen Membran ausgestattet, die einen Feuchtigkeitstransfer von innen nach außen zulasse, nicht aber von außen nach innen. Beim ersten Regentag bekam ich allerdings einen nassen rechten Fuß, etwas was ich mir nur dadurch erklären konnte, dass am rechten Schuh die Membran fehlte oder falsch herum eingesetzt war. Ich schrieb der Firma ein kurzes E-Mail und bekam die Antwort, ich solle mit dem Kaufbeleg in das Geschäft gehen, in dem ich die Schuhe gekauft hätte. Die Firma musste entscheiden. Entweder: Der monierte Fehler ist eine extreme Ausnahme, der nur sehr selten vorkommt; dann ist es für uns kostengünstiger, dem Kunden die Schuhe zu ersetzen, als den anderweitig damit verbundenen Imageschaden hinzunehmen. Oder: Der Fehler kommt häufiger vor und es ist für uns kostengünstiger, den Kunden hinzuhalten als in allen vergleichbaren Fällen Ersatz zu gewähren; da kaum jemand die Kaufbelege für Schuhe aufbewahrt, ist mit der Aufforderung, den Beleg vorzuweisen, die Sache erwartungsgemäß erledigt. Das ist die typische Wirkungsweise von Signalling: Die in der Antwort implizit steckende Qualitätsaussage ist glaubwürdig, da sie sich als Ergebnis einer rationalen Güterabwägung darstellt. Ich habe verstanden und kaufe trotz aller Qualitätsbekundungen in den Werbebotschaften seither nur noch Schuhe anderer Hersteller.

6

Was tun, wenn man wenig weiß?

Noch ein Nobelpreis für Informationsunterschiede

Häufig befinden wir uns in einer Situation, bei der wir einer Informationsasymmetrie ausgesetzt sind: Der andere weiß etwas, was wir nicht wissen. Nur allzu häufig lässt sich diese Divergenz nicht durch eine einfache Mitteilung beheben, da wirtschaftliche Interessen im Spiel sind: Wenn wir damit rechnen müssen, dass der andere aus einer Falschaussage einen wirtschaftlichen Vorteil zieht, für die Falschaussage aber nicht wirklich – weder strafrechtlich noch moralisch – belangt werden kann, bringen wir seinen Beteuerungen wenig Vertrauen entgegen.

Derartige Informationsasymmetrien sind in der Regel für beide Marktseiten nachteilig, für den besser Informierten in gleichem Maße wie für den schlechter Informierten; es kommt nämlich nicht zu einem für beide vorteilhaften Abschluss. Im vorangegangenen Problem ist es der besser Informierte, der, weil er ein Geschäft abschließen will, die Informationsasymmetrie verringern möchte und ein Signal sendet. Dieses Signal ist deswegen glaubhaft, weil der Empfänger weiß, dass der Sender aus einer Falschaussage einen nicht unerheblichen wirtschaftlichen Nachteil hätte.

K. Schredelseker, *Alltagsentscheidungen*, DOI 10.1007/978-3-658-12401-4_6

Welche Möglichkeiten hätte der schlechter Informierte, um sich aus seinem Informationsnachteil zu befreien?

Antwort

Mit dieser Frage hat sich *Joseph Stiglitz* (*1943), wie *George Akerlof* und *Michael Spence* Nobelpreisträger des Jahres 2001, befasst. Beim Signalling versucht der besser informierte, seinen Informationsvorteil abzuschwächen, um die Bedenken des schlechter informierten Partners zu zerstreuen. Beim *Stiglitz*'schen *Screening*-Modell versucht hingegen der schlechter informierte Partner, sich an das überlegene Wissen des besser informierten heranzutasten. Ein probates Mittel dazu ist die sogenannte Self selection, bei der die schlechter informierte Seite der besser informierten mehrere Vertragsvarianten anbietet, wobei aus der jeweils getroffenen Wahl auf ansonsten verborgen bleibende Eigenschaften geschlossen werden kann. Oft wird der Vorgang mit der Situation eines Fischers verglichen, der seine Netze so gestaltet und so auslegt, dass nur die Fische, die er fangen will, im Netz verbleiben.

Betrachten wir das Beispiel der Versicherungswirtschaft. In der Regel ist es dem Versicherer nicht möglich, bei Vertragsabschluss seinen Kunden anzusehen, welcher Risikoklasse sie angehören. Spiegelt der Versicherungstarif die durchschnittlichen Risiken einer großen und heterogenen Gruppe von Versicherten wider, so werden besonders umsichtige Kunden auf eine Versicherung verzichten, da angesichts ihrer geringen Risiken die Prämien für sie zu hoch sind. Dies zwingt die Versicherung zu höheren Prämien, da in ihrem Versicherungsportefeuille nur die höheren Risiken vertreten sind; höhere Prämien wiederum veranlassen weitere potentielle Kunden auf die Versicherung zu verzichten usw. Dieser Prozess der adversen Selektion kann sehr leicht zum völligen Marktversagen, d. h. zum Verschwinden bestimmter Versicherungen führen, wenn es nicht gelingt, die Versicherungsportefeuilles zu segmentieren und in sich homogener zu machen.

Verschiedene Versicherungsvarianten mit unterschiedlichen Selbstbehalten können die erwünschte Marktsegmentierung generieren: Eher risikoarme Kunden werden sich für die Variante mit niedrigen Tarifen aber hohen Selbstbehalten entscheiden, während Kunden mit hohen Risiken (Extremsportler, Draufgänger o. ä.) lieber eine höhere Prämie zahlen und dafür im Schadensfall in vollem Umfang entschädigt werden wollen. Die Entscheidung des Kunden für den einen oder anderen Tarif liefert somit dem Versicherer eine Information über die wahre Risikoklasse ihres Kunden und erlaubt ihm eine risikoangepasstere Kalkulation der Versicherungsprämien.

7

Was unterscheidet die Formel 1 von der Aktienbörse?

Das Lob der Mittelmäßigkeit

Die Formel 1 und die Aktienbörse sind in allem unterschiedlich, das eine hat mit dem anderen nichts zu tun. Bei der Frage geht es nur um die Fähigkeiten und Eigenschaften, die jemand haben muss, um in dem einen oder dem anderen System erfolgreich zu sein. So gesehen, gibt es zwischen Autorennen und Aktienbörse doch eine ganze Reihe von Parallelen:

- bei beidem kann man gewinnen und verlieren,
- bei beidem ist enorme Reaktionsschnelligkeit gefordert,
- bei beidem spielt auch die Psychologie eine gewichtige Rolle,
- bei beidem gilt, dass demjenigen, der mehr Mut, mehr Wissen und mehr Erfahrung hat, höhere Erfolgschancen eingeräumt werden als einem weniger Befähigten.

Ist das wirklich so? Versuchen Sie, bevor Sie nach hinten blättern, für sich eine Antwort darauf zu finden. Stimmen die Aussagen im Großen und Ganzen oder sehen Sie einen Grund, zu widersprechen?

K. Schredelseker, *Alltagsentscheidungen*, DOI 10.1007/978-3-658-12401-4_7

Antwort

Jemand der meint, im Großen und Ganzen sei das schon so, kann die Funktionsweise eines Marktes nicht voll verstanden haben, wie die folgenden, ganz einfachen Überlegungen zeigen.

Nehmen wir an, jemand, der keinerlei Ahnung vom Motorsport hat, der gerade seinen Führerschein gemacht hat und der eher ängstlich ist, nähme an einem Grand Prix auf einer der berühmten Rennstrecken der Welt teil. Es ist wohl unbestritten, dass er, wenn er überhaupt das Ziel erreicht, mit großem zeitlichem Abstand als wirklich allerletzter ankommen dürfte.

An der Börse hingegen stellt sich der Zusammenhang völlig anders dar. Wer ein Aktienportefeuille zusammenstellen möchte und keinerlei Ahnung von Aktien hat, wer über keinerlei Erfahrung verfügt und deswegen seine Auswahlentscheidungen dem Zufall überlässt, wird mit gleicher Wahrscheinlichkeit diejenigen Titel in sein Portefeuille wählen, deren Rendite im kommenden Jahr über der Marktrendite (Indexrendite) liegt, wie solche Titel, die hinter dem Markt zurückbleiben. Da die Marktrendite den gewogenen Durchschnitt aller im Markt befindlichen Aktien darstellt, entspricht die zu erwartende Rendite des Zufallsinvestors der Rendite des Marktes. Dasselbe Ergebnis erreicht man noch einfacher durch den Erwerb eines ETF (Exchange Traded Fund), d. h. eines Fonds, der auf ein klassisches Portfoliomanagement verzichtet und die ihm zufließenden Mittel genauso auf die im Index erfassten Aktien verteilt, wie es ihrem Anteil am Index entspricht. Ein Indexinvestor weiß zwar nicht, welche Entwicklung der Index im nächsten Jahr nehmen wird, er weiß aber, dass die Rendite seines persönlichen Portefeuilles nicht nennenswert hinter der des Marktes zurückbleiben wird (allerdings auch nicht nennenswert besser sein wird als der Markt).

Neben den Zufalls- und Indexinvestoren gibt es aber viele, die versuchen, die Rosinen aus dem Kuchen zu picken und nur solche Titel in ihr Portefeuille zu nehmen, bei denen sie glauben, mit einer überdurchschnittlichen Entwicklung rechnen zu können. Wenn es manchen von ihnen tatsächlich gelingt, systematisch mit größerer Wahrscheinlichkeit die Siegertitel als die Verlierer in ihr Portefeuille zu nehmen, so muss es denknotwendig andere Investoren geben, bei denen das umgekehrte der Fall ist, die trotz allem Bemühen überwiegend die Verlierertitel im Portefeuille haben. Dies ist Folge der Tatsache, dass der Markt nur dann geräumt ist, wenn sich Angebot und Nachfrage genau ausgleichen: Es befindet sich stets ebenso viel Marktvolumen auf der Käufer- wie auf der Verkäuferseite. Zudem ist zu berücksichtigen, dass diejenigen, die vor Kosten besser abschneiden als der Markt, Investoren mit einem hohen Informationsstand sein dürften, die regelmäßig enorme Summen für ihre Finanzanalyse ausgeben; von den *big players* im Markt wird angenommen, dass ihre Aufwendungen nur für Information und Finanzanalyse einen mehrstelligen Millionenbetrag im Jahr deutlich überschreiten. Wer hier aufgrund begrenzter finanzieller Mittel nicht in der Lage ist, mitzuhalten, wird notgedrungen zu der Gruppe von Investoren gehören, die mit größerer Wahrscheinlichkeit die relativen Verlierer in ihr Portefeuille nehmen. So sehr sie sich auch darum bemühen, besser zu sein als der Marktdurchschnitt.

Immer wieder erscheinen in der Presse Berichte, nach denen ein Dartpfeil werfender Affe, ein schwanzwedelnder Hund (Schwanz rechts: Kaufen, Schwanz links: Nicht kaufen) oder die Kinder eines Kindergartens ein Musterportefeuille zusammengestellt haben, mit dem sie renommierte Profis aus der

Finanzwelt hinter sich gelassen haben. Derartiges erscheint meist in der Rubrik *Kuriosa*, da die meisten Menschen es als etwas betrachten, was eigentlich nicht sein dürfte. Für denjenigen, der die Funktionsweise eines Finanzmarktes verstanden hat, ist ein solches Ergebnis keineswegs kurios, sondern denknotwendig: Der Finanzmarkt ist ein Nullsummenspiel um den Durchschnitt. Nicht die ins Hintertreffen geratenen Profis sind die Blamierten, sondern die Journalisten, die sie aufgrund eines irrigen Marktverständnisses für blamiert halten.

Diejenigen Teams, die in der Formel 1 regelmäßig die letzten Plätze belegen, geben jährlich Beträge zwischen 50 und 100 Mio. € für die Teilnahme am Grand Prix Zirkus aus. Es wäre absurd, ihnen zu raten, sie sollten ihre Kosten radikal senken, billigste Fahrer verpflichten und keine eigene Entwicklung mehr betreiben, weil sie sich so ins Mittelfeld vorarbeiten könnten. Genau das ist es aber, was am Finanzmarkt Sinn macht: Wer seine Mühen und Kosten, sich informiert zu halten, auf null reduziert und seine Entscheidungen dem Zufall überlässt (bzw. den Index kauft), hat damit nicht mehr überwiegend die Verliereraktien im Portefeuille, sondern mit gleicher Wahrscheinlichkeit die guten wie die schlechten. Sein zu erwartendes Ergebnis entspricht somit dem Marktdurchschnitt und liegt über dem, was weitaus die meisten anderen Investoren erzielen können.

Ein Formel-1-Rennen ist ein Spiel gegen die Uhr: Wer die vorgegebene Strecke in der kürzesten Zeit zurückgelegt, ist der umjubelte Sieger. Der Finanzmarkt ist ein komplexes System der Interaktion von interessenbehafteten Menschen. Was dort gilt, gilt hier nicht. Formel 1 und Aktienbörse haben wirklich nichts miteinander zu tun. Außer vielleicht, dass beides faszinierend ist. Für mich zumindest.

8

Ich mag nicht verlieren, was soll ich also tun?

Die Macht der verschenkten Intelligenz

Gitta und Edwin spielen ein Spiel. Beide legen zeitgleich eine Euromünze auf den Tisch. Sollten die beiden Münzen das Gleiche zeigen (beide liegen auf *Kopf* oder beide liegen auf *Zahl*), so gehören die beiden Münzen Gitta. Sollten die Münzen hingegen unterschiedlich liegen, so gehören sie Edwin.

Wenn die beiden das Spiel nur einmal spielen (oder wenige Male), hat es den Charakter eines reinen Glücksspiels: Einer von beiden wird der Sieger sein und mehr haben als zuvor, der andere ist der Verlierer, der weniger hat als zuvor. Wird das Spiel hingegen einen ganzen Abend gespielt, so ist es kein reines Glücksspiel mehr, da jeder versuchen wird, den Zug des anderen vorherzusehen und seinen eigenen Zug davon abhängig zu machen; jeder versucht, raffinierter zu sein als der andere. Dies ist grundsätzlich möglich, da jeder Mensch, der vor die Aufgabe gestellt ist, ein großes Blatt Papier zufällig mit den Zahlen *null* oder *eins* zu füllen, dabei gewisse Eigenheiten erkennen lässt: Der eine macht zu viele Serien, ein anderer wechselt zu häufig ab, ein dritter vermeidet lange Serien, ein vierter hat eine klare Präferenz für

K. Schredelseker, *Alltagsentscheidungen*, DOI 10.1007/978-3-658-12401-4_8

die *eins* etc. Gibt man eine derartige von einem Menschen generierte Zahlenfolge in ein statistisches Prüfprogramm, so wird dieses im Ergebnis fast immer die Hypothese zurückweisen, die Zahlenreihe sei zufällig entstanden. Wir sind Menschen und keine Zufallszahlengeneratoren.

Das wissen auch Gitta und Edwin und sie werden sich dieses Wissen zunutze machen, sie werden einander genau beobachten und versuchen, sich in die Denkweise des anderen hineinzuversetzen. Nehmen wir an, es gelänge Gitta in 4 % der Fälle, den Zug von Edwin zu antizipieren (in den anderen 96 % ist auch ihr Zug rein zufällig), Edwin hingegen könne nur in 2 % der Fälle Gittas Zug vorhersehen (ansonsten entscheidet auch er zufällig). Das Spiel ist jetzt weiterhin ein Nullsummenspiel, hat aber nicht mehr die gleiche Gewinnerwartung für beide: Gitta kann jetzt pro Spiel im Durchschnitt mit einem gewissen Gewinn rechnen, während Edwin einen Verlust in gleicher Höhe in Kauf nehmen muss. Nach einer gewissen Zeit wird sich Edwin seines Nachteils bewusst. Ihm wird klar, dass Gitta psychologisch einfach raffinierter ist als er selbst. Er ist zum Verlierer geworden, was ihm begreiflicherweise missfällt. Was sollte er tun?

Antwort

In einem gewissen Sinn ist diese Fragestellung eine Variante dessen, was wir im Rahmen des Vergleichs zwischen Formel 1 und Aktienbörse Kap. 7 kennengelernt haben: Was sollte jemand tun, der sich eingestehen muss, in einem Spiel mit anderen der Unterlegene zu sein?

Edwin hat grundsätzlich drei Möglichkeiten, auf die Situation zu reagieren:

1. Er spielt nicht mehr mit. Das ist die Reaktion aus der frühen Kindheit, wo wir, wenn wir gegen die anderen nicht mehr ankamen, einfach nach Hause zu Mama gegangen sind. Edwin würde damit aber zum Spielverderber und er könnte Gitta, an der ihm wirklich viel liegt, ernsthaft verärgern.
2. Er versucht, seine Leistung zu verbessern. Er lässt sich damit auf den Wettbewerb ein und verbessert seine Methoden. Er macht statistische Aufzeichnungen, versucht die Abweichungen der Zahlenfolge Gittas von einer reinen Zufallsfolge zu studieren, um darauf zu reagieren. Er versucht einfach besser zu werden, er erhöht seinen Input, bis der Kopf raucht. Dabei läuft er Gefahr, dass Gitta, falls es ihm tatsächlich gelingen sollte besser zu werden, ihrerseits ihren Input erhöht, was ihn zu noch größeren Anstrengungen veranlasst, bis er sich endlich zugestehen muss „Die Frau ist einfach große Klasse, gegen die komme ich nicht an". Und er bescheidet sich mit der Rolle des Verlierers, um größeres Unheil, nämlich eine Belastung seines Verhältnisses zu Gitta, von sich abzuwenden.
3. Er stellt alle seine Überlegungen ein und überlässt die Lage der Münze dem Zufall, indem er sie (verdeckt oder offen)

einfach wirft. Gegen eine Zufallsauswahl ist Gitta mit ihrer überlegenen psychologischen Raffinesse machtlos. Edwin hat seinen Input vermindert, er sitzt jetzt ganz entspannt Gitta gegenüber und sein Kopf hat aufgehört zu rauchen. Dabei hat er ganz einfach seine Gewinnerwartung, die vorher negativ war, auf null erhöht und die positive Gewinnerwartung von Gitta auf null reduziert. Gitta ist ihm dafür nicht böse; im Gegenteil, sie bewundert seine Raffinesse und genießt die Tatsache, dass ihr Mitspieler ihre intellektuelle Überlegenheit damit implizit anerkannt hat.

In der spieltheoretischen Literatur ist dieses Problem als *Penny-game* bekannt. Es beschreibt einen typischen Fall von Spielen, bei denen sich der unterlegene Partner durch Übergang auf eine Zufallsstrategie sehr leicht aus seiner Unterlegenheit befreien kann. Nichts anderes tut der Investor, der im Finanzmarkt seine Entscheidungen dem Zufall überlässt oder einen Indexfonds erwirbt. Auch er reduziert seine Mühewaltung auf null bei gleichzeitiger Verbesserung seines Anlageergebnisses: Er befreit sich mit einfachen Mitteln aus der unangenehmen Situation des Verlierers.

9

Wann sollten wir in den Urlaub fahren?

Wie bleibt man in der Minderheit?

Wenn Sie Kinder haben, kennen Sie das Problem. Der letzte Schultag vor den Ferien endet am Freitag um 12 Uhr mittags und Sie wollen mit der Familie in den lang ersehnten Urlaub fahren. Allerdings wissen Sie, die anderen wollen das auch und Sie müssen eine Entscheidung darüber treffen, wann Sie Ihre Reise beginnen sollten, um nicht mit tausenden anderen im Stau zu stehen.

Ihre Überlegungen: Wir sollten einfach schneller sein als die anderen und mit gepacktem Auto vor der Schule stehen, um sofort losfahren zu können. Aber was, wenn die anderen auch so denken? Vielleicht wäre es besser, abzuwarten, bis sich die Masse verlaufen hat, und erst am späten Nachmittag loszufahren. Aber so schlau könnten die anderen auch sein. Daher bleiben wir heute noch zu Hause und starten erst Samstag früh, wenn die anderen noch schlafen. Was aber, wenn sich viele so verhalten wollen …? Wie sollte eine Familie entscheiden, um möglichst stressfrei in den verdienten Erholungsurlaub zu kommen?

K. Schredelseker, *Alltagsentscheidungen*, DOI 10.1007/978-3-658-12401-4_9

Antwort

Bei dem Problem handelt es sich um einen typischen Fall des Minoritätsspiels (*Minority Game*). Es wurde erstmals von *Brian Arthur* (*1945) vorgestellt, der zum Kreis jener Wissenschaftler gehörte, die in den achtziger Jahren des 20. Jh. im amerikanischen Santa Fe angetreten sind, um den damals noch recht neuen Begriff der *Komplexität* und die Besonderheiten komplexer Systeme interdisziplinär zu erforschen. Es handelte sich um einen erlesenen Kreis von renommierten Vertretern aus Natur-, Formal-, Geistes- und Sozialwissenschaften, dem auch der Wirtschaftswissenschaftler *Brian Arthur* angehörte. Um seinen Kollegen eine typische Eigenschaft sozialer Systeme zu verdeutlichen, kleidete er seine Ausführungen in die Gestalt einer kleinen Geschichte. In Santa Fe gibt es eine Bar, die ElFarol-Bar, in der jeweils Donnerstagabend Countrymusik gespielt wird. Dabei zu sein ist für alle eine große Freude, es sei denn, die Bar ist überfüllt und man kann sich kaum bewegen. Das Problem, vor das sich jeder gestellt sieht, ist zu entscheiden, ob man hin gehen solle oder nicht. Die Entscheidung wird man davon abhängig machen, ob man mit großem Andrang rechnet oder nicht, wobei jeder versucht, bei der Minderheit zu bleiben: Ist die Bar überfüllt, bei der Minderheit jener, die zuhause geblieben sind; ist sie eher leer, bei der Minderheit jener, die in Ruhe den schönen Musikabend genießen. Grundsätzlich gibt es für Minderheitenspiele dieser Art keine Lösung, denn wenn es eine gäbe, würden alle sie anzuwenden versuchen und damit genau das Falsche tun, nämlich eine Mehrheit bilden.

Da wir alle eher ingenieurwissenschaftlich als sozialwissenschaftlich zu denken gelernt haben, sind wir es gewohnt, für Probleme eine Lösung zu haben: Im besten Fall eine optimale, wenn nicht, so zumindest eine annehmbare Lösung oder eine aus Erfahrung bewährte Faustregel. Vielleicht sucht man auch noch nach einer vernünftigen Lösung, wie es in der pharmazeutischen Forschung häufig der Fall ist. In sozialen Situationen, die dem Charakter eines Minoritätsspiels entsprechen, ist es hingegen so, dass es eine vernünftige Lösung grundsätzlich nicht geben kann! Im Gegenteil: Sollten Vernunftgründe für die eine oder andere Lösung sprechen, so ist sie gerade deshalb falsch: Da auch die anderen vernünftig denken (sie sind schließlich nicht dümmer als wir), werden überdurchschnittlich viele die vermeintliche Vernunftlösung wählen und sie somit zur Unvernunftlösung machen. *Cave rationem*! Hüte Dich davor, vernünftig zu handeln!

Mit dem Minoritätsspiel wurde auch ein Konzept massiv infrage gestellt, das in den Wirtschaftswissenschaften eine zentrale Rolle spielt, die auf *John Muth* (1930–2005) zurückgehende Theorie rationaler Erwartungen. Dieser Denkansatz unterstellt, dass Menschen normalerweise bei ihren Prognosen keine systematischen Fehler begehen. Da jeder einzelne seine Entscheidungen auf Informationen stützt, diese Informationen aber von unterschiedlicher Art und Qualität sind, wird er mehr oder minder Fehleinschätzungen unterliegen; in der Summe aller Entscheidungsträger heben sich diese Fehleinschätzungen weitestgehend gegeneinander auf. Dies erlaubt die Annahme, ein beobachtbares Faktum (z. B. steigende Inflationsrate, zurückgehende Nachfrage nach Fernreisen o. ä.) sei in der Zeit davor im Großen und Ganzen auch erwartet worden. Da Erwartungen kaum messbar sind, ist die empirische Wirtschaftsforschung oft auf diese Annahme angewiesen. Haben wir es allerdings mit einem Minoritätsspiel zu tun, so kehrt sich der Zusammenhang schlicht um: Aus der Tatsache, dass die Bar überfüllt ist, kann man schließen, dass die Gäste erwartet haben, sie sei kaum besucht; sind hingegen nur wenig Gäste anwesend, so wahrscheinlich deswegen, weil die Leute mit einer Überfüllung gerechnet haben.

10

Wer liebt schon lange Schlangen? Ein weiteres Minderheitenproblem

Sie fahren an einem schönen Sonntagabend aus Lugano nach Mailand und kommen wenige Kilometer vor Ihrem Ziel zu einem Stau. Sie wissen, dass Grund dafür die schleppende Abfertigung an der einige hundert Meter vor Ihnen liegenden Mautstelle ist; obwohl nahezu alle Kassenhäuschen besetzt sind, lassen sich zu so verkehrsstarken Zeiten gewisse Wartezeiten nicht vermeiden. Allerdings stellen Sie fest, dass die Schlangen auf der dreispurigen Autobahn deutlich unterschiedlich lang sind: Die rechte Schlange ist kurz, die mittlere mittellang und die linke Schlange weist die größte Länge auf. Bei welcher Schlange reihen Sie sich ein, wissend, dass die genervten Autofahrer Ihnen einen Spurwechsel kaum ermöglichen werden, ohne dass es zu Rangeleien kommt?

K. Schredelseker, *Alltagsentscheidungen*, DOI 10.1007/978-3-658-12401-4_10

Antwort

Vorsicht mit der intuitiv naheliegenden Antwort: Bei der kürzesten natürlich! Zunächst sollten Sie sich die Frage stellen: Warum sind die Schlangen unterschiedlich lang? Haben diejenigen, die ganz nach links gefahren sind, etwas übersehen oder genießen sie es gar, möglichst lange im Stau zu stehen? Wahrscheinlich nicht. Die meisten der im Stau stehenden Autofahrer sind nämlich Mailänder, die nahezu jedes Wochenende am Lago Maggiore, am Lago di Como oder an einem anderen oberitalienischen See verbringen und jeweils am Sonntagabend die Heimreise antreten. Wahrscheinlich wissen sie etwas, das ich nicht weiß, nämlich, dass man auf der linken Spur am schnellsten vorankommt. Vielleicht sind hier die automatischen Spuren für die Telepass-Abonnenten oder es ist so, dass die Fahrzeuge auf der linken Spur auf eine größere Zahl von Kassenhäuschen geleitet werden als die auf den anderen Spuren. Hätte ich es ausschließlich mit erfahrenen Mailänder Wochenendurlaubern zu tun, so wäre doch wohl anzunehmen, dass die unterschiedlichen Schlangenlängen ziemlich genau die unterschiedlichen Abfertigungsfristen widerspiegeln. In diesem Fall wäre es eigentlich egal, in welche Schlange ich mich einreihe. Die Tatsache, dass das Verhalten anderer dem Nichtwissenden Information verleiht, die über seine reinen Sinneswahrnehmungen (Sehen, Hören, Fühlen ...) hinausgeht, haben wir andernorts Kap. 1 und 2 bereits kennengelernt: Die anderen sind nicht dümmer als wir selbst.

Aber unter den Wartenden befindet sicher auch eine größere Zahl von Nichteingeweihten, so wie ich einer bin. Da diese dazu neigen, eher die kürzeste Schlange anzusteuern, vermute ich, dass es da am längsten dauern wird. Ich sollte also nach links fahren. Was aber, wenn die anderen Nichtwissenden genauso denken (sie sind ja nicht dümmer als ich), dann würde ich links mit längeren Wartezeiten rechnen müssen. Da ich eine Entscheidung treffen muss, reihe ich mich kurzerhand in die mittlere Spur ein. Was aber, wenn die anderen auch so denken wie ich …?

Im Grund handelt es sich auch hier um eine Variante des Minoritätsspiels Kap. 9, bei dem ein jeder versucht, sich der Minderheit anzuschließen. Da es keine Stoppregel dafür gibt, wie viele Denkschleifen man zweckmäßigerweise durchlaufen sollte, gibt es auch keine Lösung. Dennoch fühle ich mich bei meiner Entscheidung für die mittlere Spur ganz wohl.

11

Pascals Gottesbeweis und Börseninformation

Gleiche Logik, gleiches Problem?

Auf den großen Aktienmärkten der Welt werden tagtäglich hunderte Millionen bewegt: Die einen kaufen Aktien, die anderen verkaufen sie und jeder versucht, dabei gut abzuschneiden, also besser zu sein als die anderen. Über die Funktionsweise eines solchen Markts gibt es grundsätzlich zwei einander entgegenstehende Ansichten, die sich in der wirtschaftswissenschaftlichen Literatur gegenüberstehen. Auf der einen Seite ist es der Glaube an die nahezu perfekte Selbstorganisationskraft des Marktes, die dazu führt, dass alle, auch die kleinsten Gewinnmöglichkeiten wahrgenommen werden. Dies hat zur Konsequenz, dass es letztlich keine echten Chancen mehr gibt, denn die an der Börse notierenden Kurse stellen dann die bestmögliche Schätzung des Werts einer Aktie dar. Der Erwerb einer Aktie entspricht so gesehen einer fairen Wette, so wie die Zahlung von 50 Cent an jemanden, der sich verpflichtet, den Wert einer zufällig geworfenen Euromünze (ein Euro oder nichts) zurückzuzahlen, als fair empfunden würde. Alle Beteiligten haben die gleichen Gewinnaussichten: Der Markt wird als *effizient* angenommen.

K. Schredelseker, *Alltagsentscheidungen*, DOI 10.1007/978-3-658-12401-4_11

Die andere Sichtweise geht regelmäßig von Marktfehlern aus, von temporären Über- und Unterbewertungen, die es einem aufmerksamen und erfahrenen Marktteilnehmer erlauben könnten, für sich vorteilhafte Entscheidungen zu treffen und die Titel herauszupicken, bei denen man überdurchschnittliche Renditen erwarten darf: Der Markt wird als *ineffizient* angenommen.

Beide Sichtweisen geben natürlich unterschiedliche Antworten auf die Frage, ob ein Investor bei seinen Kapitalanlageentscheidungen informiert sein solle oder nicht. Im ersten Fall stellt sich allenfalls die Frage, ob man überhaupt in Aktien investieren soll; ist diese Wahl einmal getroffen, erübrigt sich die Frage nach dem „Wo". Da alle Aktien „fair" gepreist sind, kann die Antwort nur lauten: Möglichst viele, um das Risiko zu begrenzen, aber die Auswahl kann im Grunde zufällig erfolgen. Wer den Markt eher für ineffizient hält, wird sich hingegen seine Auswahl klar überlegen und auf der Basis der ihm vorliegenden Informationen nur diejenigen Aktien wählen, die ihm die beste Rendite versprechen. Die dahinterstehende Überlegung ähnelt der berühmten *Pascal*'schen Wette. Der Mathematiker *Blaise Pascal* (1623–1662) war ein gottesfürchtiger Mann, der die Antwort auf die Frage, ob man an Gott glauben solle oder nicht, in Form einer Wette kleidete. Beides sei möglich: Gott existiert oder er existiert nicht. Existiert er nicht, so habe weder derjenige, der an ihn glaubt, noch derjenige, der nicht an ihn glaubt, aus seiner Einstellung zu Gott einen Nutzen oder einen Schaden. Existiert Gott hingegen, so könne der Gläubige mit ewigem himmlischen Glück rechnen, während der Nichtgläubige der ebenso ewigen Verdammnis anheimfalle. Wenn, wovon man ausgehen müsse, die Wahrscheinlichkeit für die Existenz Gottes größer als null ist, sei es somit *rational*, an Gott zu glauben; Gottesglaube sei eine *dominante* Alternative.

Übertragen auf den Finanzmarkt klingt das so: Sollte der Markt effizient bewerten, so hat weder derjenige, der sich informiert, noch derjenige, der uninformiert bleibt, daraus einen Nutzen oder einen Schaden. Weist der Markt hingegen deutliche Ineffizienzen auf, so kann sich der Informierte die Rosinen aus dem Kuchen picken, während der nicht Informierte mit dem traurigen Rest vorlieb nehmen muss.

Wenn, wovon man ausgehen müsse, die Wahrscheinlichkeit für die Existenz von Fehlbewertungen im Markt größer als null ist, sei es somit *rational*, sich vor einer Anlageentscheidung gut zu informieren; informiert zu sein ist eine dominante Alternative.

Sehen Sie das auch so?

Antwort

Auf den ersten Blick klingen diese Überlegungen durchaus überzeugend. Beide Argumentationsketten, die der Pascal'schen Wette wie die der Information im Markt beziehen ihre vordergründige Gültigkeit jedoch aus einer impliziten Annahme. Im ersten Fall ist es die, dass Gott denjenigen, der an ihn glaubt, belohnt und denjenigen, der nicht an ihn glaubt, bestraft; es bedarf bereits eines durchaus tiefverwurzelten Glaubens, um dies annehmen zu wollen. Im zweiten Fall ist es die, dass der besser informierte stets einen Vorteil gegenüber dem weniger gut informierten hat, wofür eigentlich nichts spricht; auch hier bedarf es eines tief verwurzelten Glaubens in die als allgegenwärtig angenommene Ursächlichkeit von Leistung für Erfolg.

Wie wir bereits beim Vergleich von Formel 1 und Aktienbörse Kap. 7 gesehen haben, könnte ein Investor sein Portefeuille auch derart zusammenstellen, dass er alle im Markt befindlichen Titel seinem Hund vorliest und nur dann, wenn dessen Schwanz bei einem genannten Titel gerade nach rechts zeigt, kauft; zeigt der Schwanz nach links, kauft er nicht. Wer so verfährt, wird mit gleicher Wahrscheinlichkeit diejenigen Aktien in sein Portefeuille aufnehmen, die sich in der nächsten Zeit besser entwickeln als der Markt, wie diejenigen, die hinter dem Markt zurückbleiben. Im Durchschnitt wird notwendigerweise seine Rendite der des Marktes entsprechen. Der Hund weiß wirklich absolut nichts, er macht weder richtige noch falsche Entscheidungen. Ist es aber vorstellbar, dass alle, die mehr wissen als der Hund, mit größerer Wahrscheinlichkeit die Siegertitel in ihrem Portefeuille haben? Natürlich nicht. Diejenigen, die mehr wissen als der Hund, können unterschieden werden in jene bestinformierten Investoren, die überwiegend Siegertitel wählen und in die um ein Vielfaches größere

Gegengruppe derjenigen, die überwiegend Verlierertitel in ihr Portefeuille nehmen; der Marktpreis sorgt dafür, dass die Volumina für beide genau gleich sind. Gleichwohl gilt, dass beide Gruppen, die Sieger wie die Verlierer, besser informiert sind als der Hund. Angesichts der enormen Summen, die in den Finanzmärkten für Informationsvorteile bezahlt werden, wird man annehmen dürfen, dass zur ersten Gruppe (außer den echten Insidern) Investoren gehören, deren Anlagebudget mindestens einem dreistelligen Milliardenbetrag entsprechen muss und die es sich daher leisten können, weltweit ein aktives Wertpapierresearch zu betreiben (es sind nur ganz wenige). Für alle anderen, für die auch gut bis sehr gut, aber eben nicht erstklassig informierten Investoren gilt hingegen, dass ihr erwartetes Anlageergebnis mit größerer Wahrscheinlichkeit schlechter ausfällt als das des Hundes.

Die Analogie zu *Pascal*s Wette ist im Finanzmarkt somit nicht zulässig.

Natürlich weiß man, wenn einem diese Zusammenhänge einmal klargeworden sind, dass ein Hund ein besserer Anlageberater ist als eine Bank. Zumindest, solange man nur die Qualität der Auswahlentscheidung, das stock picking (was sollte man kaufen/verkaufen?) und das timing (wann sollte man kaufen/verkaufen?), im Blick hat. Die viel grundsätzlichere Entscheidung, die nach der Aufteilung des Vermögens in die verschiedenen Asset-Klassen (Immobilien, Kunst, Aktien, Sparbücher, Festverzinsliche, Bargeld etc.) vor dem Hintergrund der persönlichen Vermögenssituation eines Kunden, bleibt hingegen der menschlichen Intelligenz überlassen; hier spielt bis heute der erfahrene Bankberater durchaus seine Überlegenheit gegenüber dem Hund aus. Und nur, wenn er sich darauf beschränkt, wird er von einem aufgeklärten Kunden auch wirklich geschätzt werden.

12

Der Glückliche zahlt gerne

Wie man Engagement ausnutzt

Soziale Institutionen, seien es Kulturvereine, politische Parteien, Sportvereine, Interessengemeinschaften, Bürgerinitiativen, wissenschaftliche Institute, Religionsgemeinschaften o. ä., sind wichtige Elemente unserer europäischen Zivilgesellschaft; wir alle wissen, dass unsere gesellschaftliche Realität ohne sie um vieles ärmer wäre. Diese Institutionen sind, um ihre Aufgaben zu erfüllen, weitgehend auf freiwillige Spenden ihrer Mitglieder und Sympathisanten angewiesen und bedienen sich üblicherweise der Methode einer Kollekte. Alle infrage kommenden Spender werden gebeten, für die gemeinsame Idee einen frei zu wählenden Obolus zu entrichten. Die so gesammelten Gelder fließen dann in einen Fonds ein, der der Verfolgung der gemeinsamen Idee dient.

Könnte man das besser machen?

K. Schredelseker, *Alltagsentscheidungen*, DOI 10.1007/978-3-658-12401-4_12

Antwort

Ich weiß es nicht, aber ich glaube schon. Auf Einladung eines südtiroler Freundes hatte ich im Sommer 2015 die Gelegenheit, am Vorabend des traditionellen Pferderennens in Siena (Palio) an einem Gemeinschaftsessen der Contrada La Selva teilzunehmen. Zweimal im Jahr fechten seit mehr als 500 Jahren zehn der 17 Stadtteile (Contraden) der Gemeinde Siena einen Wettbewerb in einem Pferderennen aus. Das Maß an Emotionalität, das dabei freigesetzt wird, ist höchstwahrscheinlich einmalig auf der Welt: Tage zuvor fiebern die Bürger Sienas, insbesondere aber die zehn teilnehmenden Contraden dem Palio entgegen und ein vorläufiger Höhepunkt ist das gemeinsame Abendessen am Vortag des Rennens. Beim Abendessen der Contrada La Selva vor der traumhaften Kulisse des Seneser Baptisteriums wurde um Spenden gebeten, aber nicht einfach mit einem Geldbetrag, sondern darum, auf den Sieg der Contrada zu wetten. Jeder Teilnehmer verpflichtete sich dabei, eine bestimmte Summe für den Fall zu zahlen, dass die Contrada La Selva das Rennen für sich würde entscheiden können.

Ich vermute, dass die Strategie der Contrada aufgeht, wenngleich sich so etwas kaum zweifelsfrei belegen lässt; angesichts der Datenlage sind wir auf Schätzungen angewiesen. Wenn jemand gebeten wird, für seinen Verein etwas zu spenden, so wird er als loyales Vereinsmitglied dieser Bitte auch mit einem kleinen Betrag nachkommen. Sollte hingegen der Verein das angestrebte Ziel (Aufstieg in die nächsthöhere Liga, Sieg in einem entscheidenden Wettbewerb o. ä.) erreichen, so wird das den engagierten Contradaiolo (Fan, Anhänger, Sympathisant) so in Freude versetzen, dass er gerne bereit ist, dafür auf einen weit höheren Betrag zu verzichten. Der Betrag darf nur nicht so hoch sein, dass er sich sagt: Hoffentlich wird das Ziel verfehlt, damit ich nicht zahlen muss. Der verwettete Betrag müsste allerdings schon enorm sein, bevor sich ein echter Fan die Niederlage seines Vereins aus rein persönlichen wirtschaftlichen Überlegungen wünschen würde.

Am Palio in Siena nehmen jeweils zehn Contraden teil, wobei das traditionelle Verfahren so gestaltet ist, dass es a priori (vor der Zulosung der Pferde) keine Favoriten gibt. Damit dürfte die Gewinnwahrscheinlichkeit für jede der teilnehmenden Contraden bei 10 % liegen. Nehmen wir an, an der Wette beteiligen sich nur ein Zehntel der Freunde gegenüber der einfachen, nicht an den Sieg gekoppelten Kollekte; sie wetten aber im Schnitt mit hundert Euro statt der üblichen zwei/drei Euro, die sie in eine herumgereichte Sparkasse gesteckt hätten. Auch die Tatsache, dass man nach Kenntnis von Pferd und Reiter (fantino) die eigene Contrade nicht dem Favoritenkreis zurechnen kann, tut der Wettbereitschaft keinen Abbruch: Die Wahrscheinlichkeit, dass man nach dem Palio zur Kasse gebeten wird ist schließlich gering, sollte aber dennoch der Fall eintreten, so ist die Freude über den Außenseitersieg umso größer und hebt den Geldverlust um ein Vielfaches auf.

Unter diesen Bedingungen lohnt es sich im Durchschnitt für die Contrada. Es geht aber nicht nur um die ökonomische Effizienz: Sollte die Contrada siegen, so sind alle glücklich, auch diejenigen, die gezahlt haben. Und glücklich ist auch der Schatzmeister, der seine Kriegskasse für künftige Veranstaltungen dieser Art gestärkt sieht.

Mein südtiroler Freund, ein treuer Anhänger der Contrada La Selva, hat einen ordentlichen Betrag verwettet und ich habe es ihm gleichgetan, nicht zuletzt, weil ich an seiner emotionalen Hinwendung zur *Contrada la Selva* nicht ganz unbeteiligt war. Leider hat die *Selva* das begehrte Palio, die von einem namhaften italienischen Künstler gestaltete Siegesfahne, nicht errungen und wir haben beide nicht bezahlen müssen.

Schade eigentlich.

13

Wetterprognosen und Finanzmarktprognosen

Warum geht das eine und das andere nicht?

Jeder, der die Wetterprognosen im Radio oder Fernsehen verfolgt, weiß, dass die Qualität der Wettervoraussagen in den letzten Dekaden deutlich zugenommen hat. Zwar gibt es noch immer Fehleinschätzungen, doch diese sind deutlich seltener als in früheren Zeiten. Der Grund dafür liegt auf der Hand: Die Meteorologen haben heute bessere Beobachtungssysteme (automatische Wetterstationen, Satelliten), schnellere Datenübertragungssysteme, leistungsfähigere Computer und deutlich detailreichere und komplexere Theorien. Nimmt man dies alles zusammen, so mündet es geradezu zwangsläufig in einer besseren Prognosequalität.

Auf der anderen Seite dürften finanzwirtschaftliche Prognosen (über Wechselkurse, Aktienkurse, Rohstoffpreise etc.) heute qualitativ nicht besser sein als sie es vor einem halben Jahrhundert waren.

Kann man daher sagen, dass der wissenschaftliche Fortschritt im Bereich der Meteorologie erfolgreicher war als im Bereich der Finanzwirtschaft?

K. Schredelseker, *Alltagsentscheidungen*, DOI 10.1007/978-3-658-12401-4_13

Antwort

Vor fast 20 Jahren war das Bozner Treffen, eine Veranstaltung hauptsächlich für Wissenschaftler mit südtiroler Wurzeln, dem Thema „Prognosen“ gewidmet und als Hauptredner war Helmut Graßl, der damalige Präsident des deutschen Max-Planck-Instituts für Meteorologie und einer der renommiertesten europäischen Meteorologen geladen. In eindrucksvollen Worten und empirisch gut abgestützt zeigte er dem Publikum, wie und warum meteorologische Prognosen so viel besser geworden sind als sie früher waren. Gegen Ende seines Vortrags konnte er sich allerdings eines Seitenhiebs auf die Ökonomie nicht verkneifen. Er habe nicht den Eindruck, dass sich die Qualität von Finanzprognosen (Wechselkurse, Aktienkurse etc.), die er von seiner Bank erhielte, in irgendeiner Weise gegenüber früher verbessert hätte. Er schloss seinen Vortrag mit den Worten: Gibt es denn in den Wirtschaftswissenschaften so etwas wie einen wissenschaftlichen Fortschritt nicht?

Als Mitveranstalter des Symposiums und als einziger Vertreter der sozialwissenschaftlichen Zunft musste ich reagieren und mir fiel im Moment nichts anderes als eine kleine Geschichte ein (ähnlich abgedruckt in meinem Buch *Den Finanzmarkt verstehen*, Heidelberg: Springer 2015, S. 94 f.):

- *Ökonom*: Was Sie da sagen, ist gleichermaßen richtig wie unfair. Ich will nicht bestreiten, dass sich die Erklärungs- und Prognosequalität in den Naturwissenschaften und insbesondere in der Meteorologie deutlich verbessert hat, und dass das in der Ökonomie nicht der Fall ist. Das muss aber so sein, denn das eine hat mit dem anderen nichts zu tun.

- *Meteorologe*: Wieso? In beiden Fällen geht es grundsätzlich um das Gleiche, nämlich darum, mit wissenschaftlichen Methoden eine Aussage über unsichere zukünftige Ereignisse zu machen. Oder ist die Ökonomie gar keine richtige Wissenschaft?
- *Ökonom*: Das letzte möchte ich überhört haben. Aber schon ihr erster Satz ist nicht richtig: Es geht nicht um das Gleiche. Bei der Meteorologie geht es, wie bei allen naturwissenschaftlichen Prognosen, um Voraussagen über Entwicklungen in der realen Welt. Bei den von Ihnen angeführten ökonomischen Prognosen geht es hingegen um die Prognose von Prognosen.
- *Meteorologe*: Das sind nette Worte, ist aber nicht mein Problem. Ich frage bei der Bank nicht nach Prognosen über Prognosen, ich frage danach, wo der DAX oder der Dollar hingeht. Das mag ein komplexes Problem sein. Auch das Wetter ist ein sehr komplexes Phänomen. Komplexe Probleme erfordern nun einmal komplexe Lösungsansätze. Dann entwickelt doch mal solche. Ich glaube, die Ökonomie greift mit ihren statischen Gleichgewichtsmodellen einfach zu kurz.
- *Ökonom*: Wir haben auch dynamische Modelle und Ungleichgewichtsmodelle und …
- *Meteorologe*: … mag ja sein, aber dennoch taugen eure Prognosen nichts! Ich will ja gar nicht viel. Wie ich von einem Informatiker auf die Frage, in welche Richtung sich die Computertechnologie entwickelt, eine Antwort erwarte, die zumindest eine höhere Wahrscheinlichkeit dafür hat, richtig zu sein als falsch, genauso erwarte ich von einem Wirtschaftler auf die Frage nach dem Dollarkurs eine Antwort, die eine höhere Wahrscheinlichkeit dafür hat, richtig

zu sein als falsch. Mehr will ich ja gar nicht. Nur kriege ich diese Antwort nicht!

- *Ökonom*: Lassen Sie mich es einmal so versuchen: Es gibt doch wohl eine europäische wissenschaftliche Vereinigung der Meteorologen, die einmal jährlich einen Kongress durchführt.
- *Meteorologe*: Ja, da gibt es sogar mehrere.
- *Ökonom*: Gut. Nehmen wir an, auf der Tagung hier in Bozen möchte der Veranstalter ein kleines Spiel durchführen. Bei der Eröffnung wird jeder Teilnehmer gebeten, die Temperatur auf einen Zettel zu schreiben, die seiner Ansicht nach am Sonntag, dem letzten Tag der Tagung, morgens um 10 Uhr auf der der Sonne abgewandten Seite des Waltherdenkmals in Bozen herrscht.
- *Meteorologe*: Gibt's da was zu gewinnen?
- *Ökonom*: Ja, derjenige, dessen Schätzung der wahren Temperatur am nächsten kommt, erhält einen attraktiven Preis, den ein großzügiger Sponsor ausgesetzt hat. Daher geben auch alle Teilnehmer, samt und sonders namhafte Meteorologen von der ganzen Welt, mit großem Ernst und unter Aufbietung ihres ganzen fachlichen Wissens eine Prognose ab. Noch vor Abschluss der Eröffnungsveranstaltung gibt der Veranstalter bekannt, dass im Durchschnitt (genauer: Median) eine Temperatur von 17,4 °C geschätzt wurde.
- *Meteorologe*: Was hat das mit dem DAX oder dem Dollar zu tun?
- *Ökonom*: Gleich ... Nehmen wir nun an, ich sitze als absoluter Laie unmittelbar nach der Eröffnungsveranstaltung in einer Weinstube zufällig mit vier bekannten Meteorologen zusammen und frage sie, ob es nach ihrer Ansicht am nächsten Sonntag eher wärmer sein wird als 17,4° oder eher kälter. Alle vier erklären mir, dass es höchstwahrscheinlich

kälter sein wird, und sie können ihre Meinung wissenschaftlich gut begründen, wenngleich ich als Laie nicht allen Überlegungen folgen kann. Was soll ich jetzt von davon halten? Soll ich mich den Argumenten anschließen?

- *Meteorologe*: Ja sicher. Wenn Sie eine klar formulierte Frage an vier Fachmeteorologen richten und viermal die gleiche begründete Antwort erhalten, können Sie als Laie gar nicht anders, als sich ihrer Meinung anzuschließen. Selbst ich würde das wahrscheinlich tun, denn wenn vier von mir geschätzte Kollegen die gleiche Meinung vertreten, dann muss ja wohl was dran sein.
- *Ökonom*: Ich glaube nein. Die vier Herren, die an meinem Tisch saßen, bildeten – statistisch gesehen – eine Stichprobe aus allen Meteorologen, die an dem Spiel teilgenommen haben. Von diesen weiß ich aber, dass genau eine Hälfte der Überzeugung war, dass es am Sonntag wärmer sein wird als 17,4° und die andere Hälfte der Meinung, dass es kälter sein wird; so ist der Median, wie ihn die Tagungsleitung errechnet hat, definiert. Somit weiß ich nur, dass die von mir gezogene Stichprobe verzerrt war.
- *Meteorologe*: Und was ziehen Sie daraus für eine Konsequenz?
- *Ökonom*: Sollte ich eine beliebige Zahl von Meteorologen nach der Sonntagstemperatur gefragt haben und eine eindeutig in eine Richtung gehende Antwort erhalten haben, so weiß ich nur, dass ich die falschen Leute (eine verzerrte Auswahl) befragt habe. Über die Temperatur am Sonntag weiß ich buchstäblich nichts!
- *Meteorologe*: Gut, das leuchtet mir schon ein. Nur nochmals: Was hat das mit Aktien oder mit dem Dollar zu tun?
- *Ökonom*: Der Kurs einer Aktie (Dollar, DAX u. v. m.) ist ebenfalls ein Median der Meinungen: Zum heutigen Kurs

ist ein gleich großes Marktvolumen der Meinung, er sei zu hoch und werde daher fallen (die, die verkauft haben), wie es das Volumen derjenigen Marktteilnehmer gibt, die annehmen, er sei zu niedrig und werde daher steigen (diejenigen, die gekauft haben). Damit ist der heutige Kurs wahrscheinlich die beste Schätzung für den morgigen Kurs, die wir haben können. Genauso wie beim Meteorologenkongress: Die ermittelten 17,4° sind wahrscheinlich die beste Schätzung, die man heute über die Temperatur am Sonntag auf dem Waltherplatz in Bozen haben kann.

- *Meteorologe*: Aber man bekommt doch bei den Banken und in den Zeitschriften immer wieder Markttendenzen, Prognosen, Einschätzungen etc.
- *Ökonom*: Ja natürlich, ich habe ja auch von den in der Weinstube befragten Meteorologen Prognosen und Einschätzungen erhalten. Nur habe ich daraus nicht mehr erfahren als ich vorher schon wusste: Wahrscheinlich hat es am Sonntag 17,4°. Genauso weiß ich, wenn ich von vier Finanzexperten die Ansicht höre, die Aktie werde im Kurs wahrscheinlich steigen, dass ich die falschen Finanzexperten befragt habe; hätte ich alle befragt, so hätte ich die Bestätigung dafür bekommen, dass der Kurs dahin gehört, wo er jetzt ist. Also frage ich lieber gar nicht.
- *Meteorologe*: Heißt das etwa, dass Prognosen in Ihrem Fach grundsätzlich nicht möglich sind?
- *Ökonom*: Nein, selbstverständlich sind Prognosen möglich. In der Ökonomie ist es nicht anders als in der Meteorologie auch. Prognosen über Tendenzen in der realen Welt (Klima, Wirtschaft) sind sehr wohl möglich: Man kann eine Wettervorhersage machen und man kann eine Prognose darüber abgeben, ob in den nächsten Jahren die pharmazeutische Industrie höhere oder niedrigere Wachs-

tumsraten haben wird als die Stahlindustrie oder ob die Inflationsrate in der Türkei höher oder niedriger sein wird als die in der Schweiz. Ich kann aber – weder in der Ökonomie, noch in der Meteorologie – sinnvollerweise eine Aussage darüber machen, ob die besten Prognosen der Fachwelt eher in die eine oder in die andere Richtung verschoben sind. Diese besten Prognosen der Fachwelt nennen wir Ökonomen Marktpreise. Etwas darüber aussagen zu wollen, ob sie eher zu hoch oder eher zu niedrig sind, würde bedeuten, dass man sein privates Urteil über das der ‚financial community' als Ganze stellt.

- *Meteorologe*: Sie tun jetzt so, als wären die Marktpreise etwas Absolutes, etwas Unfehlbares. Die Marktteilnehmer machen aber doch auch Fehler.
- *Ökonom*: Höchstwahrscheinlich haben Sie Recht. So genau wissen wir das nicht. Aber wahrscheinlich machen auch die Meteorologen auf ihrem Kongress Fehler und eine andere Schätzung als 17,4° wäre vielleicht besser gewesen. Wir werden es nie wissen, denn eine höhere oder niedrigere Temperatur als 17,4° am Sonntag beweist gar nichts. Es hilft uns auch nicht, wenn uns später die eine Hälfte erklärt, es hätte so kommen müssen wie es kam und sie hätten es schließlich korrekt vorhergesagt. Solange wir vor Sonntagmorgen nicht wissen, welche Hälfte das sein wird …
- *Meteorologe*: Wenn man das alles bedenkt, befindet sich die Ökonomie aber in einer misslichen Lage: Unsere Prognosen sind typischerweise solche über naturwissenschaftliche Phänomene, Prognosen, die man guten Gewissens abgeben kann. Die Prognosen, die man von Euch erwartet, sind meist Prognosen über die Prognosen anderer und somit im Grund nicht möglich.

- *Ökonom*: Danke für das Mitgefühl. Es kommt sogar noch schlimmer: Je besser die Meteorologen werden, umso besser werden ihre Prognosen. Je besser aber die Finanzwirtschaftler werden, umso vollständiger bilden die Marktpreise das aktuell vorhandene Wissen ab und umso schlechter werden daher ihre Prognosen über Marktpreise. Prognosen von Leuten, die besser sein wollen als der Markt, sind notwendigerweise umso schlechter, je besser der Markt ist!
- *Meteorologe*: Das würde für uns natürlich auch gelten, wenn wir typischerweise Probleme wie in Ihrem Kongressbeispiel zu lösen hätten. Im Grunde sind die Unterschiede zwischen Natur- und Sozialwissenschaften gar nicht so groß. Wir dürfen nur nicht Dinge miteinander vergleichen, die man nicht miteinander vergleichen darf. Blöder Satz, aber Sie wissen schon, wie es gemeint ist.
- *Ökonom*: Ja, weiß ich und jetzt gehen wir in eine Weinstube und genehmigen uns eine gute Flasche Lagrein Dunkel.

Natürlich kann nicht geleugnet werden, dass Prognosen von Naturwissenschaftlern generell ein höheres Maß an Präzision aufweisen als die von Wirtschafts- und Finanzfachleuten. Allerdings gilt das nur für Prognosen, die grundsätzlich möglich sind. Prognosen über Prognosen gehören nicht dazu; hier sind beide gleichermaßen hilflos. Wem dies klar ist, wird entsprechende Fragen gar nicht erst stellen. Warum sollte jemand, der eine Einschätzung bezüglich der Dollarentwicklung haben möchte, sich die Mühe machen, bei fünf Banken Erkundungen einzuziehen, wenn er von vornherein weiß, dass er damit sein Wissen (= der derzeit am Markt gezahlte Terminkurs als bester Schätzer des künftigen Kassakurses) nicht verbessern kann? Oftmals ist allerdings der wahre Grund für das Einholen von Meinungen anderer nicht der, sein Wissen zu vermehren, sondern der, einen Schuldigen für den Fall zu besorgen, dass die Entscheidung sich als falsch herausstellt. Dies ist insbesondere dann der Fall, wenn derjenige, der die Entscheidung wirklich trifft, sich später gegenüber Dritten (Vorgesetzter, Aufsichtsgremium o. ä.) zu verantworten hat.

Im mündlichen Examen in Finanzwirtschaft stellte ich vor einigen Jahren (heute gibt es leider keine mündlichen Prüfungen mehr) einem Kandidaten die folgende Frage:

> Nehmen Sie an, Sie sind nach Abschluss Ihres Examens als Assistent des Geschäftsführers eines mittelständischen Betriebs tätig und Ihr Chef sagt Ihnen eines morgens, er habe einen Vertrag über die Lieferung von 75.000 Snowboards abgeschlossen; der Kaufpreis in Höhe von 12 Mio. Dollar werde in sechs Monaten fällig. Er wolle mit Ihnen zum Mittagessen gehen und erwarte von Ihnen bis dahin eine fundierte Empfehlung, ob die Kaufpreisforderung am Terminmarkt durch ein entsprechendes Gegengeschäft abgesichert werden solle oder nicht. Was tun Sie an diesem Vormittag?

Letztlich geht es um eine Einschätzung des in einem halben Jahr gültigen Dollarkurses und um die Risikobereitschaft des Unternehmens. Dies war dem Kandidaten durchaus bewusst und seine Antwort im Examen lautete, dass er fachliche Erkundigungen hinsichtlich der Markteinschätzung einholen werde. Er werde die Hausbank und vorsorglich auch noch drei weitere Kreditinstitute anrufen und sie um ihre Einschätzungen bitten, um sich ein eigenes Urteil bilden zu können. Meine Entgegnung auf diese Antwort an den Kandidaten: Stellen Sie sich vor, Sie seien nicht in einer Prüfung in Betriebswirtschaftslehre, sondern in Innerer Medizin. Der Prüfer fragt Sie, was Sie einem Patienten sagen würden, der über stechende, krampfartige Schmerzen im seitlichen Unterbauch klagt. Ihre

Antwort: Ich empfehle dem ratsuchenden Patienten, einen Arzt aufzusuchen. Glauben Sie wirklich, dass Sie mit dieser Antwort das medizinische Examen erfolgreich bestehen können?

Jeder akademische Lehrer weiß, dass das Schlussexamen nicht nur das letzte, sondern meist auch das effektivste Forum darstellt, Studenten sinnvolles Wissen zu vermitteln; nirgendwo ist ein Student so konzentriert und so motiviert. Als Prüfer hatte ich den Eindruck, dass dem Kandidaten durch die Rückfrage und das Beispiel aus der Medizinprüfung das Problem erst bewusst wurde, denn wir hatten danach ein durchaus vernünftiges Gespräch miteinander. Der Kandidat hat letztlich auch, wenngleich nicht mit einem herausragenden Ergebnis, seine Prüfung bestanden. Ich hoffe dabei, er hat im Schlussexamen wirklich etwas verstanden und es nicht nur gelernt. Studenten lernen zu viel. Sie lernen viel zu viel, darunter auch viel Überflüssiges; da sie dies durchaus erkennen, hat die Fülle des Gebotenen auf sie eher eine demotivierende Wirkung. Viel wichtiger als Lernen ist Verstehen. Es ist nie zu spät dafür, etwas wirklich zu verstehen; oftmals ist aber das Examen die letzte Gelegenheit dazu.

14

Finanzmarktprognosen als Wetterprognosen

Die Warenbörse als Wetterfrosch?

Bei der Gegenüberstellung von ökonomischen und meteorologischen Prognosen sollte deutlich geworden sein, dass regelmäßig der Marktpreis das Wissen der Marktteilnehmer bündelt. In diesem Sinne war auch die durchschnittliche Temperaturschätzung der Fachmeteorologen in Kap. 13 eine Art Marktpreis, auch in dieser Durchschnittsschätzung wurde das Fachwissen der Meteorologen „gebündelt". Alle Informationen, über die Marktteilnehmer verfügen, fließen in den Marktpreis ein und machen ihn zum Punkt der maximalen Verwirrung: Aufgrund des Marktmechanismus liegt der Preis nämlich genau da, wo gleich viel dafür spricht, dass er zu hoch ist, wie dafür, dass er zu niedrig ist (auch das gilt für die Medianschätzung der Meteorologen in Bozen). Eine vernünftige Aussage darüber, ob er zu hoch ist oder zu niedrig, ist somit nicht möglich.

Wenn aber im Marktpreis die gebündelte Information aller, die geballte Information der Fachleute, steckt: Kann man das nicht einfach herumdrehen? Kann man nicht den jedermann bekannten Marktpreis dazu verwenden, Rückschlüsse auf die ihm zugrundeliegende Information zu ziehen?

K. Schredelseker, *Alltagsentscheidungen*, DOI 10.1007/978-3-658-12401-4_14

Antwort

Man kann. Der bekannte amerikanische Ökonom *Richard Roll* (*1939) hat in seinem Beitrag „Orange Juice and Weather" die Terminpreise für Orangensaftkonzentrat (*orange juice futures*) untersucht. Orangensaft ist in den Vereinigten Staaten ein riesiger Markt: Fast jeder Amerikaner trinkt zum Frühstück ein Glas Orangensaft aus amerikanischer Produktion, wobei 98 % der geernteten Orangen aus der Gegend um Orlando in Florida stammen. Natürlich hängt der Preis für Orangen von der Ernte und die wiederum von den Wetterbedingungen in Florida ab, wobei ein möglicher Frost entscheidend ist: Kommt es im Winter zu einer längeren Frostperiode, kann fast die gesamte Ernte vernichtet sein und die geringe Menge, die verschont geblieben ist, erzielt enorme Preise. Rechnet der Markt hingegen mit einer guten Ernte und damit mit vorteilhaften Wetterbedingungen, so wird der zu erwartende Preis für Orangensaft eher niedrig sein. Die Preise der an der Warenbörse *New York Cotton Exchange* gehandelten Terminkontrakte auf gefrorenes Orangensaftkonzentrat spiegeln naturgemäß diese Preiserwartungen und damit die Wettererwartungen wider. Rechnen die Farmer (Angebot) und die industriellen Verarbeiter (Nachfrage) mit guten Wetterbedingungen, so werden sie sich bei ihren Termingeschäften auf einem eher niedrigen Preisniveau einigen, gehen sie aber von misslichen Wetterbedingungen aus, so kommen Abschlüsse nur zu einem deutlich höheren Preis zustande. Damit wird aber der Terminpreis zu einer Art Wettervorhersage, die meteorologische Prognosen, Erfahrungswissen und Bauernregeln aller Beteiligten in einer einzigen Zahl bündelt. *Roll* hat untersucht, wie gut dieser Mechanismus funktioniert: Der Terminpreis ist weit davon entfernt, perfekt zu sein, ist aber durchaus in der Lage, die Vorhersagen des renommierten National Weather Service qualitativ zu verbessern. Natürlich fließen die Prognosen des nationalen Wetterdienstes in die Erwartungen der Marktteilnehmer ein und schlagen sich in den Preisveränderungen für Orangensaftkonzentrat nieder. Die Terminpreise enthalten aber weit mehr Information als sie von den professionellen Prognoseinstituten bereitgestellt wird: Sie enthalten auch alte Volksweisheiten, Beobachtungen von Tierverhalten, Bauernregeln etc. In diesem Sinne erweist sich der Terminpreis als den besten Prognosen überlegen; in den Preis für Orangensaft Futures geht alles ein, was man heute über die künftige Wetterentwicklung im Herzen Floridas sagen kann.

Wer wissen will, wie sich langfristig das Wetter in Florida gestaltet, sollte daher zunächst einmal die Kursberichterstattung des *Wall Street Journal* zurate ziehen.

15

Ist mehr Information wirklich immer etwas Gutes?

Naturwissenschaft und Sozialwissenschaft

Wer vor der Entscheidung steht, sich eine neue Küchenmaschine kaufen zu wollen, holt normalerweise erst einmal Informationen ein; er fragt seine Freunde, lässt sich im Fachgeschäft beraten und konsultiert Testberichte in einschlägigen Zeitschriften. Eine neu erhaltene Information kann dabei zwei mögliche Auswirkungen haben: Entweder sie ändert seine aktuelle Präferenz nicht, da sie über Eigenschaften berichtet, die er schon kennt oder die er für unwichtig hält, oder die neue Information veranlasst ihn, seine Präferenz zu ändern und eine andere Entscheidung zu treffen als die, die er ohne diese Information getroffen hätte. Da einer Information nur dann Wert zukommt, wenn sie zu einem anderen Entscheidungsverhalten führt, ist ihr Wert null oder positiv; sie ist nie negativ, da der Entscheider niemals eine schlechtere Alternative wählen wird als die, die er ohne die Information gewählt hätte.

Es kommt somit auch nicht vor, dass jemand bereit ist, etwas dafür zu bezahlen, dass er eine Information *nicht* erhält. Wohl gemerkt: Wir sprechen über Entscheidungen, bei denen wir eine Wahl zwischen verschiedenen Alternativen

K. Schredelseker, *Alltagsentscheidungen*, DOI 10.1007/978-3-658-12401-4_15

zu treffen haben. Selbstverständlich gibt es Situationen, in denen man bedauert, von einer Sache Kenntnis zu haben und vieles dafür geben würde, wenn die Information zurückgenommen werden könnte: Etwa die Information über eine unheilbare und lebensbedrohende Krankheit oder die Information über einen Fehltritt des geliebten Partners. Da die Information unsere Unbefangenheit und unser psychisches Wohlbefinden beeinträchtigt, kann sie als extrem negativ empfunden werden. Doch zurück zu klassischen Entscheidungen im Sinne der Auswahl zwischen Alternativen. Uns allen ist eine eher natur- bzw. ingenieurwissenschaftliche Denkweise anerzogen und hier ist weitestgehend unbestritten, dass der oben formulierte Zusammenhang eines nicht negativen Informationsnutzens Gültigkeit besitzt. Die Eigenschaften des Entscheidungsfeldes (Menge und Qualität von Küchenmaschinen) ändern sich dadurch nicht, dass wir mehr darüber wissen. Genau das kann aber im sozialwissenschaftlichen Kontext zwischenmenschlicher Entscheidungen der Fall sein. Betrachten wir einmal ein einfaches Entscheidungsproblem für zwei Personen: Anne und Bernd spielen ein Spiel, bei dem Anne zwischen den Alternativen A1 und A2 wählen kann, während Bernd sich für B1 oder B2 entscheiden muss. Zuvor hat allerdings Peter insgeheim eine Münze geworfen; je nachdem, auf welcher Seite sie liegt, erfolgt die Abrechnung auf Basis von Feld Kopf oder auf Basis von Feld Zahl. Stets nennt die Angabe vor dem Querstrich die Auszahlung für Anne und die Angabe nach dem Querstrich die Auszahlung für Bernd (sollte z. B. die Münze auf Kopf liegen und Anne A2 und Bernd B2 gewählt haben, so erhält Anne 22 € und Bernd 21 €).

	Feld Kopf		*Feld Zahl*	
	B1	B2	B1	B2
A1	**18/17**	**23/14**	**10/10**	**16/14**
A2	**15/22**	**22/21**	**14/17**	**18/19**

1. Wie sollten Anne und Bernd entscheiden, wenn beide die Lage der Münze nicht kennen?

2. Peter bietet an, die Lage der Münze beiden bekannt zu geben, bevor sie ihre Wahl treffen müssen. Wie viel könnten sie ihm maximal für diese Information bezahlen?
3. Peter bietet Anne an, nur ihr die Lage der Münze bekannt zu geben (Bernd sieht das, kann aber nicht mithören). Wie viel könnte Anne ihm maximal für diesen Informationsvorteil bezahlen?
4. Wie sähe es aus, wenn Bernd in den Genuss des Informationsvorteils käme, wobei wiederum Anne wüsste, dass Bernd besser informiert ist?

Können Sie auf diese Fragen eine Antwort geben?

Antwort

1. Beide kennen die Münze nicht

Anne überlegt sich:

Wenn Bernd B1 wählt, erbringt A1 mir je nach Lage der Münze 18 € oder 10 € (im Schnitt 14 €); A2 erbringt hingegen 15 € oder 14 € (im Schnitt 14,5 €). Also ist A2 besser.

Wenn Bernd B2 wählt, erbringt A1 mir je nach Münzlage 23 € oder 16 € (im Schnitt 19,5 €); A2 erbringt hingegen 22 € oder 18 € (im Schnitt 20 €). Also ist A2 besser. A2 ist somit immer besser, unabhängig davon, welche Wahl Bernd trifft.

Bernd überlegt sich:

Wenn Anne A1 wählt, erbringt B1 mir je nach Lage der Münze 17 € oder 10 € (im Schnitt 13,5 €); B2 erbringt hingegen 14 € oder 14 € (im Schnitt 14 €). Also ist B2 besser.

Wenn Anne A2 wählt, erbringt B1 mir 22 € oder 17 € (im Schnitt 19,5 €); B2 erbringt hingegen 21 € oder 19 € (im Schnitt 20 €). Also ist B2 immer besser, unabhängig davon, welche Wahl Anne trifft.

Da somit für beide die Strategien A2 und B2 vorteilhafter sind als die jeweiligen Alternativen, erhält Anne in der Erwartung (22 + 18)/2 = 20 € und Bernd ebenfalls (21 + 19)/2 = 20 €.

2. Beide kennen die Lage der Münze

In diesem Fall wird Anne bei *Kopf* in jedem Fall A1 wählen und bei *Zahl* A2. Auch für Bernd ist die Strategie B1 (bei *Kopf*) und B2 (bei *Zahl*) streng dominant. Somit erhält Anne in der Erwartung (18 + 18)/2 = 18 € und Bernd erhält (17 + 19)/2 = 18 €.

Obwohl durch die Information beide nun in der Lage sind, situationsabhängig (je nach Lage der Münze auf *Kopf* oder *Zahl*) die jeweils beste Entscheidung zu treffen, stellen sie sich in der Summe schlechter als zuvor. Sie werden daher das Angebot von Peter ablehnen; u. U. sind sie sogar bereit, einen gewissen Betrag dafür zu bezahlen, dass Peter auf die Nennung der Münzseite verzichtet!

3. Anne hat einen Informationsvorteil

Anne ist *Insider*. Die übliche und auch die dem Gesetzgeber zugrundeliegende Annahme, dass dem Insider aus seinem Informationsvorteil ein Vorteil erwächst, ist durch nichts gerechtfertigt. Es kann so sein, es kann aber auch nicht so sein, wie das hier vorliegende Problem zeigt. Da Bernd weiß, dass Anne mit A1 (bei *Kopf*) und A2 (bei *Zahl*) zwei dominierende Strategien hat, kalkuliert er für seine Strategie B1 einen Erwartungsgewinn von (17 + 17)/2 = 17 € und für B2 von (14 + 19)/2 = 16,5 € und entscheidet sich für B1.

Anne kann somit mit einem Gewinn in Höhe von 18 € oder 14 €, d. h. im Schnitt mit 16 € rechnen, während Bernd auf jeden Fall 17 € erhalten wird. Beiden hat somit der Informationszugang an Anne geschadet: Sie erhält vier Euro weniger, er drei Euro weniger als in der Situation völliger Unkenntnis. Im Wissen um diesen Nachteil wäre Anne sogar bereit, Peter bis zu vier Euro dafür zu bezahlen, dass er ihr keinen Informationsvorsprung gewährt, sie nicht in die Insiderrolle bringt.

4. Bernd hat einen Informationsvorteil

Ähnlich sind die Zusammenhänge, wenn Bernd in den Genuss eines Informationsvorteils kommt. Anne weiß, dass Bernd sich dann für B1 (bei *Kopf*) und B2 (bei *Zahl*) entscheiden wird und kalkuliert ihrerseits einen Erwartungsgewinn von (18 + 16)/2 = 17 € für ihre Strategie A1 und einen Erwartungsgewinn von (15 + 18)/2 = 16,5 € für Strategie A2; daher entscheidet sie sich für A1.

Annes Erwartungsergebnis liegt somit bei (18 + 16)/2 = 17 € und das von Bernd bei (17 + 14)/2 = 15,5 €. Auch hier haben wir wieder dieselbe Situation wie zuvor: Beide stellen sich durch den Informationsvorteil für Bernd schlechter; der Nachteil ist für den ‚Begünstigten' sonach sogar noch größer als für den anderen.

Nun könnte man einwenden, das Zahlenbeispiel sei bewusst so konstruiert, um das gewünschte Ergebnis zu Stande kommen zu lassen. Natürlich ist das so; es ließe sich aber auch ein anderes Zahlenbeispiel konstruieren, bei dem besser informiert zu sein, stets von Vorteil ist. Auch das wäre natürlich genauso konstruiert.

Was bleibt, sollte die Erkenntnis ein, dass in dem Moment, in dem man den sicheren Boden natur- bzw. ingenieurwissenschaftlicher Entscheidungen verlässt, alles möglich ist: Öffentliche Information kann allen Beteiligten nützen, sie kann manchen nützen und anderen schaden und sie kann schädlich sein für alle. Ein privater Informationsvorteil kann ohne Auswirkung sein, er kann für den ‚Begünstigten' von Nutzen oder auch von Schaden sein. Er kann dem ‚Begünstigten' mehr nutzen als dem ‚Benachteiligten', er kann aber auch dem ‚Benachteiligten' einen größeren Vorteil bescheren als dem ‚Begünstigten'. Anything goes.

16

Bitte sag mir nichts

Gibt es Sinn, Information zu verweigern?

Peter lässt Anne und Bernd wiederum ein einfaches Spiel spielen. Erst wirft Peter verdeckt eine Münze, die nur er sieht und zur Seite legt. Anne legt sodann eine Münze auf den Tisch, Bernd beobachtet das und legt ebenfalls eine Münze. Sollten ihre beiden Münzen dasselbe zeigen, erhalten beide je einen Euro; zeigen sie hingegen ein unterschiedliches Bild, so deckt Peter die verdeckte Münze auf und derjenige erhält sechs Euro, dessen Münze das gleiche Bild aufweist. Der andere geht leer aus.

1. Nehmen wir an, das Spiel wird häufig wiederholt. Welche Strategie sollte Bernd verwenden: Sollte er stets dieselbe Seite wählen wie Anne oder stets die andere oder sollte er gar wechseln?
2. Peter bietet Anne an, ihr die Position der verdeckten Münze mitzuteilen, bevor sie ihre Wahl trifft. Sollte Anne auf sein Angebot eingehen und wie viel könnte sie ihm für die Information bezahlen?

K. Schredelseker, *Alltagsentscheidungen*, DOI 10.1007/978-3-658-12401-4_16

Antwort

Auch hier haben wir es wieder mit einer Mehrpersonenentscheidung zu tun, bei der Wissen das Entscheidungsfeld verändert und somit das Prinzip der Nichtnegativität des Informationsnutzens seine Bedeutung verlieren kann.

Selbstverständlich wird Bernd, solange die verdeckte Münze verdeckt bleibt, sich jeweils für die andere Münzseite als die von Anne entscheiden. Da das Spiel öfters gespielt wird, wird er mit dieser Strategie manchmal gewinnen und manchmal verlieren. In der Erwartung gewinnt er drei Euro pro Spiel, wohingegen die Strategie, das gleiche zu legen, ihm lediglich einen Gewinn von einem Euro pro Spiel beschert. Die gleiche Gewinnerwartung hat natürlich Anne.

Dieser Zusammenhang kehrt sich völlig um, wenn Anne die Lage der verdeckt geworfenen Münze kennt. In diesem Fall wird sie nämlich stets ihre eigene Münze genauso wie die von Peter legen und entweder sechs oder einen Euro erhalten (für sie eine dominante Strategie). Da Bernd dies weiß, ist er gezwungen, es Anne gleich zu tun (auch für ihn ist das nun eine dominante Strategie). Da nunmehr beide mit nur je einem Euro eine geringere Gewinnerwartung haben als zuvor, wird Anne auf das Informationsangebot von Peter nicht eingehen. Sie wäre sogar bereit, ihm dafür etwas zu bezahlen, dass er die Information für sich behält.

17

Wann gilt ein Problem als gelöst?

Dinge zu Ende denken!

Gegeben ist folgendes Problem:

- Gehen Sie von Punkt P aus zehn Kilometer nach Norden.
- Gehen Sie sodann zehn Kilometer nach Westen.
- Gehen Sie sodann zehn Kilometer nach Süden.
- Sie sind wieder bei P angekommen.

Gibt es einen Punkt P (oder mehrere Punkte) dieser Art?

K. Schredelseker, *Alltagsentscheidungen*, DOI 10.1007/978-3-658-12401-4_17

Antwort

Dieses Problem zeigt anschaulich einen häufigen Fehler, den Menschen beim Treffen von Entscheidungen machen: Sie geben sich dann, wenn Sie eine befriedigende Lösung gefunden haben, damit zufrieden. Mehr als 400 Studierenden der Vorlesung Entscheidungstheorie an der Universität Innsbruck wurde diese Frage gestellt (im Rahmen eines Onlinetests, d. h. nicht unter Zeitdruck); dabei zeigte sich das folgende typische Ergebnis:

1. Etwa 21 % der Studierenden waren der Ansicht, dass es einen derartigen Punkt P nicht geben könne. Ihr Denken war der euklidischen Geometrie verhaftet, in der der geschilderte Zusammenhang tatsächlich nicht vorkommen kann. Die Aufgabenstellung beschreibt eine Linie, die den drei Seiten eines Quadrats entspricht; will man zum Ausgangspunkt zurückkommen, muss man auch die vierte Seite gehen.
2. Etwa 65 % der Studierenden fühlten sich von der Fragestellung herausgefordert und suchten nach einer Lösung, die sie auch relativ schnell gefunden haben: P muss der Südpol sein, wie die nebenstehende Abbildung zeigt. Wer vom Südpol aus einen Kilometer nach Norden geht, sodann einen Kilometer nach Westen (immer auf dem gleichen Breitengrad bleibend) und dann wieder einen Kilometer nach Süden, wird wieder am Südpol ankommen. Für fast zwei Drittel der Beteiligten war es das.

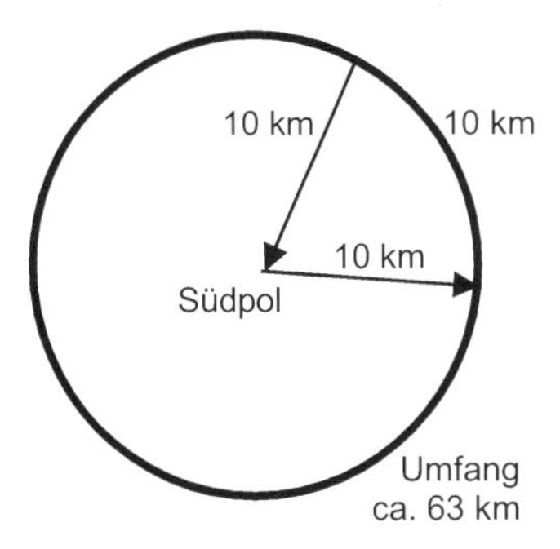

3. Die Denkbarriere der ebenen Geometrie überschritten zu haben, war der entscheidende Schritt. Eigentlich hätten alle, denen das gelungen ist, sehr schnell erkennen müssen, dass es selbstverständlich noch viele weitere Punkte gibt, für die die obigen Bedingungen erfüllt sind. Allerdings waren es nur 14 % der Studierenden, die sich nicht mit dem gefundenen Ergebnis zufriedengegeben, sondern weitergedacht haben. Um den Nordpol gibt es gerade einen Breitenkreis, dessen Umfang zehn Kilometer beträgt (Abstand zum Nordpol ca. 1592 m). Für jeden Punkt auf einem Breitenkreis, der genau zehn Kilometer südlich von diesem liegt und einen Umfang von 72,83 km aufweist, gelten die oben genannten Bedingungen ebenfalls: Es gibt also unendlich viele Punkte auf der Erde, von denen man eine bestimmte Strecke nach Norden, dieselbe Strecke nach Westen (immer entlang desselben Breitenkreises) und dann wieder nach Süden gehen kann, um wieder am Ausgangspunkt anzukommen.

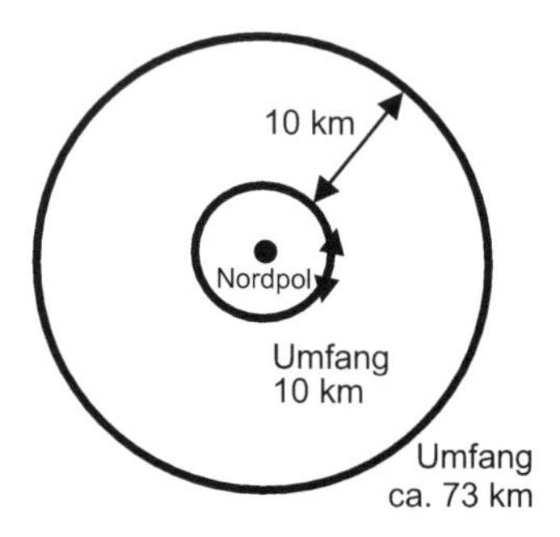

In vielen Bereichen unseres Lebens ist es so, dass wir dazu neigen, uns mit der erstbesten Lösung, die wir für ein gegebenes Problem gefunden haben, zufrieden zu geben. Sie erfüllt ja die von der Aufgabe geforderten Bedingungen, ohne dass wir uns in einem zweiten Schritt darum bemühen, alternative Lösungen zu finden, die diese Bedingungen gleichermaßen erfüllen. Es sollte uns bewusst sein, dass wir mit einer solchen Vorgehensweise nicht allzu selten viel wertvolles Potential verschenken und das Vorstoßen zur eigentlichen Lösung verhindern. Unsere Stoppregel greift zu früh.

18

Quod licet bovi …

Wenn Rinder menschliche Kreativität herausfordern

Nicht immer sind bei Entscheidungen nur Fähigkeiten wie logisches und schlüssiges Denken gefordert, sondern oft geht es darum, neue Ideen zu entwickeln, sich aus bekannten Schablonen zu lösen und der eigenen Kreativität freien Lauf zu lassen. In Lehrveranstaltungen an der Universität Innsbruck wurde auch immer wieder dieser Seite richtigen Entscheidens Rechnung getragen. Ein typisches Beispiel ist die folgende Aufgabe:

Im Gebirge finden sich häufig sog. Weideroste, d. h. Einrichtungen, die es den Menschen erlauben sollen, eine Stelle zu überqueren, nicht aber den weidenden Rindern. Wie erreicht man den gegenteiligen Effekt, bei dem Kühe passieren können, Wanderer aber nicht?

Bevor Sie nach hinten blättern, wo einige typische Lösungen der Studierenden aufgeführt sind, versuchen Sie selbst eine derartige Einrichtung zu entwickeln. Lassen Sie Ihrer Kreativität freien Lauf, bevor sie von Pseudolösungen erwürgt wird.

K. Schredelseker, *Alltagsentscheidungen*, DOI 10.1007/978-3-658-12401-4_18

Antwort

Natürlich gibt es für die gestellte Frage keine ‚Lösung' im Sinne eines ‚richtig oder falsch'; dies ist typisch für viele, vielleicht die meisten Entscheidungsprobleme, mit denen wir es tagtäglich zu tun haben. Entsprechend breit gestreut waren die etwa 150 Klausurarbeiten, deren Korrektur sehr vergnüglich war. Meine Tochter, die mich dabei beobachtete, meinte nur: *Das nennst Du arbeiten, wenn Du so viel Spaß dabei hast?* Auch die Reaktionen der Studierenden auf die Fragestellung waren höchst unterschiedlich. Die Skala reichte von distanziertem Erstaunen (*Was, um Himmels willen, hat das mit Wirtschaft zu tun?*) über innere Abneigung zur Fragestellung (*Weil dann die Rinder die Herrschaft über die Menschen hätten*) bis hin zu offener Akzeptanz (*Das erste vernünftige Thema, das ich während meines Studiums zu bearbeiten hatte*).

Die von den Innsbrucker Studenten vorgeschlagenen und häufig illustrierten Lösungen lassen sich im Wesentlichen sechs Gruppen zuordnen:

1. *Polizeistaatliche Lösungen*: Es werden Selbstschussanlagen installiert, Stacheldrahtzäune und Mauern errichtet, gestrenges Wachpersonal eingestellt und schwere Strafandrohungen wie Zwangsarbeit im Stall denjenigen angedroht, die die Normen missachten.

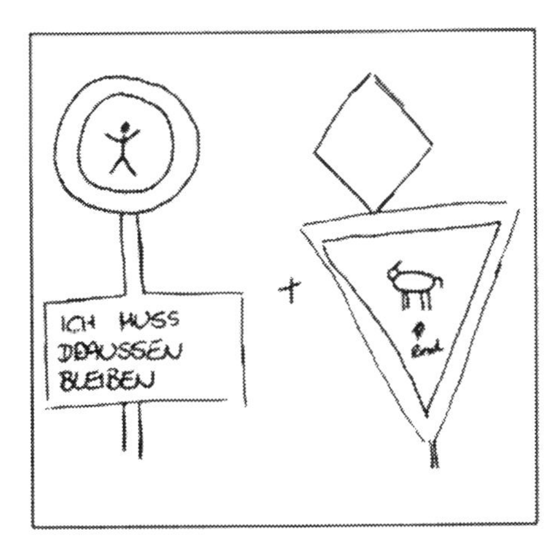

2. *Dreckbarriere*: Der einzige Durchlass in einem abgezäunten oder unpassierbaren Gelände wird knietief mit Jauche gefüllt. Da kaum ein Wanderer bereit ist, da durch zu gehen, wobei die Kühe dabei kein Problem haben, erfüllt diese Maßnahme nicht nur den vorgegebenen Zweck, sondern ist zugleich ökologisch positiv zu beurteilen, da das Rohmaterial kostengünstig anfällt und keine größere landschaftsschädigende Maßnahmen vonnöten sind.

3. *Mechanische Lösungen*: Es werden Wippen gebaut, die vom Gewicht einer Kuh, nicht aber von einem Menschen bewegt werden können und die Öffnung eines Gatters bewirken. Eine andere Lösung sieht vor, eine Tür zu installieren, die gerade so hoch ist wie ein Kuhrücken und die so schwer ist, dass sie nur von einer Kuh angehoben werden kann. Eine sehr nette Zeichnung aus den Klausuraufgaben illustriert diesen Vorgang und man sieht es der Kuh an, wie glücklich sie ist, die Aufgabe gelöst zu haben.

4. *Kulinarische Lösungen*: Am Gatter wird ein Salzstein installiert; wird er abgeleckt, so führt dies zu chemischen Reaktionen, die eine Öffnung des Gatters bewirken. Da Kühe

gerne an solchen Steinen lecken, während Menschen dies wahrscheinlich nicht tun, wird das angestrebte Ergebnis erreicht.

5. *High-Tech-Lösungen*: Die Kühe werden mit einem subkutanen Sender ausgestattet, der ihnen einen Durchlass erlaubt. Akustische Sensoren öffnen das Gatter auf das Muhen einer Kuh oder auf den Klang einer speziellen Kuhglocke, Scanner öffnen das Gatter nur beim Erkennen eines optisch kuhähnlichen Wesens.

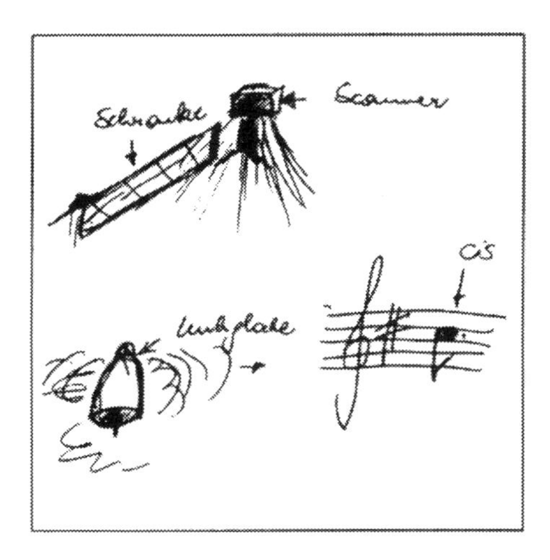

6. *Psychologische Lösungen und faule Tricks*: Es werden Schilder aufgestellt, die vor Schlangen warnen (die es natürlich nicht gibt) oder die falsche Kilometerangaben machen. Ein harmloser Durchgang wird mit der Aufschrift „Melkstraße" für den Menschen praktisch unpassierbar gemacht etc.

Ich habe immer Studenten besonders geschätzt, die nicht nur Angelerntes reproduzieren, sondern eigene Ideen haben und bereit sind, sich auf Neues einzulassen. Dazu gehört auch, in der knappen Zeit einer Klausur Probleme zu bearbeiten, auf die sie sich nicht haben vorbereiten können. Wer dabei reüssiert, verfügt über weit mehr Lebenswissen als derjenige, der ein anerkanntes Standardlehrbuch von der ersten bis zur letzten Seite herbeten kann. Er dürfte auch fähig sein, in der Wirtschaftspraxis gleichermaßen verantwortungsvolle wie zukunftsweisende Entscheidungen mit großer Tragweite zu treffen.

19

Mehr Gehalt hätten wir alle gern

Der gesunde Menschenverstand am Werk

Stellen Sie sich vor, Sie bekommen eine neue Stelle mit einem Anfangsgehalt von 40.000 € pro Jahr angeboten. Dabei können Sie zwischen zwei Formen der Gehaltserhöhung wählen:

1. Sie erhalten in jedem Halbjahr 250 € mehr.
2. Ihr Gehalt erhöht sich pro Jahr um 1000 €.

Für welche der beiden Varianten würden Sie sich entscheiden? (Um die Sache einfacher zu gestalten, nehmen Sie an, das Gehalt werde halbjährlich ausgezahlt; am Problem ändert sich dadurch nichts).

K. Schredelseker, *Alltagsentscheidungen*, DOI 10.1007/978-3-658-12401-4_19

Antwort

Die meisten Befragten (so auch 86% der Teilnehmer im Entscheidungstheoriekurs der Universität Innsbruck) entscheiden sich für Variante 2. Auch wenn da wohl irgendein Trick dahinter sein muss (sonst wäre die Frage nicht gestellt worden): Halbjährlich 250 € kann nicht besser sein als jährlich 1000 €! Das Beispiel stammt aus dem Buch des deutschen Mathematikers und Physikers *Ernst Peter Fischer* (*1947) mit dem Titel *Kritik des gesunden Menschenverstandes*, und es trifft genau in das Herz dieses Titels. Bei genauerem Hinsehen erweist sich nämlich tatsächlich der gesunde Menschenverstand als fragwürdig und die Variante (1) als überlegen.

1. Vereinbarungsgemäß erhalten Sie für das erste Halbjahr die Hälfte ihres Jahresgehalts, d. h. 20.000 €, im zweiten Halbjahr 250 € mehr, d. h. 20.250 €, im ersten Halbjahr des zweiten Jahres 20.500 € etc.
2. Vereinbarungsgemäß erhalten Sie im ersten Jahr 40.000 € (pro Halbjahr 20.000), im zweiten Jahr 41.000 € (pro Halbjahr 20.500 €), im dritten Jahr 42.000 € (pro Halbjahr 21.000 €) etc.

Stellen wir tabellarisch die Zahlungen pro Halbjahr einander gegenüber, so ergibt sich das folgende Bild:

	Variante (1)	**Variante (2)**
1. Halbjahr	20.000	20.000
2. Halbjahr	20.250	20.000
3. Halbjahr	20.500	20.500
4. Halbjahr	20.750	20.500
5. Halbjahr	21.000	21.000
6. Halbjahr	21.250	21.000
...		

Offenbar ist bei Variante 1 in der zweiten Hälfte eines jeden Jahres die Zahlung um € 250 höher als bei Variante 2. Somit hätte man sich für die Variante 1 entscheiden sollen.

Ohne ein gehöriges Maß an gesundem Menschenverstand werden wir alle nicht vernünftig durchs Leben kommen. Gleichwohl ist es angeraten, bei Entscheidungen, bei denen uns der gesunde Menschenverstand ein ganz klares Urteil nahelegt, kurz inne zu halten, das Problem logisch zu durchdenken und damit dem gesunden Menschenverstand auch zuzubilligen, ganz gesund menschlich irren zu können. Ein Recht auf Irrtum hat auch der gesunde Menschenverstand.

20

Fünf Piraten und zehn Goldstücke
Vernunft als Sklave der Leidenschaften

Fünf Piraten haben zehn wertvolle Goldstücke erbeutet, die sie unter sich aufteilen müssen. Sie einigen sich darauf, dass beginnend mit dem Ältesten (P1) einer nach dem anderen einen Vorschlag macht, über den abgestimmt wird. Wird der Vorschlag angenommen (einfache Stimmenmehrheit), so wird er umgesetzt; im anderen Fall wird der Vorschlagende ins Meer geworfen (die Sitten auf See sind rau) und der Nächste ist an der Reihe, einen Vorschlag zu machen. Kein Pirat akzeptiert einen Vorschlag, bei dem er leer ausgeht und jeder versucht, für sich selbst so viel wie möglich herauszuholen. Wie viele Goldstücke sollte P1 für sich selbst in seinem Vorschlag vorsehen?

K. Schredelseker, *Alltagsentscheidungen*, DOI 10.1007/978-3-658-12401-4_20

Antwort

Auch hier geht es wieder um das Denken über das Denken der Anderen. Piraten sind natürlich kluge Menschen und sie wissen auch, dass die anderen Piraten kluge Menschen sind; die Haltung, die anderen seien dümmer als sie selbst, ist ihnen fremd. Wäre es anders, so wären sie schon längst keine Piraten mehr, sondern ihrem Leben wäre am Galgen ein Ende gesetzt worden. In diesem Bewusstsein wird P1, der älteste, den Vorschlag machen, dass von den zehn Goldstücken sieben an ihn gehen sollen, eines an P3 und zwei an P5; P2 und P4 sollten bei seinem Vorschlag leer ausgehen.

Die Überlegungen, die ihn zu diesem Vorschlag veranlasst haben, sind durch Rückwärtsinduktion leicht nachvollziehbar:

1. Wären P1, P2 und P3 bereits im Meer gelandet, so wäre P4 gezwungen, alle zehn Goldstücke P5 anzubieten; würde er sich in seinem Vorschlag selbst mit nur einem Goldstück bedenken wollen, so würde P5 dies ablehnen. Der Vorschlag hätte somit keine Mehrheit und P4 würde vereinbarungsgemäß ins Meer geworfen werden, was P5 in den Besitz aller zehn Goldmünzen brächte.
2. Sollte P3 auch noch an Bord sein, so ist ihm dies natürlich bewusst. Schlägt er für sich neun und für P4 eine Goldmünze vor (natürlich geht dann P5 leer aus), so kann er der Stimme von P4 sicher sein und der Vorschlag würde angenommen.
3. Sollte auch P2 noch an Bord sein, so sind ihm diese Zusammenhänge klar und er wird für sich sieben Münzen reklamieren und für P4 zwei und für P5 eine Münze anbieten.

Dabei ist ihm eine 3 : 1-Mehrheit gewiss, denn nur P3, der keine Münze erhalten soll, wird gegen seinen Vorschlag stimmen.

4. Somit ergibt sich folgerichtig die oben von P1 vorgeschlagene Aufteilung 7 : 0 : 1 : 0 : 2, denn P3 und P5 würden sich dem Vorschlag anschließen, da sie sich durch eine Ablehnung deutlich schlechter stellen würden.

Diejenigen, die für den Vorschlag von P1 stimmen, neben P1 selbst die Piraten P3 und P5, tun dies natürlich nicht, weil ihnen das Ergebnis behagt, sondern deswegen, weil eine Gegenstimme für sie mit katastrophalen Konsequenzen verbunden wäre.

Interessant ist es zu sehen, welche Antwort Studierende der Universität Innsbruck im Rahmen des Kurses Entscheidungstheorie auf die gestellte Frage gegeben haben:

Münzen für P1	**0**	**1**	**2**	**3**	**4**	**5**	**6**	**7**	**8**	**9**	**10**
Häufigkeit in %	15	28	19	9	4	0	6	15	3	0	0

Immerhin hat knapp ein Viertel der Studierenden eine Zahl genannt, die im Bereich der rationalen Lösung (7 ± 1) liegt. Offenbar ist aber bei den meisten das Vertrauen in die Rationalität der anderen nicht sehr ausgeprägt, denn mehr als 70 % der Studierenden wählten eine ausgesprochene Sicherheitsstrategie, die auf der Überlegung beruht: Je bescheidener ich bin, umso größer ist die Wahrscheinlichkeit, dass mein Vorschlag bei den anderen Akzeptanz erfährt und mir das Schicksal, ins Meer geworfen zu werden, erspart bleibt.

Ich weiß nicht, ob ich die eingangs gemachte Aussage, dass Piraten kluge Menschen seien, angesichts dieses Ergebnisses aufrechterhalten kann. Warum haben Sie sich dann auf dieses Verfahren eingelassen, dessen Ende ja jeder hat voraussehen können? Es wäre reizvoll, einen Wettbewerb darüber zu eröffnen, wer den besten Allokationsmechanismus vorschlagen kann, der allgemeine Zustimmung erfährt. Ich befürchte aber, dass die Piraten so vieler demokratischer Abstimmungsmechanismen schnell überdrüssig werden und sich auf ihre bewährten Konfliktlösungstechniken (Revolver, Faust, Säbel) besinnen könnten. Dies liegt aber jenseits eines Textes über vernünftiges Entscheiden.

21

Divergierende Interessen
Die Rationalität alter Handelsregeln

Der Interessenkonflikt ist offenkundig und erscheint unlösbar: Der Inhaber eines Delikatessengeschäfts, der Ware einkauft, möchte, um seinen Ruf als führendes Haus am Platze zu festigen, seinen Kunden nur die bestmögliche Qualität anbieten. Der Erzeuger, der seine Ware an den Handel verkauft, ist hingegen daran interessiert, sein gesamtes Angebot (und nicht nur die Topqualität) an den Mann zu bringen.

Wie kann man diesen Interessenkonflikt zur allseitigen Zufriedenheit der Beteiligten lösen?

K. Schredelseker, *Alltagsentscheidungen*, DOI 10.1007/978-3-658-12401-4_21

Antwort

Solche Interessenkonflikte sind so alt, wie es Handel gibt und über die Jahrhunderte haben sich Kaufmannsbräuche und -regeln herausgebildet, die versuchen, einen halbwegs fairen Interessenausgleich zu Wege zu bringen. So gibt es in der Toskana bis heute ein Verfahren, das Anwendung findet, wenn ein Händler bei einem Bauern oder einer Agrargenossenschaft rohen Schinken (natürlich *prosciutto toscano*!) einkaufen möchte (den Hinweis verdanke ich *Sandro Amici*, einem guten Freund und Lebensmittelhändler in Piombino). Zunächst benennt der Käufer die genaue Anzahl an Schinken, die er zu kaufen beabsichtigt und erhält daraufhin vom Verkäufer einen Termin. Zu diesem Termin wird ein begehbares Holzgestell (castello) vorbereitet, an das die gewünschte Zahl von Schinken gehängt wird. Dem Käufer ist es möglich, sich jeden Schinken von allen Seiten (auch von unten) anzusehen, allerdings ohne ihn berühren zu dürfen. Er darf lediglich einen einzigen Schinken herunternehmen und ihn genauer prüfen. Diese Prüfung erfolgt durch vier Stiche mit der „fibula", einem angespitzten Pferde- oder Maultierknochen, der zunächst in die Fettschicht geschoben wird, um ihn geruchsneutral werden zu lassen. Mit den Stichen an den richtigen Stellen kann dann die geübte Nase des Kenners das Aroma, den Reifegrad, die Haltbarkeit und einen etwaigen mikrobiologischen Befall feststellen. Unmittelbar nach der Prüfung muss der Händler erklären, ob er *alle* dargebotenen Schinken nimmt oder nicht; allenfalls kann über den Preis verhandelt werden, nicht aber über die Menge. Mit dieser Prozedur stellt der Verkäufer sicher, dass seine Ware weitestgehend unbeschädigt bleibt (die kleinen Löcher im analysierten Schinken werden durch Fett sofort wieder verschlossen) und dass es dem Käufer nicht möglich ist, sich die besten Stücke herauszunehmen und ihm den Rest zu überlassen. Andererseits wird vom Käufer ein hohes Maß an Erfahrung und Urteilssicherheit verlangt: Natürlich wird er versuchen, den schwächsten Schinken zu identifizieren, denn wenn dieser akzeptabel erscheint, gilt das für alle anderen ja wohl erst recht. Er wird versuchen, sich einen „warmen" Schinken herauszunehmen; da Schweine ihr Leben lang auf derselben Seite schlafen (anders wir Menschen: „Wütend wälzt sich einst im Bette Kurfürst Friedrich von der Pfalz ..."), gibt es eine untere und eine obere, eine warme und eine kalte Keule, wobei die letztere besser durchblutet und daher zarter und geschmacksintensiver ist. Nur dem wirklich erfahrenen Einkäufer ist es möglich, durch bloße Inaugenscheinnahme eine halbwegs treffsichere Zuordnung vorzunehmen. Das gute Auge und die gute Nase muss er haben; ob der Schinken dann wirklich gut ist, darüber entscheidet letztendlich nur das Geschmacksempfinden seiner Kunden.

Die Prozedur sorgt zum einen dafür, dass nur der erfahrene Experte dauerhaft Erfolg haben wird, zum anderen dafür, dass auch die Interessen des Verkäufers angemessen Berücksichtigung finden. Das Verfahren hat sich bewährt und wird (angesichts der steigenden Tendenz zum Supermarkteinkauf allerdings immer weniger) bis heute praktiziert. Wenn einem modernen Entscheidungs- und Spieltheoretiker die Aufgabe gestellt worden wäre, ein faires und allseits akzeptables Entscheidungsdesign zu entwickeln, wäre ihm wohl kaum etwas Besseres eingefallen.

22

Die Klassenarbeit

Kann man das Unerwartete erwarten?

Am Leonhard-Euler-Gymnasium haben die Schüler in der Oberstufe an jedem Montag, Dienstag, Mittwoch und Freitag eine Stunde Mathematik. Am Freitag entlässt der Lehrer die Schüler ins Wochenende mit dem Hinweis, es werde in der nächsten Woche eine Mathematikarbeit geben und der Tag werde für die Schüler eine Überraschung sein.

Peter, der Mathematik an sich mag, aber für das Wochenende eigentlich einen Ausflug mit Freunden geplant hatte, ist zunächst enttäuscht. Nach einigem Überlegen wird ihm allerdings bewusst, dass die Aussage des Lehrers es diesem unmöglich macht, in der nächsten Woche eine Mathematikarbeit schreiben zu lassen. Seine Überlegung: Wenn es stimmt, dass in der nächsten Woche ein Mathetest durchgeführt wird, der für uns Schüler überraschend ist, so kann das natürlich nicht am Freitag sein, denn spätestens am Mittwochmittag wüssten wir ja, dass am Freitag die Arbeit ansteht; sie wäre somit nicht überraschend. Wenn das aber so ist, so kann die Arbeit auch unmöglich am Mittwoch geschrieben werden, da man dies am Dienstag wüsste und sie damit ohne Überraschungseffekt wäre. Mit der gleichen

K. Schredelseker, *Alltagsentscheidungen*, DOI 10.1007/978-3-658-12401-4_22

Logik kann man den Dienstag ausschließen: Die Arbeit muss also am Montag geschrieben werden. Das geht aber nicht, da sie dann ja nicht überraschend wäre.

Der Lehrer setzt am Dienstag völlig überraschend, wie er es ja auch angekündigt hat, einen Mathematiktest an. Peter war am Wochenende auf seinem Ausflug und konnte sich somit nicht richtig vorbereiten. Daher setzt es einen Fünfer.

Hat Peter bei seinen Überlegungen etwas falsch gemacht?

Antwort

Peter kommt zu seinem Ergebnis durch eine Rückwärtsinduktion und am Beginn seiner Überlegungen steht der Mittwoch. An diesem vorletzten Tag bedeutet die Aussage des Lehrers zweierlei:

1. Da die Arbeit bis heute noch nicht geschrieben wurde, *muss* sie am Freitag stattfinden
2. Da der Tag eine Überraschung sein muss, *kann* man das heute nicht wissen.

Offenkundig stehen diese beiden Aussagen in einem offenen Widerspruch zueinander; sie sind somit falsch. Aus einer Falschaussage kann aber kein richtiger Schluss gezogen werden; letztlich kann man aus ihr buchstäblich alles schließen. Wenn aber der erste Schritt falsch ist, erübrigen sich alle folgenden. Letztlich kann der Lehrer einen der vier Tage per Losentscheid wählen, er sollte aber nicht widersprüchliche Aussagen machen.

23

Bei uns bekommen Sie den besten Preis

Das Gefangenendilemma in der Praxis

Bestpreisgarantie

Wir garantieren unseren Kunden den besten Preis. Sollte eine der von uns angebotenen Waren woanders billiger angeboten werden, so lassen Sie uns das wissen. Sie erhalten das Produkt bei uns zum selben Preis wie dort und wir schenken Ihnen darüber hinaus noch ein attraktives Präsent zum Dank dafür, dass Sie uns dabei helfen, immer besser zu werden.

Wir kennen alle die vollmundigen und unsere Briefkästen füllenden Ankündigungen mancher Fachmärkte und Kaufhäuser im Sinne der nebenstehenden Bestpreisgarantie.

Ein Unternehmen, das sich soweit aus dem Fenster wagen kann, muss erstklassig sein. Es dokumentiert in höchstem Maße seine Leistungsfähigkeit im Wettbewerb.

Sehen Sie das auch so?

K. Schredelseker, *Alltagsentscheidungen*, DOI 10.1007/978-3-658-12401-4_23

Antwort

Ein hohes amerikanisches Gericht sah das nicht so, sondern untersagte diese Praxis wegen seiner wettbewerbsbeschränkenden Wirkung. Warum, sei an einem Beispiel erläutert:

Nehmen wir an, in einer Stadt befinden sich zwei große Baumärkte, der Altmann und der Neumann. Beide bieten eine bekannte Schlagbohrmaschine zum Preis von 79,95 € an und verdienen dabei gut Geld. Altmann befürchtet, dass Neumann, um Kunden abzuwerben, den Preis auf 74,95 € senken könnte, was natürlich Altmann zwingen würde, nachzuziehen. Er entscheidet sich somit für die oben dargestellte Bestpreisgarantie. Sollte Neumann nun tatsächlich seine Preise senken, so würden die treuen Altmannkunden nicht zu ihm wechseln, sondern bei Altmann verbleiben und bei ihm den niedrigeren Neumannpreis sowie das Präsent einfordern; Neumann hätte somit keine höheren Umsätze, sondern nur niedrigere Erlöse. Es könnte für ihn sogar noch schlimmer kommen, wenn Kunden, die bisher bei ihm eingekauft haben, nun wegen des in Aussicht gestellten Präsents zu Altmann wechseln; im Endergebnis hätten wir die wirtschaftstheoretisch absurde Situation, dass derjenige, der seine Preise senkt, damit Kunden an die Konkurrenz verliert. Was Altmann mit der Bestpreisgarantie getan hat, war schlicht, seinen Konkurrenten daran zu hindern, seine Preise zu senken; er hat damit dasselbe bewirkt wie ein wettbewerbsrechtlich untersagtes Kartell, nur ohne dass es dazu einer ausdrücklichen Vereinbarung bedürfte. Dass er dabei bei den meisten Konsumenten den Eindruck eines besonders kundenfreundlichen und effizienten Unternehmens erweckt, ist eine angenehme Begleiterscheinung, die natürlich den Marketingchef freut.

Im Kern handelt es sich bei diesem Problem um einen Spezialfall des bekannten Gefangenendilemmas, das sehr viele unserer gesellschaftlichen Konflikte kennzeichnet und über das unzählige Abhandlungen in der sozialwissenschaftlichen Literatur erschienen sind. Ein Gefangenendilemma ist dadurch charakterisiert, dass die gesellschaftlich wünschenswerte Situation instabil ist, wohingegen die stabile Situation gesellschaftlich unerwünscht ist. Es geht somit um einen Kernkonflikt jeder Gesellschaft, den zwischen Individuum und Kollektiv.

Der folgende Text kann von denjenigen Lesern überschlagen werden, denen das Grundmodell des Gefangenendilemmas hinreichend bekannt ist.

In der ursprünglichen Fassung geht es um das Problem von zwei Freischärlern in Mittelamerika, die von den Regierungstruppen aufgegriffen worden sind und staatsfeindlicher Umtriebe beschuldigt werden. Da keine Beweise vorliegen, wissen beide, dass sie, wenn sie nicht gestehen, wegen unerlaubtem Waffenbesitz zu einem Jahr Gefängnis verurteilt werden. Der Richter, für den aus politischen Gründen ein Geständnis höchst wünschenswert ist, hält sie in getrennten Zellen und bietet jedem einzelnen das folgende Angebot (sog. Kronzeugenregelung): Wenn Du gestehst, so lassen wir Dich frei; dein Kumpan muss allerdings dann mit einer vierjährigen Freiheitsstrafe rechnen und wir haben endlich unseren Musterprozess. Wenn ihr beide gesteht, werde ich Gnade vor Recht ergehen lassen und euch beide zu zwei Jahren Gefängnis verurteilen. Nennen wir die beiden Gefangenen Mateo und Pedro, so ergibt sich die nachstehende Spielmatrix:

Jahre im Gefängnis Mateo/Pedro		**Pedro** Leugnen	Gestehen
Mateo	Leugnen	**1/1**	**4/0**
	Gestehen	**0/4**	**2/2**

Das Gefangenendilemma hat keine Lösung, sonst verdiente es nicht die Bezeichnung *Dilemma*. Natürlich wäre es für beide das Beste, sie würden leugnen, d. h. „kooperieren". Selbst wenn sie sich auf gegenseitiges Leugnen verständigt hätten, wäre dies noch keine Lösung, denn jeder der beiden hätte einen starken Anreiz, zu „rivalisieren", d. h. im Vertrauen auf die Pakttreue des anderen durch Gestehen sich einer Gefängnisstrafe zu entziehen. Da sich jeder dieses Risikos bewusst ist, wird jeder die dominante Strategie „gestehen" wählen, denn sie führt für ihn, unabhängig davon was der andere tut, stets zu einem besseren Ergebnis. So unangenehm es sein mag: Mateo und Pedro wählen nicht die für sie bessere Lösung des beidseitigen Leugnens, sondern die stabile Lösung des beidseitigen Gestehens. Sie wählen das Ergebnis, das der schlaue Richter hat erreichen wollen. In ökonomischer Diktion: Sie wählen nicht die Pareto-optimale Lösung, sondern das Nash-Gleichgewicht. Pareto-optimal ist ein Ergebnis dann, wenn es kein anderes gibt, das mindestens einen der Beteiligten besserstellt, ohne einen anderen schlechter zu stellen; in der Tabelle ist dies das Feld links oben. Ein Ergebnis stellt dann ein Nash-Gleichgewicht dar, wenn keiner der Beteiligten für sich genommen ein Anreiz hat, seine Strategie zu wechseln; in der Tabelle ist dies das Feld rechts unten.

Gehen wir zurück zu unserem Problem der Bestpreisgarantie und stellen das wechselseitige Entscheidungsproblem in Form einer Matrix dar. Es ist allerdings zu beachten, dass es jetzt nicht um Gefängnisjahre, sondern um Unternehmensgewinne geht. In diesem Fall ist eine Zahl umso erstrebenswerter, je höher sie ist, im Fall von Gefängnisjahren gilt genau das Gegenteil. Die Kontrahenten stehen vor der Entscheidung, den Preis zu senken oder ihn dort zu belassen, wo er ist.

Gewinne in Tausend Euro		Neumann	
Altmann/Neumann		Senken	Belassen
Altmann	Preis senken	20/20	40/10
	Preis belassen	10/40	30/30

Wenn alles beim Alten bleibt (bei den schönen hohen Preisen), können beide mit einem Gewinn von 30.000 € rechnen. Würden hingegen beide ihre Preise senken, so würden ihre Gewinne auf 20.000 € sinken. Senkt jedoch nur der eine von beiden seine Preise, so erhöht er seinen Umsatz und kann trotz niedrigerer Preise seinen Gewinn auf 40.000 € steigern; genau das war sein Ziel. Sein Kontrahent verliert Kunden und muss sich mit einem Gewinn von 10.000 € zufriedengeben. Dieser Zusammenhang war Altmann bewusst, als er sich für die Bestpreisgarantie entschlossen hatte, mit der er die Matrix folgendermaßen verändern konnte:

Gewinne in Tausend Euro		Neumann	
Altmann/Neumann		Senken	Belassen
Altmann	Preis senken	20/20	40/10
	Preis belassen	30/10	30/30

Neumann muss nunmehr damit rechnen, dass er mit einer einseitigen Preissenkung den Gewinn von Altmann weitgehend unbeeinflusst lässt (Altmann hat zwar mehr Kunden, aber geringere Stückerlöse), seinen eigenen aber deutlich zurücknehmen muss (weniger Kunden und geringere Stückerlöse). Neumann wird somit von einer solchen Preissenkung Abstand nehmen.

Der wirtschaftspolitische Sinn des Wettbewerbsrechts besteht darin, die Unternehmen an kooperativem Handeln zu hindern. Für die ideologischen Väter der sozialen Marktwirtschaft (*Eucken, Müller-Armack, Röpke* u. a.) war Wettbewerbsrecht einer der wenigen legitimen und notwendigen Eingriffe in das Marktgeschehen. Marktwirtschaft wird in der politischen Auseinandersetzung häufig missverstanden: Es ist nicht ein Konzept im Interesse der Unternehmer, sondern im Interesse und zum Schutz der Konsumenten. Unternehmen neigen aus Eigeninteresse dazu, die marktwirtschaftlichen Prinzipien außer Kraft zu setzen, indem sie sich absprechen und zulasten der Konsumenten Kartelle bilden. Wettbewerbsrecht ist dafür da, genau dies zu verhindern. Mit der Bestpreisgarantie wird allerdings genau die Außerkraftsetzung ökonomischer Prinzipien erreicht, ohne dass es einer Absprache bedürfte. In der Sprache der Spieltheorie neigen die Unternehmer dazu, der kooperativen Lösung den Vorrang gegenüber der Nash-Lösung einzuräumen. Dass dies zu Lasten der Konsumenten geht, nehmen sie in Kauf. Die von amerikanischen Gerichten vorgenommene Einstufung der Bestpreisgarantie als einer besonders listigen, geradezu hinterlistigen Variante eines unzulässigen Kartells ist somit schlüssig.

24

Sozialverhalten als Daueraufgabe

Ein mehrfaches Gefangenendilemma

Gefangenen-Dilemmata gibt es in Wirtschaft und Gesellschaft zuhauf: Unternehmensübernahme durch einen Take-Over-Bid, Wettrüsten im kalten Krieg, Bestimmung der Fördermenge der OPEC, Tarifverhandlung zwischen Sozialpartnern etc. Häufig liegt auch der klassischen Tragödie ein Gefangenen-Dilemma zugrunde; ein Beispiel ist *Puccinis* Oper Tosca. Der korrupte Hauptmann Scarpia begehrt Tosca und lässt den Maler Cavadarossi, ihren Geliebten, zum Tode verurteilen. Scarpia bietet nun Tosca folgendes Geschäft an: Wenn sie sich ihm hingibt, lasse er Cavadarossi nur zum Schein erschießen; Tosca lässt sich auf den Handel ein, verlangt aber die vorherige Befehlserteilung im versprochenen Sinne durch Scarpia. Damit ergibt sich die folgende Entscheidungsmatrix (Nutzennotation: Tosca/Scarpia):

K. Schredelseker, *Alltagsentscheidungen*, DOI 10.1007/978-3-658-12401-4_24

	Scarpia verschont Cavadarossi	Scarpia erschießt Cavadarossi
Tosca schläft mit Scarpia	**1/1**	**–2/2**
Tosca verweigert sich	**2/–2**	**–1/–1**

- *Links oben*: Wenn Tosca sich auf das Angebot einlässt und Scarpia seine Zusage einhält, muss Tosca den verhassten Scarpia empfangen, rettet aber ihren Geliebten (Ihr Nutzen: 1). Scarpia kann die sexuelle Begegnung genießen, aber Cavadarossi nicht beseitigen (Sein Nutzen: 1).
- *Rechts unten*: Wenn Tosca sich verweigert und Cavadarossi erschossen wird, muss Tosca den Tod ihres Geliebten beklagen (Ihr Nutzen: –1) und Scarpia kann sich der Beseitigung Cavadarossis rühmen, muss aber auf die heiße Nacht mit Tosca verzichten (Sein Nutzen: –1).
- *Rechts oben*: Wenn Tosca sich hingibt, Scarpia aber entgegen des Befehls Cavadarossi erschießen lässt, ist Tosca seelisch verletzt und ihres Geliebten beraubt (Ihr Nutzen: –2); Scarpia triumphiert, denn er hatte den gewünschten Sex und er kann sich der erfolgreichen Beseitigung Cavadarossis rühmen (Sein Nutzen: 2).
- *Links unten*: Wenn Scarpia an seinen Befehl, Cavadarossi zu verschonen, gebunden ist und dennoch Tosca sich ihm verweigert, hat sie den doppelten Nutzen: Sie musste nicht den schmierigen Scarpia in ihrem Bett ertragen und ihr Geliebter ist gerettet (Ihr Nutzen: 2). Scarpia hingegen ist der Trottel, der gleichermaßen auf Sex wie auf Ruhm verzichten muss (Sein Nutzen: –2).

Die Oper endet, wie es die Spieltheorie voraussagt. Beide wählen ihre dominante Strategie. Tosca ersticht Scarpia in dem Moment, indem er sich ihr lüstern nähert; sie erhofft, die Links-unten-Lösung erreichen zu können. Scarpia hingegen hatte den Befehl, Cavadarossi sei nur zum Schein zu erschießen, vorgetäuscht; er erhoffte damit, die Rechts-oben-Lösung erreichen zu können. Ungewollt finden sich beide im Nash-Gleichgewicht *(rechts unten)* wieder. Sicher war *Giacomo Puccini* (1858–1924) kein Spieltheoretiker, aber er war nicht nur ein großartiger Musiker, sondern auch ein vernünftig denkender Mensch. Wer in die Situation kommt, ein Spiel vom Typ „Gefangenendilemma" gegen eine Person spielen zu müssen, die er weder kennt, noch mit der er sich zuvor hat einigen können, wird, wenn er rational handelt, stets seine dominante Strategie wählen. Damit landet das gemeinsame Ergebnis im Nash-Gleichgewicht, dort nämlich, wo beide sicher sein können, nicht vom anderen zum Trottel gemacht zu werden. Das individuell rationale Verhalten hat zur Folge, dass das gesellschaftlich wünschenswerte Verhalten, das zum „Pareto-Optimum" führen würde, verfehlt wird. Wie sollte man sich aber dann verhalten, wenn ein derartiges Spiel mehrere Male hintereinander gespielt wird?

Antwort

Wird ein Spiel häufig wiederholt, so ändern sich die strategischen Optionen: An die Stelle eines binären Entscheidungsproblems (gestehen – leugnen) tritt eine Fülle von Strategien, die das eigene Verhalten vom beobachteten Verhalten des jeweiligen Gegenspielers abhängig macht. Relativ einfach ist die Situation zu beurteilen, wenn es bei dem Spiel nur darum geht, besser zu sein (mehr Punkte zu haben) als der andere; die absolute Höhe der Punkte ist dann belanglos. Hier wird jeder der Kontrahenten in jedem Spiel ausschließlich seine dominante Strategie wählen (d. h. rivalisieren), denn damit kann er verhindern, in die Verliererrolle gedrängt zu werden. Wer nämlich ein einziges Mal zum Trottel gemacht wurde, hat schon verloren, da der andere ihm forthin durch Wahl der dominanten Strategie keine Chance geben wird, den Makel wettmachen zu können: Alle weiteren Spiele enden somit im Nash-Gleichgewicht und Trottel bleibt Trottel.

Interessanter ist natürlich der Fall, wo es um die Höhe der Gewinne geht. Betrachten wir die klassische Matrix von *Axelrod* (*1943).

Notation: A/B		**Bernd**	
		Kooperation	Rivalität
Anne	Kooperation	**3/3**	**0/5**
	Rivalität	**5/0**	**1/1**

Anne und Bernd sind Konkurrenten im Wildbrethandel, wo immer wieder der Fall eintritt, dass die Ware nicht in der gewünschten Menge angeboten werden kann: Mal hat Anne kein Reh, aber zu viel Hasen, mal fehlen Bernd Fasanen, während er zwei Wochen später zu viele davon hat. Würden sie kooperieren, d. h. sich gegenseitig aushelfen, so könnten sie beide ihre Kunden zufrieden stellen und einen guten Tagesumsatz von je 3000 € erzielen. Wenn sie nicht kooperieren, verärgern sie ihre Kunden und ihr Umsatz beträgt nur je 1000 €. Natürlich hat jeder von beiden einen Anreiz, seinen Konkurrenten auf dem Trockenen sitzen zu lassen, obwohl er genug Ware hätte, um ihm auszuhelfen; in diesem Falle kämen alle Kunden zu ihm, er erzielte Rekordumsätze von 5000 € und die Konkurrenz ginge leer aus.

Nur wenn beide wissen, dass sie nur dann mit Hilfe rechnen können, wenn der andere darauf vertrauen kann, dass auch ihm in einem Notfall geholfen wird, kann sich eine stabile Kooperationspraxis herausbilden. Zwar reizt es, die Mangelsituation beim Konkurrenten auszunutzen, doch die Kosten des damit verbundenen Vertrauensverlustes sind einfach zu hoch: Vertrauen ist ein Gut, das herzustellen sehr viel Zeit und Mühe kostet, das aber andererseits in Sekunden vernichtet werden kann. Ein solches Gut gibt man nicht eines kurzfristigen Vorteils wegen auf.

Dem aufmerksamen Leser wird nicht entgangen sein, dass hier der kooperativen Lösung der Vorzug gegeben wird, während im vorangegangenen Problem (Bestpreisgarantie) die Nash-Lösung (beide rivalisieren) als erstrebenswert angesehen wurde. Der Grund für diese Ungleichbehandlung liegt auf der Hand: Die Kooperation der beiden Wildbrethändler schadet ihren Kunden nicht, da die logistische Aufgabe des Handels (die richtige Ware am richtigen Ort bereitzustellen) durch Kooperation verbessert wird. Die aufgrund der Bestpreisgarantie erzwungene Kooperation hingegen stellt eine Ausbeutung der Kunden zugunsten der Verkäufer dar. Hier wäre das Wettbewerbsrecht gefordert, einzuschreiten; bei der Kooperation von Anne und Bernd ist das nicht der Fall.

Da es beim wiederholten Gefangenendilemma offenbar gleichermaßen Anreize gibt, zu kooperieren wie zu rivalisieren, und da es unzählige Strategien gibt, wie man auf das Verhalten seines Kontrahenten reagieren könnte, darf nicht erwartet werden, dass sich eine „richtige“ Strategie finden lässt, die dem rationalen Akteur zum sicheren Erfolg verhilft. Der amerikanische Politikwissenschaftler *Robert Axelrod* (*1943) hat daher 1980 ein viel beachtetes Turnier ausgeschrieben, in dem er bekannte Spieltheoretiker einlud, ein Computerprogramm zu schreiben, das im Rahmen eines wiederholten Gefangenendilemmas klare Regeln für die Wahl zwischen Kooperation oder Rivalität aufstellt. Sodann ließ Axelrod diese Programme wechselseitig in einem Computermodell gegeneinander antreten und bewertete sie anhand der obigen Matrix über die Dauer von genau 200 Zügen. Es wurden die unterschiedlichsten Strategien vorgeschlagen wie z. B.:

- Rivalisiere stets, um nicht in die Rolle des Trottels gebracht zu werden.
- Beginne kooperativ und rivalisiere dann und nur dann, wenn der Gegner zuvor auch rivalisiert hat.
- Teste die Strategie des Gegners und richte dein Verhalten danach aus .
- Beginne kooperativ und gehe beim ersten Rivalisieren des Gegners auf Stets-rivalisieren über.
- Beginne kooperativ und Rivalisiere dann, wenn der Gegner zuvor auch rivalisiert hat; zusätzlich rivalisiere nach dem Zufallsprinzip in 10 % der Züge, um gelegentliche Ausbeutungen des anderen zu ermöglichen.
- Rivalisiere nur dann, wenn der Gegner zuvor zweimal rivalisiert hat.

Gewonnen hat das Turnier die zweitgenannte, die „Tit-for-tat-Strategie“, das klassische „Wie Du mir, so ich Dir“; diese Strategie wurde vom Psychologen, Musiker und Mathematiker *Anatol Rapoport* (1911–2007) vorgeschlagen. Sie ist freundlich (beginnt mit einer Kooperation), nachsichtig (erlaubt die Wiederherstellung von Kooperation), nicht rachsüchtig (der rivalisierende Gegner wird nur einmal „korrigiert“, nicht aber durch zwei- oder mehrmaliges Rivalisieren bestraft) und sie ist leicht verständlich (wer sie verstanden hat, ist zur Kooperation gezwungen). In vielen Arbeiten, die sich mit dem *Axelrod*'schen Turnier befassten, wurden diese Eigenschaften in den Rang allgemeingültiger Prinzipien eines gedeihlichen menschlichen Zusammenlebens erhoben.

Interessanterweise war „Tit for tat“ nicht nur das erfolgreichste, sondern auch das einfachste Programm des Turniers. Es kam mit fünf Programmschritten aus, während andere, in hohem Maße sophistizierte Programme bis zu 152 Programmschritte benötigten. Häufig ist es so, dass zur Lösung komplizierter Entscheidungen einfache Lösungen sich letztlich auch als die besten herausstellen.

An der Universität Innsbruck wurde mit Studenten der wöchentlichen Vorlesung Entscheidungstheorie ein iteriertes Gefangenendilemma während eines gesamten Semesters (= 13mal) gespielt. Jedem Student wurde ein Partner zugeteilt, den er nicht kannte, dessen Aktionen er aber beobachten konnte; es kamen 42 Paarungen zustande. Gespielt wurde das in der linken Tabelle gegebene Gefangenendilemma, wobei die in den 13 Wochen erzielten Spielpunkte aufaddiert wurden. Bei der Semester-Schlussabrechnung wurden die Klausurpunkte aus der rechten Tabelle vergeben, die auf die Schlussklausur angerechnet wurden und daher für die Studenten sehr wertvoll waren:

- Zwei Klausurpunkte erhielt, wer einem Paar angehörte, das überdurchschnittlich viele Spielpunkte hat erreichen können.
- Zwei Klausurpunkte bekam, wer mehr Spielpunkte als sein Partner hatte.

Spielpunkte		**B**		**Klausurpunkte**		**Spieler**	
		Koop	Rival			Verlierer	Gewinner
A	Koop	**3/3**	**0/5**	**Paar**	$> \mu$	2	4
	Rival	**5/0**	**1/1**		$< \mu$	0	2

Das Spiel war damit so angelegt, dass sowohl kooperatives als auch rivalisierendes Verhalten positiv bewertet wurde: Der bessere Partner in einem Paar mit überdurchschnittlich vielen Spielpunkten konnte sich vier Punkte für die Klausur gutschreiben lassen. Die Ergebnisse waren höchst bemerkenswert:

- Manche Paare haben von Anfang an eine kooperative Strategie gespielt und sie bis zum Schluss beibehalten (spieltheoretisch eigentlich nicht rational). Da das Paar überdurchschnittlich viele Spielpunkte erzielte, es unter den beiden aber keinen Sieger gab, bekam jeder der beiden drei Klausurpunkte (14 %).
- Eher spieltheoretisch zu erwarten war das Verhalten einiger Paare, die über lange Zeit kooperierten, um gemeinsam Punkte zu sammeln; gegen Ende des Spiels konnte einer der beiden sich durch rivalisierendes Verhalten einen Vorteil zu verschaffen, was ihm dann auch die vollen vier Punkte einbrachte (17 %).

- Schlüssig war das Ergebnis von vier Paaren, bei denen einer zu Beginn des Spiels sich durch rivalisierendes Verhalten einen Vorsprung verschaffte, der nicht aufzuholen war; in der Folge wurde nur noch kooperiert, da auch der Verlierer daran interessiert war, das Paar in die überdurchschnittliche Gruppe zu bringen (10 %).
- Andere Paare haben kooperativ begonnen, der Konsens wurde aber zu früh von einem der Beteiligten durchbrochen, was den anderen veranlasste, nur noch zu rivalisieren. Im Ergebnis landete man bei den Paaren mit unterdurchschnittlichem Ergebnis, wobei der Konsensdurchbrecher wenigstens noch zwei Punkte für sich hat retten können (18 %).
- Natürlich gab es auch Paare, die von vornherein die Sicherheitsstrategie wählten, so als gäbe es die vorgesehene Präferenz für Kooperation nicht, und stets rivalisierten. Jeder erhielt einen Klausurpunkt (22 %).
- Leider entziehen sich einige der beobachteten Strategien einer vernünftigen Interpretation, was nicht heißt, dass sie unvernünftig gewesen wären. Vielleicht haben wir die dahinterstehende Logik nur nicht verstanden. Vielleicht gibt es auch keine.

Als Hochschullehrer war ich stets überzeugt, dass es bei der Ausbildung von Wirtschaftsstudenten vorrangig darum gehen muss, selbstständig Probleme zu lösen, klar zu denken, eigenständig Entscheidungen zu treffen und sich im Wettbewerb mit anderen durchzusetzen, d. h. strategisches Geschick zu beweisen. Es kann nicht Aufgabe der Universitäten sein, Faktenwissen zu akkumulieren, das nach wenigen Jahren notwendigerweise bereits obsolet ist. Deswegen sollte dem freien „Denken“ stets der Vorrang gegenüber dem „Lernen“ eingeräumt werden. Unsere Studenten „lernen“ viel zu viel und „denken“ zu wenig. Ein Ausbildungssystem, das das fördert, ist auf dem falschen Weg.

25

Wer bietet 20 Euro für eine Zehn-Euro-Note?

Eine raffinierte Auktion

Stellen Sie sich vor, auf einer Auktion wird eine ganz normale Zehn-Euro-Note versteigert. Derjenige, der den Schein ersteigert, erhält ihn ohne weitere Rechte und Verpflichtungen und muss den von ihm gebotenen Betrag ohne Zu- und Abschläge bezahlen.

Könnten Sie sich vorstellen, im Rahmen einer Versteigerung für den Schein ein Gebot in Höhe von mehr als zwanzig Euro abzugeben?

K. Schredelseker, *Alltagsentscheidungen*, DOI 10.1007/978-3-658-12401-4_25

Antwort

Unter normalen Bedingungen selbstverständlich nicht, denn warum sollten Sie für etwas, dessen Wert eindeutig 10 € beträgt, mehr als 10 € bezahlen? Der Wirtschaftswissenschaftler und Spieltheoretiker *Martin Shubik* (*1926) hat jedoch ein Spiel vorgeschlagen und auch in Experimenten durchgeführt, bei dem die Teilnehmer vollständig informiert sind und dennoch dazu neigen, irrational (?) zu handeln. Für *Shubik* zeigte dieses Spiel Analogien zum Ende der sechziger Jahre tobenden Rüstungswettlauf zwischen den Vereinigten Staaten von Amerika und der Sowjetunion auf; daher wird es zuweilen auch als „Eskalationsauktion" bezeichnet.

Die Besonderheit der Auktion besteht nämlich darin, dass nicht nur der Meistbietende den von ihm gebotenen Preis bezahlen muss, sondern auch derjenige, der das zweithöchste Gebot abgegeben hat, obwohl er den Versteigerungsgegenstand nicht erhält. Zur Vereinfachung unterstellen wir, dass nur Gebote in ganzen 10-Cent-Schritten zulässig sind.

Zu Beginn der Auktion werden die Teilnehmer klein anfangen und sich jeweils immer wieder ein wenig überbieten, um in den Besitz des Zehners zu kommen. Bereits wenn zwei Bieter dabei sind, zeigt sich das teuflische an dem Spiel: Wenn ich sehe, dass mein Gebot in Höhe von 1,80 € von einem anderen mit € 1,90 überboten wird, muss ich weiterbieten, weil ich sonst mein Gebot verliere und der andere das Geschäft macht. Spätestens dann, wenn einer der Teilnehmer 5 € geboten hat, offenbart sich das Grunddilemma, denn jeder, der mehr (z. B. 5,10 €) bietet, weiß, dass der Betrag, der dem Auktionator zufließt (jetzt 10,10 €), bereits größer ist, als der Zehner, den er dafür hergibt. Gleichwohl hat jeder, der mehr als 5 € bietet, noch einen Vorteil daraus, da er ja den Zuschlag erhalten und damit einen Gewinn machen könnte. Es wird also weiter geboten werden. Endgültig problematisch wird die Situation, wenn das letzte Gebot bei 10 € liegt. Es gibt sicher keinen neuen Bieter mehr, der bereit ist, ein Gebot abzugeben, und Anne und Bernd, die beiden, von denen die zwei letzten Gebote stammen, sitzen in der Falle. Betrachten wir die Situation des Zweitbieters Bernd, der 9,90 € geboten habe. Bietet er nicht mehr weiter, so hat das für ihn einen Verlust von 9,90 € zur Folge, während Anne pari aussteigt. Mit einem Gebot von 10,10 € tauscht Bernd einfach nur die Rollen: Würde Anne nicht weiter bieten, so würde dies für Bernd einen Verlust von 0,10 € und für Anne einen Verlust von 10 € bedeuten. Dies würde Sie wieder veranlassen, ein weiteres Gebot abzugeben etc. Die in der Fragestellung genannten zwanzig Euro als Gebot sind somit nicht nur durchaus vorstellbar, sondern je nach Persönlichkeit der Beteiligten sogar sehr wahrscheinlich, denn keiner möchte gern der Trottel sein, der verliert. Mit jedem neuen Gebot reicht er diese undankbare Rolle an seinen Partner weiter, bis einer von beiden die Reißleine zieht.

Shubik hat dieses Spiel viele Male auf diversen Partys gespielt. Es war anfangs der siebziger Jahre, wo der Dollar noch hinreichend Kaufkraft hatte und das Spiel um eine Dollarnote ging. Er berichtet davon, dass eine von ihm zur Versteigerung gebrachte Dollarnote im Durchschnitt einen Zuschlagspreis von 3,40 $ erzielte. Somit konnte er vor verdutztem Publikum für die Hingabe eines Dollar fast sieben Dollar vereinnahmen. Dabei hat sich, nachdem der Prozess in Gang gekommen ist, keiner der Beteiligten irrational verhalten. Ähnlich dem Rüstungswettlauf wurde mit dem Eskalationsspiel ein unheilvoller Prozess eingeleitet, der erst dort sein Ende findet, wo einer der beiden die Sinnlosigkeit des Ganzen einsieht und auf ein weiteres Gebot verzichtet. Leider wird aber derjenige, der dem

Irrsinn ein Ende bereitet und damit einen Nutzen für beide Beteiligte generiert (ein Weitermachen hätte ja nur dem Auktionator genutzt), mit einem höheren Verlust „bestraft".

Diese Rationalitätsfalle, in der sich die Beteiligten befinden, kann durchaus erwünscht sein. Zuweilen wird die Eskalationsauktion bei Wohltätigkeitsveranstaltungen eingesetzt, um ein gutes Ergebnis für den intendierten sozialen Zweck zu erreichen. Das Problem dabei ist, dass letztlich derjenige den Hauptbeitrag leistet, der eine durchaus willkommene Verhaltensweise an den Tag legt, nämlich mitzuzahlen, ohne dafür irgendeinen Gegenwert zu erhalten. Selbst das kann erwünscht sein, wenn ein spendierfreudiger Gönner da ist, der von vornherein seinen Verlust einkalkuliert und im Interesse des Spendenzwecks den Zuschlagspreis möglichst nach oben treiben möchte; dabei ist ihm bewusst, dass er es selbst ist, der für die Hälfte des zu spendenden Betrags aufzukommen hat.

Eine eindeutige Empfehlung, wie man sich sinnvollerweise in einem derartigen Auktionsspiel verhalten sollte, gibt es nicht. Wer sich auf das Spiel einlässt, sitzt schon in der Falle. Andererseits wäre eine allgemein vereinbarte Teilnahmeverweigerung auch keine Lösung, weil derjenige, der sich der Verweigerung verweigert, die 10-Euro-Note für zehn Cent erwerben könnte. Am vernünftigsten wäre es wohl, von vornherein das Zustandekommen eines Eskalationsprozesses zu verhindern. Dies könnte derart geschehen, dass jemand sofort nach der Verkündigung der Regeln ein Gebot in Höhe von zehn Euro abgibt: Da niemand ein höheres Gebot abgeben wird, erwirbt der Bieter die 10-Euro-Note zum Preis von 10 € und der unheilvolle Prozess kommt gar nicht erst in Gang.

26

Wie man den Zufall überlistet

Ein Spiel mit zwei Zetteln

Kurt und Ruth sind unschlüssig, ob sie am Abend ins Kino gehen sollen oder zum nahen Italiener, bei dem es diese Woche frische Trüffel gibt. Um eine Lösung zu finden, schlägt Ruth ein Spielchen vor: Kurt soll auf zwei Zettel zwei unterschiedliche Zahlen (maximal vierstellig) schreiben und die Zettel verdeckt auf den Tisch legen. Ruth nimmt sich einen der beiden Zettel, dreht ihn um und kann entscheiden, ob sie ihn behalten will oder ob sie sich doch lieber den anderen nimmt. Wenn sie sich für den Zettel mit der größeren Zahl entscheidet, gehen beide am Abend zum Italiener und lassen sich die duftenden *Tagliatelle al tartufo* schmecken.

Eigentlich ein faires Spiel: Da sich bei den Zahlen, die Kurt aufgeschrieben hat, um irgendwelche frei gewählte Zahlen handelt, ist die Wahrscheinlichkeit dafür, dass die verdeckte Karte eine größere oder eine kleinere Zahl als die aufgedeckte aufweist, gleich groß. Ob Ruth ihre Karte behält oder die andere nimmt: Die Wahrscheinlichkeit für Kinobesuch und Trüffelessen liegt jeweils bei 50 %.

Was würden Sie Ruth vorschlagen, die für ihr Leben gerne frische Trüffel isst?

K. Schredelseker, *Alltagsentscheidungen*, DOI 10.1007/978-3-658-12401-4_26

Antwort

Erstaunlicherweise gibt es tatsächlich eine Strategie, mit der Ruth aus der *50 %-Wahrscheinlichkeit* zu gewinnen eine *Mindestens-50 %-Wahrscheinlichkeit* machen kann. Die Zettel seien mit A und B bezeichnet und Ruth dreht zunächst einmal A um. Bevor sie das tut, wählt sie sich jedoch eine beliebige Zahl Z. Sollte Z größer sein als die Zahl auf Zettel A (oder gleich), so entscheidet sie sich für B; sollte Z kleiner sein, so entscheidet sie sich für Zettel A!

Insgesamt gibt es drei Konstellationen:

1. Z ist kleiner als die Zahl auf A und auch kleiner als die Zahl auf B. In diesem Fall entscheidet sich Ruth klar für Zettel A. Die Wahrscheinlichkeit, dass A eine größere Zahl aufweist als B, liegt bei 50 %.
2. Z ist mindestens so groß wie die Zahl auf A und größer als die Zahl auf B. In diesem Fall entscheidet sich Ruth klar für Zettel B. Die Wahrscheinlichkeit, dass B eine größere Zahl aufweist als A, liegt bei 50 %.
3. Z liegt zwischen den Zahlen auf A und B. Wenn A > Z > B, so entscheidet sich Ruth für A und damit für die größere Zahl. Gilt hingegen A < Z < B, so entscheidet sich Ruth für B und somit wiederum für die größere Zahl.

Mit der genannten Strategie gewinnt Ruth immer dann, wenn die von ihr gewählte Zahl Z zwischen den Zahlen auf A und B liegt (Fall 3). Ist dies nicht so (Fälle 1 und 2), ändert sich an der 50 : 50-Wahrscheinlichkeit nichts. Insgesamt liegt ihre Gewinnchance somit irgendwo zwischen 50 % und 100 %, je nachdem welche Zahlen Kurt aufgeschrieben hat.

Kurt, der eigentlich lieber ins Kino wollte, kann sich allenfalls dadurch schützen, dass er die Wahrscheinlichkeit dafür, dass Z zwischen A und B liegt, so klein wie möglich werden lässt (er schreibt z. B. die Zahlen 8317 und 8318 auf die Zettel).

Für Ruth ist jedenfalls die genannte Strategie dominant gegenüber der Alternative, einfach nur den Zufall entscheiden zu lassen: In keinem Fall fährt sie damit sie schlechter, in manchen Fällen aber besser.

27

Soll ich meine Bronzefigur dem Meistbietenden verkaufen?

Weniger ist oft mehr

Kunstobjekte sind meistens Einzelstücke, für die es einen breiten Markt und damit eine halbwegs verlässliche Werteinschätzung kaum gibt. Aus diesem Grund werden sie meistens auf Auktionen angeboten: Die Zahlungsbereitschaft der möglichen Käufer offenbart sich in ihren Geboten und die Verkäufer können zumindest damit rechnen, nicht einen zu schlechten Preis zu bekommen. Sollte ich daher meine alte Bronzefigur in eine Versteigerung geben, wo sie der Meistbietende erhält? Oder könnte ich dadurch mehr bekommen, dass ich mich mit weniger zufriedengebe?

K. Schredelseker, *Alltagsentscheidungen*, DOI 10.1007/978-3-658-12401-4_27

Antwort

Wenn Sie ein Objekt über die Online-Plattform Ebay kaufen oder verkaufen, kann es sehr wohl geschehen, dass das Geschäft zu einem Preis abgeschlossen wird, der deutlich unter dem Höchstgebot des Meistbietenden liegt. Darin allerdings eine Benachteiligung des Verkäufers zu sehen, wäre falsch. *Pierre Omidyar* (*1967), der Gründer von Ebay hat in seinem Unternehmen bereits im Jahr 1995 aus guten Gründen ein Versteigerungsprinzip eingeführt, das auf Arbeiten des kanadischen Ökonomen und Nobelpreisträgers *William Vickrey* (1914–1996) zurückgeht und deshalb häufig als Vickreyauktion (Zweitpreisauktion) bezeichnet wird.

Worum geht es? In der Vickreyauktion erhält der Meistbietende wie in der klassischen (englischen) Auktion die zu versteigernde Sache, zahlt dafür aber nur den Preis, der dem zweithöchsten Gebot (oftmals plus einer Steigerungsstufe) entspricht. In der englischen Auktion muss der Meistbieter den von ihm gebotenen Preis bezahlen; er muss sich überlegen, bis zu welchem Preis er maximal gehen würde (Reservationspreis). Dabei weiß er, dass dieser Preis durchaus zu hoch sein könnte, dann nämlich, wenn das Gebot seines Rivalen, desjenigen, der das nächsthohe Gebot abgibt, deutlich unter seinem Gebot liegt; schließlich würde es reichen, um einen Tick besser zu sein als der Rivale. Dieses Wissen wird auf das Bietverhalten aller nicht ohne Einfluss sein: Jeder wird ein Gebot abgeben, das mehr oder minder unter seinem Reservationspreis liegt, um auf diese Weise ein besseres Geschäft machen zu können. Wie groß dieser Abschlag ist, hängt von den Erwartungen ab, die der Bieter hinsichtlich der Gebote der anderen hegt. Bei der Vickreyauktion hingegen hat jeder einen Anreiz, genau seinen Reservationspreis als Gebot anzusetzen. Die Gefahr, dass er dabei mehr als nötig zu viel zahlt, als nötig wäre, besteht nicht, da er die Sache ja zum Gebot des zweitbietenden erhält; bietet er andererseits weniger als seinen Reservationspreis, so besteht die Gefahr, dass ihm ein interessanter Kauf möglicherweise durch die Lappen geht. Letztlich ist das, was prima facie für den Verkäufer nachteilig zu sein scheint, zu seinem Vorteil! Ein weiterer Vorteil kann darin bestehen, dass dem Verkäufer die wahren Reservationspreise enthüllt werden, ein Umstand, der für künftige Verkäufe ähnlicher Objekte von großer Bedeutung sein kann.

Die deutschen Ökonomen *Ockenfels* (*1969) und *Tietzel* (*1946) anerkennen durchaus die Leistungen von *Vickrey*, geben aber *Johann Wolfgang von Goethe* (1749–1832) die Ehre, als erster die logischen Prinzipien der Zweitpreisauktion formuliert zu haben. *Goethe* hatte stets ein ungutes Gefühl bei seinen Verträgen mit Verlegern, da diese den Markt wesentlich besser einschätzen können als die Autoren, und dazu neigen, diese Informationsasymmetrie zu ihrem Vorteil zu nutzen. In einem Brief an seinen Verleger *Vieweg* macht *Goethe* folgenden Verkaufsvorschlag für ein Manuskript:

> Ich bin geneigt Herrn Vieweg in Berlin ein episches Gedicht Herrmann und Dorothea das ohngefähr 2000 Hexamter stark sein wird zum Verlag zu überlassen [...] Was das Honorar betrifft so stelle ich Herrn Oberconsistorialrath Böttiger ein versiegeltes Billet zu, worinn meine Forderung enthalten ist und erwarte was Herr Vieweg mir für meine Arbeit anbieten zu können glaubt. Ist sein Anbieten geringer als meine Forderung, so nehme ich meinen versiegelten Zettel uneröffnet zurück, und die Negotiation zerschlägt sich, ist es höher, so verlange ich nicht mehr als in dem, alsdann von Herrn Oberconsistorialrath zu eröffnenden Zettel verzeichnet ist.

Von der Idee her entspricht dieser Vorschlag genau der Vickrey'schen Zweitpreisauktion, wobei dem von Goethe hinterlegten Preis die Funktion des Zweitpreises zukommt. Allerdings ist es aber dann doch nicht so gelaufen, wie es sich der Geheimrat vorgestellt hat, weil Böttiger gegen die Vereinbarung dem Verleger einen Hinweis auf Goethes Reservationspreis gab. Er bot dann genau 200 Friedrichsd'or, das höchste Honorar, das zu dieser Zeit für eine schriftstellerische Arbeit gezahlt wurde und es wurde ein Erfolg! Hermann und Dorothea war das einzige Werk von Goethe, mit dem ein Verleger zu dessen Lebzeiten Gewinn gemacht hat.

28

Vorsicht vor dem Schnäppchen

Der Fluch des Gewinners

Der Wert einer antiken Bronzefigur ist im Wesentlichen subjektiv bestimmt; ein Liebhaber ist bereit, eine hohe Summe dafür zu bezahlen, während ein anderer darin nur einen überflüssigen Staubfänger sieht. Wir sprechen daher von einer Privatwertauktion. Völlig anders stellt sich das Problem dann dar, wenn der Wert des zu versteigernden Objekts für alle identisch ist (Gemeinwertauktion), allerdings Unsicherheit über diesen Wert herrscht. Ein typisches Beispiel ist die Versteigerung der Bohrrechte in einem Ölfeld: Der Wert dieser Rechte hängt von Qualität und Menge des förderbaren Rohöls ab und ist für alle Ölverarbeiter in etwa gleich; wie hoch er allerdings ist, kann letztlich erst nach Beendigung der Bohrungen gesagt werden. Zum Zeitpunkt der Versteigerung ist jeder auf Schätzungen, etwaige Probebohrungen und seine geologischen Kenntnisse angewiesen.

Die Rechte werden im Rahmen einer englischen Versteigerung (der Meistbietende erhält sie) veräußert. Wie viel sollte ein Interessent für die Bohrrechte bieten und wie sollte sich der Verkäufer der Rechte verhalten?

K. Schredelseker, *Alltagsentscheidungen*, DOI 10.1007/978-3-658-12401-4_28

Antwort

Nehmen wir an, dass alle Bieter vom Fach sind und ihre Schätzungen im Durchschnitt dem tatsächlichen Vorkommen nahekommen. Gleichwohl werden sie differieren: Während manche Bieter das Vorkommen deutlich unterschätzen, werden andere von einem zu großen Volumen ausgehen. Würden sie alle ein Gebot in Höhe ihres Schätzwerts abgeben, so bekäme derjenige den Zuschlag, der sich besonders stark nach oben verschätzt hat und der daher weit mehr für die Rechte bezahlt, als sie wahrscheinlich wert sind. Dieser missliche Zusammenhang ist als „Fluch des Gewinners“ (winner's curse) bekannt: Der Gewinner ist der Verlierer. Da dies jedem bewusst ist, werden die Bieter einen Sicherheitsabschlag auf ihre Schätzung vornehmen, der umso größer sein wird, je stärker die Schätzung aus der Sicht der Bieter mit Unsicherheit behaftet ist. Der Verkäufer tut daher gut daran, ein Höchstmaß an Information und Transparenz zu gewähren, um den Winner's-curse-Abschlag in Grenzen zu halten.

Der Verfasser hat vor einigen Jahren eine Gemeinpreisauktion an der Universität Innsbruck durchgeführt. Im Rahmen einer Vorlesung mit knapp hundert Hörern wurde ein Glas mit Euromünzen (im Wert von 1 Ct bis 2 €) versteigert; der Wert aller Münzen betrug 14,84 €. Das Glas wurde herumgereicht und jeder Student konnte es in Augenschein nehmen, durfte es aber nicht öffnen; sodann war ein Kärtchen auszufüllen, auf dem der Name anzugeben war und zwei Werte eingetragen werden mussten:

1. Eine möglichst realistische Schätzung des Werts der Münzen. Um die Ernsthaftigkeit der Antworten sicherzustellen, erhielten diejenigen, deren Schätzung zu den zehn besten gehörte, je einen Punkt für die Abschlussklausur.
2. Ein Gebot zum Erwerb des Glases.

Die Schätzungen lagen sehr weit auseinander, waren aber im Durchschnitt mit 14,05 € nicht weit vom tatsächlichen Wert entfernt. Da durchschnittlich 12,02 € geboten wurden, ergab sich ein mittlerer Sicherheitsabschlag von etwas mehr als zwei Euro (das winner's-curse-Problem war in der Vorlesung noch nicht behandelt worden; das Auktionsspiel diente als Hinführung). Den Zuschlag erhielt ein Student mit einem Gebot von 16,20 €, der damit 1,36 € zu viel zahlen musste.

Zu Beginn der Veranstaltung gab ich einem Studenten einen verschlossenen Brief mit der Bitte, ihn nach der Versteigerung zu öffnen und vorzulesen. Der Text: „Ich hoffe, das Spiel hat Ihnen etwas Spaß gemacht. Im Rahmen der Vorlesung werden wir darauf noch zurückkommen. Wahrscheinlich hat der Meistbieter ein schlechtes Geschäft gemacht und für das Glas mehr bezahlt, als es wert ist. Da ich damit gerechnet habe und ich mich nicht zulasten meiner Studenten bereichern will, mache ich folgenden Vorschlag: Den zu viel bezahlten Betrag werde ich verfünfzigfachen und einem guten Zweck zuführen. Der Meistbieter kann entscheiden, ob das Geld an das Rote Kreuz, an Greenpeace oder an Amnesty International gehen soll." Selbstverständlich wäre es für mich zu riskant gewesen, dieses Angebot vor der Auktion bekannt zu geben. So habe ich nur 68,00 € an Amnesty International überweisen müssen; 2 % von diesem Betrag trug der verlierende Auktionsgewinner bei.

29

Der Koffer und das Taschentuchtheorem

Fast nichts ist nicht nichts

Immer wieder haben wir es bei Alltagsentscheidungen mit kleinen Differenzen zu tun: Paul hat bei einer Klausur, bei der man bis zu 100 Punkte erzielen kann, 73 Punkte erhalten, während sein Freund Peter 74 Punkte bekam; angesichts dessen zu sagen, Peter sei besser als Paul, erscheint in höchstem Maße als fragwürdig. Der Stadtwald bleibt der Stadtwald, auch wenn zwei Bäume gefällt werden müssen. Kein Koffer ist so voll, dass nicht auch noch ein Taschentuch hineinpassen würde. Wenn auf der Autobahn eine Höchstgeschwindigkeit von 120 km/h ausgeschildert ist, ist jemand, der 122 km/h fährt, trotzdem kein Verkehrsrowdy. Ob ein Kleinanleger sich entscheidet, Daimler-Aktien zu erwerben, ändert an der Kursnotierung für Aktien der Daimler AG nichts.

Ist es gerechtfertigt, im praktischen Leben so zu verfahren, auch wenn es mathematisch nicht korrekt ist?

K. Schredelseker, *Alltagsentscheidungen*, DOI 10.1007/978-3-658-12401-4_29

Antwort

Im praktischen Leben ist das in aller Regel so. Wir neigen dazu, in unscharfen Grenzen zu denken, auch schon mal fünfe gerade sein zu lassen, nicht päpstlicher zu sein als der Papst. Wir machen Unterschiede, gleichwohl sehen wir die Linien zwischen den Unterschieden nicht als trennscharf. Das ist vernünftig so und erleichtert uns das Leben ungemein. Allerdings hat das unscharfe Denken seine Grenzen und führt zu Konsequenzen, die wir unter Umständen nicht mehr zu tragen bereit sind.

Nehmen wir Peter und Paul, deren Klausurergebnisse sich nur in einem Punkt unterscheiden und von denen wir zu Recht annehmen, sie hätten in etwa eine gleich gute Leistung erbracht. In unserer Wertung sagen wir $74 \approx 73$, obwohl wir wissen, dass streng genommen $74 \neq 73$ gilt; das ist kalte Mathematik, aber nicht unsere Lebenswirklichkeit. Wenn aber in unserer Wertung gilt, dass $74 \approx 73$, dann gilt auch, dass $73 \approx 72$, und dann, dass $72 \approx 71$ usw. Also gilt auch, dass $33 \approx 74$? Natürlich nicht, denn jetzt ist unsere Wahrnehmungsschwelle eindeutig überschritten: Selbstverständlich sind wir der Ansicht, es mache einen erheblichen Unterschied, ob ein Student 33 Punkte oder 74 Punkte hat erzielen können. Als Dozent kennt man diese Zusammenhänge und wird, wenn zum Bestehen eine Mindestpunktzahl von 60 Punkten vorausgesetzt wird, nach Möglichkeit vermeiden, dass ein Bewerber mit 59 Punkten scheitert: Man schaut sich die Arbeit des betreffenden noch einmal sehr genau an und gibt entweder einen Punkt drauf (bei der Erstkorrektur war man im Zweifel und hat für die Nichtvergabe eines Punktes entschieden) und der Bewerber hat sein Examen bestanden, oder man zieht ein, zwei Punkte, die man vorher gnadenweise vergeben hat, wieder ab. Der Grund für dieses Verhalten ist dabei nicht nur vorauseilende Psychohygiene im Interesse des Studenten, sondern auch ein Stück Selbstschutz des Dozenten, der sich damit eine lästige Feilscherei um einen Punkt ersparen möchte.

Nicht immer gibt es aber eine klare Trennlinie wie hier zwischen „bestanden“ und „nicht bestanden“. Der Wald bleibt ein Wald, auch wenn zwei Bäume geschlagen wurden; wenn aber nur noch drei Bäume übriggeblieben sind, wird niemand mehr von einem Wald sprechen. Jeder von uns hat eine Vorstellung über den Begriff Wald, kann aber nicht angeben, ab welcher Zahl von Bäumen er bereit ist, den Begriff zu verwenden, nach wie viel gefällten Bäumen für ihn aus dem Wald ein Nichtwald geworden ist. Die Frage nach einer solchen Grenze wird er für übertriebene Spitzfindigkeit halten und mit einem unverbindlichen „Das kommt darauf an“ beantworten. Sprachwissenschaftlich werden Begriffe dieser Art (Wald, Herde, Schwarm, Laub u. v. m.) als Kollektiva bezeichnet: Wir alle wissen, was gemeint ist, möchten uns aber nicht auf die Zahl der Bäume, Schafe, Fliegen, Blätter festlegen lassen.

Unsere verbreitete Neigung, *fast nichts* für *nichts* zu halten, kann aber zu äußerst unerwünschten Folgerungen führen. Natürlich wissen wir, dass das Taschentuchtheorem falsch ist: Zwar gelingt es uns im praktischen Leben immer, in einem vollgepackten Koffer noch ein Taschentuch unterzubringen, wir wissen jedoch auch, dass es nicht möglich ist, alle Taschentücher dieser Welt in einen Koffer zu packen. Zwei Beispiele aus Politik und Wirtschaft mögen aber zeigen, dass die Anwendung des Taschentuchtheorems fatale Konsequenzen zur Folge haben kann.

In der Politikwissenschaft wird unter dem *Wählerparadox* die Tatsache verstanden, dass die Wahrscheinlichkeit für einen Wähler, mit seiner Stimme das Wahlergebnis zu entscheiden, gegen Null geht. Setzt man das *gegen Null* gleich *Null*, so ist es für niemanden vernünftig, überhaupt zur Wahl zu gehen, denn das Ergebnis wird das gleiche sein, unabhängig davon, ob man selbst gewählt hat oder nicht. Eine demokratische Abstimmung gäbe somit keinen Sinn. Bei der Volksabstimmung über den Verbleib Großbritanniens in der Europäischen Union haben sich, wie die Wähleranalysen gezeigt haben, die gebildeten jungen Briten kaum an der Wahl beteiligt, genau diejenigen, von denen man weiß, dass sie dem Brexit eher ablehnend gegenüberstanden. Es dürfte gerade diese eher intellektuelle Wählergruppe gewesen sein, deren Wahlenthaltung durch die Einsicht in das Wählerparadoxon motiviert war. Das individuell rationale Verhalten dieser Wähler führte notgedrungen zur kollektiven Irrationalität, nämlich zu einem Ergebnis, das ihren eigenen Interessen klar zuwiderläuft.

Eine Variante des Taschentuchtheorems in der Wirtschaftstheorie ist die verbreitete Annahme, die Marktteilnehmer seien bei ihren Entscheidungen reine *Preisnehmer* (*pricetaker*), d. h. für sie sei der Marktpreis ein Datum, auf dessen Höhe sie keinen Einfluss hätten und den sie folglich einfach hinzunehmen gezwungen seien. In der Finanzmarkttheorie bedeutet dies, dass vom einzelnen Investor angenommen wird, seine Kauf- und Verkaufsentscheidungen seien ohne Auswirkung auf den sich an der Börse ergebenden Gleichgewichtskurs. Wäre es so, dass jeder Einzelne auf den Kurs keinen Einfluss hätte, so müsste gelten, dass der Kurs unabhängig wäre von Angebot und Nachfrage; eine Behauptung, die nur als unsinnig qualifiziert werden kann. Diesen Widerspruch könnte man mit dem Hinweis auf „*tendenziell ja, absolut nein*" oder auch „*praktisch ja, theoretisch nein*" abtun, wenn das *Preisnehmerdenken* nicht fatale Konsequenzen für das Verständnis von Märkten hätte. Wer nämlich davon ausgeht, dass die Preise für den einzelnen Investor ein Datum sind, sieht Investmententscheidungen als Entscheidungen gegen die Natur, gegen einen Markt, mit dem der Entscheider im Grunde nichts zu tun hat. Er verkennt, dass der Markt ein komplexes System ist, in dem die Akteure ihre Entscheidungen im Zusammenhang einander bedingender Entscheidungen zu treffen haben. Er verkennt, dass besser informiert zu sein nicht heißt, auch bessere Entscheidungen zu treffen; er verkennt, dass es allgemeingültige, für alle Marktteilnehmer anwendbare und vorteilhafte Verhaltensregeln nicht geben kann. Er verkennt im Grunde genommen alles, was den Markt ausmacht.

Etwas, was nur fast null ist, ist natürlich nicht null. Auch wenn eine solche Annahme manchmal ganz praktisch ist und uns das alltägliche Leben erleichtert.

30

Von Engerln und Bengerln
Ein verbreiteter Weihnachtsbrauch

In der Vorweihnachtszeit ist es ein netter Brauch, unter Arbeitskollegen Freunden, Schülern einer Klasse oder auch in Online-Communities *Engerl und Bengerl* oder auch *Wichteln* zu spielen. Dabei bringt jeder zum gemeinsamen Weihnachtsessen ein hübsch verpacktes Geschenk mit, das dann nach dem Zufallsprinzip ein anderes Mitglied der Gruppe erhält. Natürlich kann es dabei passieren, dass jemand sein eigenes Geschenk bekommt.

- Wie groß ist die Wahrscheinlichkeit, dass in einer Gruppe von 30 Personen mindestens einer der Schenkenden sein eigenes Geschenk erhält?
- Ändert sich diese Wahrscheinlichkeit, wenn die Gruppe nur halb so groß oder doppelt so groß ist?
- Wie könnte man eine derartige, natürlich unerwünschte Selbstbeschenkung vermeiden?

K. Schredelseker, *Alltagsentscheidungen*, DOI 10.1007/978-3-658-12401-4_30

Antwort

Die exakte mathematische Herleitung der Wahrscheinlichkeit dafür, dass mindestens einer der Beteiligten sein eigenes Geschenk erhält, ist einigermaßen aufwändig und soll hier nicht nachvollzogen werden. Eine exakte Darlegung findet sich bei *Stefan Kipp* (*1967) unter der Internetadresse https://www.tu-braunschweig.de/Medien-DB/pci/wichteln.pdf.

Die errechneten Wahrscheinlichkeiten sind allerdings verblüffend: Bereits bei fünf Teilnehmern beträgt sie etwas mehr als 63 % und bleibt dann auf diesem Niveau konstant. Somit wird unabhängig davon, ob die Veranstaltung mit 15, 30 oder 60 Personen sattfindet, die Wahrscheinlichkeit für mindestens eine Selbstbeschenkung erstaunlich hoch sein, d. h. nur knapp unter 2/3 liegen.

Eine völlig andere Frage ist natürlich, mit welcher Wahrscheinlichkeit eine einzelne Person ihr eigenes Geschenk zieht. Sie liegt bei n Teilnehmern selbstverständlich bei 1 / n, d. h. sie vermindert sich kontinuierlich mit steigender Teilnehmerzahl.

Ein bewährtes Mittel, die Wahrscheinlichkeit für Selbstbeschenkungen zu vermindern, ist die Regel, dass ein Teilnehmer, wenn er sein eigenes Geschenk gezogen hat, dieses wieder zurücklegen muss. Allerdings ist auch dabei eine Selbstbeschenkung nicht ausgeschlossen, denn wenn für den letzten Mitspieler nur noch sein eigenes Geschenk übriggeblieben ist, gibt ein Zurücklegen keinen Sinn mehr.

31

Die unwissenden Brüder
Ich weiß, dass ich nicht weiß

Max und Moritz sitzen einander gegenüber. Die listige Mey hat ihnen eine Zahl auf die Stirn geklebt, die sie natürlich nicht sehen können, wohl aber die Zahl auf der Stirn des jeweiligen Bruders. Mey klebt beiden eine „5" auf die Stirn, sagt ihnen aber nur so viel, dass es sich um natürliche Zahlen (keine Brüche, keine Null) handelt, deren Summe entweder 10 oder 12 betrage.

- Mey fragt zuerst Max, ob er die Zahl auf seiner Stirn kenne; Max verneint,
- sodann Moritz, der auch verneint,
- nochmals Max, der wiederum verneint
- und auch ein zweites Mal Moritz, der ebenfalls verneint,
- ein drittes Mal Max, der wieder seine Zahl nicht nennen kann.
- Moritz kommt nunmehr einer dritten Frage an ihn zuvor und erklärt, er habe eine „5" auf seiner Stirn.
  Wie ist das möglich?

K. Schredelseker, *Alltagsentscheidungen*, DOI 10.1007/978-3-658-12401-4_31

Antwort

Ich weiß, dass ich nicht weiß. Mit diesen geflügelten Worten wollte *Sokrates* (469–399 v. Chr.) in seiner Verteidigungsrede vor dem Athener Volksgericht deutlich machen, dass das Wissen um das eigene Nichtwissen auch eine Form des Wissens ist. Er weiß sich auch im Wissen um sein Nichtwissen denjenigen überlegen, die, obschon sie nichts wissen können, an ihrem vermeintlichen Wissen festhalten.

> *Sokrates* war sich nämlich durchaus seiner Weisheit bewusst; sein Wirken als scharfzüngiger, ebenso brillanter wie lästiger Querdenker, hat ihm letztlich die Anklage und das aus ihr folgende Todesurteil eingebracht. Ihm wäre niemals der Satz „*Ich weiß, dass ich nichts weiß*" über die Lippen gegangen. Diese leider weit verbreitete Version mit dem falschen Wort „nichts" statt des richtigen „nicht", verkehrt das gemeinte ins Gegenteil und beruht aus einem Übersetzungsfehler. Das οὐκ in οἶδα οὐκ εἰδώς bezeichnet eine schlichte Verneinung und nicht eine leere Menge; wäre „nichts" gemeint gewesen, so hätte es οἶδα οὐδὲν εἰδώς heißen müssen. *Sokrates* hätte niemals von sich behauptet, nichts zu wissen.

Auch im Fall von Max und Moritz ist für jeden das Wissen um das Nichtwissen des anderen eine wertvolle Information, wenngleich in einem etwas anderen Sinne als in dem sokratischen Satz, bei dem es um philosophische Begriffe wie Tugend, Anstand oder Ehre geht. Betrachten wir die Antworten von Max und Moritz etwas genauer:

- Zunächst sagt Max, er kenne die Zahl auf seiner Stirn nicht. Das ist nur möglich, wenn die Zahl auf der Stirn von Moritz maximal 9 beträgt. Wäre sie 10 oder 11, so könnte die Summe sich nicht auf 10 belaufen, denn die kleinste natürliche Zahl ist 1; somit bräuchte Max nur die Zahl von Moritz (10 oder 11) von 12 abziehen und wüsste, dass auf seiner Stirn 2 oder 1 steht.

- Nachdem auch Moritz die Frage, ob er seine Zahl kenne, verneint, ist klar, dass Max mindestens eine 3 auf der Stirn haben muss. Bei einer 1 oder 2 könnte sich die Summe niemals auf 12 belaufen, d. h. Moritz hätte seine Zahl (Differenz von 10 und der Zahl von Max) kennen müssen.
- Da Max auch die neuerlich an ihn gerichtete Frage verneint, kann Moritz maximal eine 7 auf seiner Stirn haben, weil sonst die Summe 10 ausgeschlossen wäre.
- Wie Max verneint auch Moritz die zweite an ihn gerichtete Frage; damit steht fest, dass Max mindestens eine 5 auf der Stirn tragen muss, weil angesichts eines Maximums von 7 bei Moritz die Summe 12 nicht erreicht werden könnte.
- Als Max auch die dritte Frage verneinen muss, kennt Moritz die Zahl auf seiner Stirn, denn anderenfalls hätte Max wissen müssen, dass die Punktsumme nur 12 betragen und auf seiner Stirn nur eine 7 stehen kann.

Beide wussten angesichts ihres Gegenübers von Anfang an, dass sie selbst nur eine 5 oder 7 haben konnten. Jedes Nichtwissen des jeweils anderen hat den Möglichkeitenraum sukzessive eingeschränkt, bis einer der Beteiligten in der Lage war, die Zahl auf seiner Stirn zu kennen.

Auch dieses Problem offenbart einen klaren Unterschied zwischen sozial- und naturwissenschaftlichen Methoden: Wenn Sie einen Ingenieur nach einem technischen Problem fragen und er antwortet Ihnen, er wisse es nicht, gibt es keinen Sinn, ihn nochmal und nochmal zu fragen. Er weiß es einfach nicht.

32

Der alte Schulfreund

Über Buben und Mädchen

Franz trifft in der Stadt unverhofft auf Edwin, einen alten Klassenkameraden aus der Volksschule. Franz und Edwin unterhalten sich angeregt über alte Zeiten und erzählen von ihren Familien. So erfährt Franz, dass Edwins Sohn verheiratet ist und zwei Kinder hat; eines davon, die kleine Marie, sei gerade in die Schule gekommen. Nachdem sie sich getrennt hatten, bedauert Franz, seinen alten Freund nicht gefragt zu haben, ob das zweite Enkelkind ein Bub ist oder ein Mädchen.

Was meinen Sie? Ist es wahrscheinlich ein Bub oder wahrscheinlich ein Mädchen oder ist beides gleich wahrscheinlich?

K. Schredelseker, *Alltagsentscheidungen*, DOI 10.1007/978-3-658-12401-4_32

Antwort

Das Problem geht zurück auf einen Beitrag, den der amerikanische Wissenschaftsjournalist *Martin Gardner* (1914–2010) im Scientific American veröffentlicht hat. Die meist spontan gegebene Antwort, beides sei gleichermaßen wahrscheinlich, übersieht, dass das Problem keine Angaben darüber macht, ob Marie das erste oder das zweite Kind von Edwins Sohn ist. Wir müssen daher alle gleich wahrscheinlichen Möglichkeiten der Geburtsreihenfolge in Betracht ziehen:

- Mädchen – Mädchen (MM)
- Mädchen – Bub (MB)
- Bub – Mädchen (BM)
- Bub – Bub (BB)

Da Marie offenkundig ein Mädchen ist, fällt die letztgenannte Möglichkeit weg und von den verbleibenden hat „MM", was bedeuten würde, dass auch das andere Kind ein Mädchen ist, nur eine Wahrscheinlichkeit von einem Drittel. Das zweite Kind von Edwins Sohn ist somit mit größerer Wahrscheinlichkeit ein Bub.

Die Gleichwahrscheinlichkeit ergäbe sich dann, wenn die Reihenfolge bekannt ist. Sollte Edwin gesagt haben, er habe das ältere Kind seines Sohnes, die kleine Marie, dabei, wäre klar, dass das andere, das jüngere Kind mit gleicher Wahrscheinlichkeit ein Bub wie ein Mädchen ist, denn das Geschlecht eines Kindes hängt nicht vom Geschlecht seiner Geschwister ab.

33

Die geplagte Großmutter

Wie kann man seine Erben testen?

Die alte und allseits geschätzte Großmutter möchte ein wertvolles und mit vielen Erinnerungen behaftetes Erbstück aus der Familie gerne demjenigen ihrer fünf Kinder vermachen, das es am meisten schätzt. Ihr ist bewusst, dass alle es gerne haben wollen und sie möchte niemanden enttäuschen. Wie sollte sie es anstellen, um von ihren Kindern ehrliche Antworten auf die Frage nach ihrer wahren Wertschätzung des Erbstücks zu erhalten?

K. Schredelseker, *Alltagsentscheidungen*, DOI 10.1007/978-3-658-12401-4_33

Antwort

Eine mögliche Lösung des Problems folgt der uns schon aus der Vickrey-Auktion Kap. 27 bekannten Logik: Eine andere Angabe als die, die der tatsächlichen Wertschätzung, d. h. seinem Reservationspreis entspricht, muss für den Betreffenden mit einem wirtschaftlichen Nachteil verbunden sein.

Dies vor Augen macht die alte Dame ihren Kindern folgenden Vorschlag: Jeder von euch gibt mir in einem vertraulichen Gespräch seine Wertschätzung bekannt. Ich werde dann das gute Stück demjenigen geben, der es am meisten schätzt. Er wird mir dann den Preis zahlen, der der zweithöchsten Wertschätzung entspricht und das so vereinnahmte Geld werde ich dann natürlich zu gleichen Teilen auf euch, meine lieben Kinder, wieder aufteilen.

Während es bei der Vickrey-Auktion dem Veranstalter darum geht, zu vermeiden, dass die Gebote unterhalb der wahren Zahlungsbereitschaft der jeweiligen Bieter liegen, geht es hier um den gegenteiligen Fall. Die Großmutter befürchtet zu Recht, dass die Kinder, um in den Besitz des begehrten Objekts zu kommen, übertrieben hohe Wertschätzungen signalisieren könnten, denen sie dann nicht mehr vertrauen kann. Dies lässt sich nur vermeiden, wenn die kommunizierte Wertschätzung mit einer Zahlungsverpflichtung verknüpft wird. Da sie sich andererseits nicht zulasten ihrer Kinder bereichern will, gibt sie das vereinnahmte Geld der Erbengemeinschaft zu gleichen Teilen zurück.

Für Paul ist das Stück maximal 4000 € wert (= sein Reservationspreis). Er sagt sich:

- Wenn eines meiner Geschwister mich überbietet, dann soll er/sie das gute Stück haben und ich erhalte als Trostpflaster ein Fünftel des zweithöchsten Gebots

- Da Oma das Geld nachher wieder an uns verteilen wird, kann ich 25 % mehr als meinen Reservationspreis nennen
- Da ich das Stück wirklich gerne hätte und weiß, dass die meisten runde Beträge setzen, werde ich 5001 € bieten. Mir kommt es auf den Euro nicht an und es wäre ärgerlich, wenn ich im Losentscheid (zu dem es bei zwei gleichen Geboten kommt) unterläge
- Wenn eines meiner Geschwister für das Stück ebenfalls 5000 € bietet und ich somit den Zuschlag bekomme, werde ich 5000 € für das Erbstück zahlen und 1000 € von Oma wieder zurückerhalten
- Wenn das zweithöchste Gebot niedriger, z. B. nur bei 4000 € liegt, zahle ich diese 4000 € und erhalte bei der Umlage 800 € wieder zurück.

Paul hat tatsächlich den Zuschlag erhalten und Oma gab ihm das begehrte Erbstück im guten Bewusstsein, es dem Richtigen gegeben zu haben.

34

Wissen ist Macht …
Nichtwissen macht auch nichts

Seit unserer frühen Kindheit wissen wir, dass man, um sich im Leben behaupten zu können, lernen, sein Wissen erweitern, sich um Verständnis bemühen und Erfahrungen sammeln muss. Es gibt offenbar einen einfachen Zusammenhang: Je mehr jemand weiß, je mehr er von den Dingen versteht und je tiefer er sich in eine Materie versenkt hat, umso eher wird er auf ein ihm gestelltes Problem eine gute Lösung finden können. Beim Vergleich zwischen Formel 1 und Aktienbörse Kap. 7 haben wir aber schon gesehen, dass dieser Zusammenhang in Märkten so einfach nicht gelten kann. Wenn der Zufallsinvestor (schwanzwackelnder Hund, Dartpfeile werfender Affe) mit einer Durchschnittsrendite rechnen kann und es Marktteilnehmer gibt, die aufgrund ihrer überragenden Information in der Lage sind, überdurchschnittliche Ergebnisse zu erzielen, auf wessen Kosten gelingt das ihnen denn? Offenbar auf Kosten anderer, auch gut, aber eben nicht überragend gut informierter Marktteilnehmer, die im Gegensatz zum völlig uninformierten Zufallsinvestor in die Rolle der Verlierer gedrängt werden.

K. Schredelseker, *Alltagsentscheidungen*, DOI 10.1007/978-3-658-12401-4_34

Wie aber ist es möglich, dass jemand, der mehr weiß und erfahrener ist, gegenüber einem Unwissenden ins Hintertreffen gerät?

Antwort

Zweifellos ist der formulierte Zusammenhang zwischen Wissen und Erfahrung einerseits und Entscheidungsqualität andererseits im technischen und naturwissenschaftlichen, aber auch im künstlerischen Bereich unbestritten:

- Von einem Elektrikermeister erwarte ich eine zuverlässigere Problemlösung als von seinem Lehrling
- Zum Zahnarzt habe ich bei Zahnproblemen mehr Vertrauen als zu meinem ansonsten sehr geschätzten Hausarzt
- Von einem als einfühlsam bekannten Starpianisten erwarte ich einen genussvolleren Klavierabend als von einem Musikschüler im zweiten Semester

Wenn das so ist, warum soll es dann ausgerechnet im Finanzmarkt, einem System, das wie kaum ein anderes auf Information und Erfahrung gegründet ist, nicht gelten? Um diese Frage zu beantworten, sollten wir uns bewusst machen, was geschieht, wenn wir uns langsam aus dem Stadium der Unwissenheit herausheben und informierter werden:

1. Je mehr wir wissen, umso präzisere Schätzungen des einer Aktie innewohnenden Wertes werden wir vornehmen können
2. Je mehr wir wissen, umso mehr ähneln unsere Einschätzungen den Einschätzungen anderer, in ähnlicher Weise informierter Personen.

Der erste Effekt trägt zur Verbesserung, der zweite Effekt zur Verschlechterung unserer Entscheidungsqualität bei, denn Fehler eines Einzelnen wirken sich kaum, Fehler Vieler hingegen stark im Markt aus. Was zählt, ist der Nettoeffekt, wobei bis hin zum wirklichen Expertenniveau der zweite Effekt den ersten überlagern dürfte;

Nehmen wir dazu als Beispiel die wohl wichtigste Informationsquelle der Finanzanalysten, den Jahresabschluss (financial report); alle börsennotierten Unternehmen müssen ihn nach international gültigen Standards aufstellen, prüfen lassen und veröffentlichen; somit hat jedermann Zugang zu dieser Informationsquelle, wenngleich nicht jeder gleichermaßen befähigt ist, sie zu nutzen. Nach den gesetzlichen Vorgaben muss der Jahresabschluss „ein den tatsächlichen Verhältnissen entsprechendes Bild der Vermögens-, Finanz- und Ertragslage der Kapitalgesellschaft" vermitteln. Diesem Anspruch kann er aus verschiedenen Gründen aber nur bedingt gerecht werden, z. B. da er vergangenheitsorientiert ist, rechtlichen Restriktionen unterliegt und allzu häufig bilanzpolitisch verformt ist. Bestenfalls liefert der Jahresabschluss daher im Durchschnitt ein den tatsächlichen Verhältnissen entsprechendes Bild, d. h. mal liefert er ein zu gutes, mal ein zutreffendes und mal ein zu schlechtes Bild. Immer dann, wenn das erst- oder das letztgenannte der Fall ist, werden alle diejenigen, die sich primär dieser Informationsquelle bedienen, eine Fehlbewertung der jeweiligen Aktie auslösen. Dies eröffnet Besserinformierten die Möglichkeit, die jeweilige Gegenposition einzugehen und sich damit einen Vorteil zu Lasten derer zu verschaffen, die sich der vom Jahresabschluss bereitgestellten Information bedienen. Verschärfend kommt noch hinzu, dass diejenigen, denen man eine hohe Kompetenz und Erfahrung bei der Analyse von Jahresabschlüssen wird zubilligen können, am ehesten Gefahr laufen, unvorteilhafte Entscheidungen zu treffen, da sie beim Fehlermachen keine Fehler machen. Derjenige hingegen, für den eine Bilanz ein Buch mit sieben Siegeln ist, wird bei seinen Einschätzungen regelmäßig soweit neben der vom Jahresabschluss bereitgestellten Information liegen, dass er gute Chancen hat, trotz eines im Jahresabschluss signalisierten schlechten (guten) Bilds des Unternehmens einen Kauf (Verkauf) der Aktie in Auftrag zu geben. Wenn man schon nicht umhin kann, Fehler zu machen, sollte man wenigstens versuchen, beim Fehlermachen Fehler zu machen!

Die weit verbreitete und unserem naturwissenschaftlichen Denkstil verhaftete Vorstellung, die Qualität einer Börsenentscheidung hänge vom wirtschaftlichen Verständnis, vom Wissen und von der Erfahrung ab, führt wieder zu jener Absurdität, die wir andernorts bereits kennengelernt haben (in Kap. 15). Der Zufallsinvestor (schwanzwackelnder Hund, dartpfeilwerfender Affe) versteht garantiert nichts von Bilanzen, Kapitalflussrechnungen etc. und wählt mit gleicher Wahrscheinlichkeit diejenigen Titel in sein Portefeuille, die sich besser entwickeln als der Markt, wie diejenigen, deren Kursentwicklung hinter dem Markt zurückbleibt. Somit kann er im Durchschnitt mit einer Portefeuillerendite in Höhe der Marktrendite rechnen. Würden alle, die mehr von Bilanzen verstehen als nichts, mit einer besseren Rendite rechnen könne, so wäre ein wichtiges Prinzip des Marktes verletzt. Der Markt ist nun einmal ein Nullsummenspiel um den Marktdurchschnitt: Wenn es Investoren geben sollte, die systematisch mit höheren Renditen als der marktdurchschnittlichen rechnen können, so muss es denknotwendig andere geben, deren Erwartungsrenditen niedriger sind als der Markt. Sie mögen meilenweit erfahrener, verständiger und besser informiert sein als ein schwanzwackelnder Hund, gleichwohl werden sie schlechtere Ergebnisse einfahren als dieser. So funktioniert ein Markt.

35

Soll ich wechseln oder nicht?

Das Ziegenproblem

Nehmen Sie an, Sie haben sich bei einer Fernsehshow gegen die Konkurrenz durchgesetzt und bekommen am Ende noch die Superchance geboten. Auf der Bühne sind drei Türen, hinter einer verbirgt sich ein neuer Ferrari (versichert, versteuert, vollgetankt), hinter den beiden anderen je eine Gummiziege. Stellen Sie sich vor eine Tür und Sie gewinnen, was sich dahinter befindet. Nachdem Sie Ihre Wahl getroffen haben, öffnet der Showmaster, der natürlich weiß, wo der Ferrari ist, eine der beiden anderen Türen und zeigt Ihnen eine Gummiziege. Sodann fragt er Sie: „Bleiben Sie bei Ihrer Wahl oder möchten Sie sich doch für eine andere Tür entscheiden?"

Welche Entscheidung würden Sie treffen?

K. Schredelseker, *Alltagsentscheidungen*, DOI 10.1007/978-3-658-12401-4_35

Antwort

Sie bleiben bei ihrer Entscheidung? Wenn ja, dann entscheiden Sie so, wie die meisten Menschen auch entscheiden. Die dahinterstehende Überlegung ist die folgende: Da sich der Ferrari nicht hinter der Tür befindet, die der Showmaster geöffnet hat, ist er mit gleicher Wahrscheinlichkeit hinter einer der beiden anderen Türen, hinter derjenigen, die ich gewählt habe oder hinter der dritten. Ein Wechsel bringt mir also nichts; er würde mir zwar auch nichts schaden, aber ohne Not rücke ich nicht von einer Entscheidung ab, die ich einmal getroffen habe.

So überzeugend sich diese Argumentation auch darstellen mag, sie ist falsch. Es gibt eine Fülle von Begründungen, warum sie falsch ist. Eine sehr einfache ist die folgende: Sollte ich vor der Ferrari-Tür stehen, so ist ein Wechsel auf die dritte Tür fatal; sollte ich hingegen vor einer Ziegen-Tür stehen, so kann der Ferrari nur hinter der dritten Tür sein und der Wechsel zahlt sich aus. Die Wahrscheinlichkeit, dass ich mich anfangs an die Ferrari-Tür gestellt habe, beträgt ein Drittel, und die Wahrscheinlichkeit dafür, dass ich anfangs an eine Ziegentür geraten bin, beläuft sich auf zwei Drittel. Daher entscheide ich, wenn ich wechsle, mit einer Wahrscheinlichkeit von zwei Dritteln richtig; wenn ich bei meiner Entscheidung bleibe, ist dies nur in einem von drei möglichen Fällen richtig.

Überzeugt? Wenn nicht, ein anderer Versuch. Die Wahrscheinlichkeit dafür, dass ich mich vor die Ferraritür stelle, beträgt ein Drittel; die Wahrscheinlichkeit dafür, dass der Ferrari hinter einer der beiden anderen Türen steht, beträgt zwei Drittel. Wenn mir der Showmaster jetzt zeigt, hinter welcher der Ferrari nicht ist, weiß ich, dass er sich mit einer

Zweidrittelwahrscheinlichkeit hinter der dritten Tür befindet. Wechseln verdoppelt also meine Gewinnwahrscheinlichkeit.

Offenbar wird durch die Entscheidung des informierten Showmasters, eine Ziegentür zu öffnen, ein Teil seiner Information enthüllt. Wenn ich vor einer Ziegentür stehe, öffnet er nämlich *sämtliche* Türen, hinter denen der Ferrari *nicht* steht. Beim Ziegenproblem mit drei Türen hat der Showmaster nur eine Möglichkeit; nehmen wir aber einmal an, es seien 1000 Türen und hinter einer von ihnen verberge sich der Ferrari. Ich stelle mich vor eine dieser 1000 Türen und der Showmaster zeigt mir hinter 998 Türen je eine Gummiziege. Wenn ich jetzt die Möglichkeit zum Wechsel habe, so werde ich selbstverständlich wechseln, was nur dann fehlerhaft wäre, wenn ich anfangs zufällig vor der richtigen Tür gestanden haben sollte. Das ist aber extrem unwahrscheinlich.

Der Journalist *von Randow* (*1953) hat dem Ziegenproblem ein ganzes Buch gewidmet, in dem sowohl weitere Begründungen als auch eine Fülle von Varianten des Entscheidungsproblems enthalten sind. Das Problem selbst geht auf eine Kolumne der Amerikanerin *Marilyn vos Savant* (*1946) aus dem Jahr 1990 zurück, mit der sie eine monatelange erbitterte Debatte ausgelöst hat. Dasselbe ist *von Randow* widerfahren, als er das Problem in der *Zeit* deutschen Lesern näherbrachte. An der Debatte beteiligten sich Naturwissenschaftler, Juristen, Mathematiker u. a., wobei der Tenor bis auf wenige Ausnahmen negativ war. Haarsträubender Unsinn, Quatsch, Nonsense, Abstrusität, Aprilscherz u. v. m. waren die Kommentare, mit denen man das Problem und seine Lösung bedachte. *Marilyn vos Savant* wurde nachgesagt, sie wiese weltweit den höchsten je gemessenen Intelligenzquotienten auf; zumindest ist sie als solche im Guinness Buch der Rekorde verzeichnet. Darauf bezugnehmend schrieb ihr ein Universitätsprofessor: „Es gibt schon genug mathematische Unwissenheit in diesem Land, wir brauchen nicht den höchsten IQ der Welt, um diese Unwissenheit zu vertiefen. Schämen Sie sich!"

Ein Jahr später schrieb die *New York Times* auf ihrer Titelseite:

> Die Antwort, wonach man die Tür wechseln solle, wurde in den Sitzungen der CIA und in den Baracken der Golfkriegpiloten debattiert. Sie wurde von Mathematikern am Massachusetts Institute of Technology und von Programmierern am Los Alamos National Laboratory in New Mexiko untersucht und in über tausend Schulklassen des Landes analysiert.

Ein kleines und ganz einfaches Entscheidungsproblem hat die intellektuelle Welt in seinen Bann gezogen.

36

Feiern wir gemeinsam unseren Geburtstag?

Fehlinterpretation von Wahrscheinlichkeiten

Bei einer Faschingsparty stellt sich heraus, dass einer der 25 Anwesenden Geburtstag hat. Nachdem auf dieses Ereignis freundschaftlich angestoßen wurde, meldete sich der Gastgeber zu Wort und sagte: „Wenn wir schon bei Geburtstagen sind: Ich wette darauf, dass unter den Anwesenden mindestens zwei Personen sind, die am gleichen Tag im Jahr Geburtstag haben. Wer wettet dagegen?"

Würden Sie auf diese Wette eingehen?

K. Schredelseker, *Alltagsentscheidungen*, DOI 10.1007/978-3-658-12401-4_36

Antwort

Die meisten Menschen würden sich auf diese Wette nicht einlassen, da sie es für unwahrscheinlich halten, dass bei nur 25 Personen zwei am gleichen Tag Geburtstag haben. Befragt, für wie wahrscheinlich sie ein solches Ereignis halten, liegen die Antworten regelmäßig im Bereich von 2–5 %. Oder andersherum: Befragt, wie viele Leute zusammenkommen müssen, um die Wahrscheinlichkeit für einen Doppelgeburtstag auf mehr als 50 % anwachsen zu lassen, wird meistens ein Wert von 182 (Hälfte der Tage im Jahr) genannt. Die meisten gehen nämlich davon aus, dass die Wahrscheinlichkeit für ein derartiges Zusammentreffen linear mit der Zahl der Personen ansteigt. Dies ist aber nicht der Fall: Ausgehend von einer Wahrscheinlichkeit von nahe null (bei zwei Personen beträgt sie 1/365) wächst die Wahrscheinlichkeit anfangs rasant an, um sich dann immer mehr dem Wert von eins zu nähern. Schon bei einer Gruppengröße von 60 Personen ist es fast sicher (die Wahrscheinlichkeit ist höher als 99,4 %), dass mindestens zwei unter ihnen am gleichen Tag Geburtstag haben.

Wer also die Wette des Gastgebers annimmt, hat gute Chancen, sie auch zu gewinnen: Mit einer Wahrscheinlichkeit von rund 57 % befindet sich ein Geburtstagspaar in der ausgelassenen Runde und mit einer Wahrscheinlichkeit von 43 % ist das nicht der Fall.

Wen es interessiert: W(x), die Wahrscheinlichkeit für mindestens einen Doppelgeburtstag in einer Gruppe von x Personen beträgt in einem Nichtschaltjahr:

$$W(x) = 1 - \frac{{}_{i=1}\Pi^{i=x}(366 - x)}{365^x}$$

Somit beläuft sich die Wahrscheinlichkeit für mindestens einen Doppelgeburtstag bei

- 6 Personen auf etwa 4 %,
- 10 Personen auf etwa 12 %,
- 15 Personen auf etwa 25 %,
- 20 Personen auf etwa 41 %,
- 25 Personen auf etwa 57 %,
- 30 Personen auf etwa 70 %,
- 40 Personen auf etwa 89 %,
- 50 Personen auf etwa 97 %.

37

Entscheiden macht glücklich

Ergebnisse aus der Verhaltensforschung

In diesem Buch geht es um Entscheidungen. Entscheidungen zu treffen hat viel zu tun mit persönlichen Präferenzen und Vorlieben, mit Emotionen, mit Psychologie, mit Logik, mit Mathematik, vor allem aber mit Ökonomie, die von manchen Autoren generell als Theorie der Wahlhandlungen bezeichnet wurde. Richtig zu entscheiden hat bessere Ergebnisse menschlichen Handelns, Schonung knapper natürlicher Ressourcen und besseren Umgang mit dem knappen Gut Zeit zur Folge. Des Weiteren reduziert richtiges Entscheiden den Ärger darüber, falsch entschieden zu haben; in der Sprache der Psychologie, reduziert es „kognitive Dissonanzen".

Gibt es da noch etwas?

K. Schredelseker, *Alltagsentscheidungen*, DOI 10.1007/978-3-658-12401-4_37

Antwort

Offenbar ja. Entscheiden, entscheiden zu können und entscheiden zu dürfen hat aber auch viel zu tun mit persönlichem Wohlbefinden. Entscheidungsfreiheit zu haben ist ein zentraler Beitrag zu unserer Psychohygiene und natürlich auch ein Grundpfeiler unseres demokratischen Gesellschaftssystems. Der Psychologe *Mauricio Delgado* von der Rutgers University in New Jersey beschäftigt sich seit Jahren mit den neurologischen Auswirkungen menschlicher Entscheidungen und kommt zu dem mehrfach experimentell und empirisch belegten Schluss, dass das subjektiv empfundene Wohlergehen eines Menschen sehr wesentlich davon abhängt, inwieweit er das Gefühl hat, Kontrolle über sein eigenes Leben zu haben, d. h. wesentliche Entscheidungen frei treffen zu können. Ausgehend von der Tatsache, dass Strafe und Belohnung (*punishment* und *reward*) nicht symmetrisch wirkende Motivatoren sind, sondern über unterschiedliche Hirnregionen menschliches Verhalten steuern, kommt er zu dem Ergebnis, dass das Bedürfnis nach Kontrolle und freier Entscheidungsmöglichkeit durchaus biologisch begründet sein dürfte.

Leotti und *Delgado* führten mit Studierenden ein Experiment durch, bei dem diese am Bildschirm zwischen zwei Feldern entscheiden sollten. Teilweise konnten sie selbst entscheiden und teilweise nahm der Computer zufallsgesteuert für sie die Entscheidung vor. Nach jeweils einer Spielrunde teilte ihnen der Computer mit, ob sie keinen Gewinn, einen mittleren Gewinn oder einen hohen Gewinn erzielt haben. Es wäre anzunehmen gewesen, dass die Teilnehmer dann, wenn sie selbst entscheiden, über ein schlechtes Ergebnis eher verärgert sind als dann, wenn es sich als Ergebnis eines Zufallsprozesses darstellt. Das Gegenteil war der Fall: Eindeutig war die Freude, am Spiel teilzunehmen, vom Ergebnis unabhängig, aber dann, wenn sie selbst entscheiden konnten, deutlich ausgeprägter, als wenn der Zufall regierte.

Ich bin überzeugt, dass nicht nur Entscheidungen zu treffen, sondern auch ein Buch über das Treffen von Entscheidungen zu lesen, das psychische Wohlbefinden ungemein befördert. Und ich möchte, dass die Leser dieses Buches sich beim Lesen wohlfühlen.

38

Ein Ultimatumspiel

Wie viel sollte er mir geben?

Das Café Central ist ein beliebter Ort für Schachspieler. Peter und Paul, zwei Klassenkameraden, spielen gerade eine Partie, als am Nachbartisch ein Herr aufsteht, zu Peter tritt und ihm sagt: „Seit Tagen sehe ich Sie hier regelmäßig Schach spielen und ich bewundere das. Ich war selbst ein begeisterter Schachspieler und möchte Ihnen etwas Gutes tun. Hier in diesem Kuvert sind 1000 € in hundert Scheinen à 10 €. Sie gehören Ihnen unter einer Bedingung: Sie müssen einen Teil davon an Paul abgeben und Paul muss mit dieser Aufteilung einverstanden sein. Machen Sie schnell, denn ich habe nicht viel Zeit."

Angenommen, Sie wären Paul: Wieviel muss Peter Ihnen anbieten, damit Sie Ihr Einverständnis erklären?

K. Schredelseker, *Alltagsentscheidungen*, DOI 10.1007/978-3-658-12401-4_38

Antwort

Unter Spieltheoretikern ist dieses auf *Werner Güth* (*1944) zurückgehende Problem als „Ultimatumspiel" bekannt. Nach rein ökonomischen Prinzipien nutzenmaximierenden Verhaltens würde Peter nur den kleinstmöglichen Betrag (bei der gegebenen Stückelung zehn Euro) anbieten. Er wüsste nämlich, dass Paul das nicht ablehnen wird, da ihm zehn Euro lieber sind als nichts.

Das Spiel ist unzählige Male in dieser oder ähnlicher Form gespielt worden und dabei zeigte sich stets eine deutliche Abweichung von dieser „ökonomisch rationalen" Aufteilung:

- die *Peters* sind durchaus bereit, auch deutlich höhere Beträge abzugeben,
- die *Pauls* lehnen häufig auch bei erheblich höheren Beträgen als dem Mindestbetrag ab.

Das von aufeinander bezogenen, gegenseitigen Erwartungen getriebene Spiel ist insbesondere deswegen von Interesse, weil sich aus den Antworten typischerweise Rückschlüsse auf ökonomisches Verhalten in der jeweils untersuchten Population treffen lassen. In einer internationalen Vergleichsstudie mit Bachelor-Studenten aus den USA, Europa und Asien haben die *Peters* regelmäßig etwa 40–50 % der Summe ihrem Partner angeboten. Die *Pauls* haben üblicherweise Angebote unter 30 % abgelehnt. Bei demselben Spiel in Entwicklungsländern bzw. kleineren Ethnien wurden hingegen sehr niedrige Angebote gemacht und fast jedes Angebot angenommen; das Verhalten der Teilnehmer entsprach weitgehend dem der ökonomisch rationalen Lösung.

Es ist allerdings zu bedenken, dass verschiedene Experimente nicht immer miteinander verglichen werden können:

Die Ergebnisse variieren je nach Höhe des infrage stehenden Betrags, danach, ob die Beteiligten sich kennen oder das Spiel anonym durchgeführt wird, oder auch danach, ob die Probanden das Spiel zum ersten Mal spielen oder bereits Erfahrung haben. Auch bei der Interpretation der Ergebnisse hängt sehr viel von der jeweiligen Sichtweise ab. Ein *Paul*, der beim Betrag von 250 € ablehnt, wird

- wahrscheinlich für sich in Anspruch nehmen: „Wenn Peter drei Viertel für sich haben will und mir nur ein Viertel des Betrags überlässt, so ist das nicht fair und deswegen werde ich ihn das spüren lassen."
- aber vehement von sich weisen: „Ich gönne Peter den Gewinn von 750 € nicht; um zu verhindern, dass er ihn bekommt, bin ich bereit, selbst 250 € zu zahlen (auf 250 € zu verzichten)."

In beiden Fällen wird derselbe Vorgang nur sprachlich unterschiedlich beschrieben. Im ersten Fall geht es um den positiven Wert Fairness, im zweiten Fall um den negativen Wert Neid. Das Ultimatumspiel hat mit beidem zu tun. Natürlich ist die Wahrnehmung eines Vorgangs nicht unabhängig davon, in welche Worte er gekleidet wird.

Auch an der Universität Innsbruck wurde das Ultimatumspiel mit Studierenden durchgeführt. Allerdings ging es hier nicht, wie bei experimentellen Studien üblich, um echtes Geld, sondern lediglich um die Beantwortung der Frage „Wieviel müsste ihnen Peter bieten, um Ihr Einverständnis zu erhalten?" Es nahmen 153 Studierende teil, wobei im Durchschnitt ein Betrag von knapp 150 € als Ablehnungsschwelle genannt wurde. Die Variationsbreite war jedoch enorm: Während 29 Studenten (= 19 %) angaben, bei einem

Angebot von weniger als 500 € die Zustimmung verweigern zu wollen (ich bezweifle stark, ob sie es bei echtem Geld auch tatsächlich getan hätten), gaben sich 88 Studierende (= 58 %) mit dem Minimum von zehn Euro zufrieden. Sie hatten offenbar „spieltheoretisch rational" und „menschlich anständig" gleichgesetzt (auch bei ihnen habe ich Zweifel, ob sie das in einem Spiel mit echtem Geld auch gemacht hätten).

39

Ein zweistufiges Ultimatumspiel

Wieviel sollte er mir geben?

Wieder sitzen Peter und Paul im Café Central beim Schachspiel und wieder kommt ein Gönner mit einem Kuvert vorbei, der 1000 € enthält (man sollte vielleicht häufiger im Café Central Schach spielen!). Er gibt ihn Peter mit der Auflage, einen Teil des Gelds an Paul abzugeben. Sollte Paul den ihm zugedachten Betrag akzeptieren, nimmt jeder seinen Teil und das Spiel ist beendet. Sollte Paul hingegen mit der Aufteilung nicht einverstanden sein, wird die Summe um 100 € vermindert und nun ist es Paul, der einen Vorschlag zur Verteilung der inzwischen nur noch 900 € zu machen hat. Nimmt Peter diesen Vorschlag an, so erhält jeder die in ihm vorgesehene Summe; nimmt er nicht an, so erhält niemand etwas. In jedem Fall ist das Spiel beendet.

Angenommen, Sie wären Paul: Wieviel muss Peter Ihnen in der ersten Runde anbieten, damit Sie Ihr Einverständnis erklären?

K. Schredelseker, *Alltagsentscheidungen*, DOI 10.1007/978-3-658-12401-4_39

Antwort

So ähnlich die beiden Aufgabenstellungen auch erscheinen mögen, das Problem ist nunmehr ein völlig anderes. Im einstufigen Ultimatumspiel musste sich Peter, wenn er nicht von vornherein eine 50 : 50-Aufteilung vorsehen, sondern möglichst viel für sich behalten wollte, folgendes durch den Kopf gehen lassen: Bis zu welchem Betrag wird Paul mit hoher Wahrscheinlichkeit mein Angebot annehmen? Dabei wusste er, dass er selbst in der strategisch günstigeren Position ist, die es ihm erlaubt, den größeren Teil des Kuchens für sich zu beanspruchen, solange er nur Paul nicht vor den Kopf stößt. Im Fall des hier gegebenen zweistufigen Ultimatumspiels weiß Peter hingegen, dass sich Paul durch Ablehnung seines Angebots leicht selbst in diese bessere strategische Position bringen kann. Im Extremfall könnte Paul nämlich das Angebot von Peter ablehnen und dann selbst für sich 890 € beanspruchen; das wäre wieder die spieltheoretisch rationale Lösung, denn Peter hätte nur noch zu entscheiden, ob er die ihm zugedachten zehn Euro haben will oder nicht. Wahrscheinlich würde Paul nicht so weit gehen, vielleicht aus einem Gerechtigkeitsempfinden heraus, vielleicht aber auch nur, um die Retourkutsche von Peter zu vermeiden. Peter sollte daher alles tun, um Paul keinen Anreiz zur Ablehnung zu bieten; dies gelingt ihm nur, wenn er gleich zu Beginn Paul einen sehr hohen Betrag anbietet. Wenn er ganz sicher gehen will, schlägt er für Paul 900 € und für sich selbst 100 € vor: Paul wird akzeptieren, denn anderenfalls bekäme er maximal 890 € oder, wenn Peter ablehnt, gar nichts.

40

Wenn A besser als B und B besser als C ...

Über Probleme mit der Transitivität

Wenn jemand Rotwein lieber trinkt als Weißwein und Weißwein lieber trinkt als Bier, dann nehmen wir an, er trinke auch Rotwein lieber als Bier. Wäre es anders, hätten wir Zweifel an seinem Geisteszustand. In der Philosophie wird das Prinzip „Wenn A besser als B und B besser als C, dann A besser als C" als Transitivität bezeichnet. Transitivität gilt auch als eines der Grundaxiome rationalen Verhaltens.

Muss der befremdlich wirkenden Rangordnung „A ist besser als B, B ist besser als C und C ist besser als A" wirklich das Prädikat „rational" abgesprochen werden?

K. Schredelseker, *Alltagsentscheidungen*, DOI 10.1007/978-3-658-12401-4_40

Antwort

Bei einfachen Einpersonenentscheidungen im Wesentlichen ja. Anders stellt sich das bei kollektiven Entscheidungen dar. Dies zeigt das bekannte Abstimmungsparadox, das auf den französischen Philosophen, Mathematiker und überzeugten Aufklärer *Marquis de Condorcet* (1743–1794) zurückgeht und das in der Demokratietheorie immer wieder diskutiert wird. Betrachten wir die drei Freunde Anne, Bernd und Chris. Sie beraten darüber, was sie am kommenden Wochenende unternehmen sollen: Zur Wahl stehen Wandern, Radeln oder Baden. Alle drei haben klare Präferenzen:

	Erste Wahl	**Zweite Wahl**	**Dritte Wahl**
Anne	*Radeln*	*Baden*	*Wandern*
Bernd	*Baden*	*Wandern*	*Radeln*
Chris	*Wandern*	*Radeln*	*Baden*

Ließe man die drei Freunde über die Alternativen paarweise abstimmen, so ergäbe sich die nachstehende intransitive Ordnung, wobei x > y bedeutet, dass die Alternative x mit einer 2 : 1 Mehrheit der Alternative y vorgezogen wird:

Radeln > Baden > Wandern > Radeln

Wohl gemerkt: Diese intransitive und damit gemeinhin als irrational zu qualifizierende Rangfolge ergibt sich aus mehreren individuellen transitiven Präferenzen. Natürlich gilt für Anne, dass sie Radeln Wandern vorzieht, für Bernd, dass er Baden Radeln vorzieht, und für Chris, dass sie lieber zum Wandern als zum Baden geht. Erst im Kollektiv ergibt sich die wenig nachvollziehbare Zirkularrelation.

Hätte einer der drei Freunde die Möglichkeit, die Abstimmungsreihenfolge zu bestimmen, dann könnte er es immer so einrichten, dass (auf ganz demokratischem Wege!) die vom ihm präferierte Alternative obsiegt:

> Anne könnte zuerst zwischen Baden und Wandern abstimmen lassen; wenn sie dann Baden, den Sieger dieser Abstimmung, gegen Radeln antreten lässt, gewinnt natürlich Radeln. Allerdings könnte man, wenn ihre List durchschaut wird, ihr einen Strich durch die Rechnung machen: Würde sich nämlich Bernd aus rein taktischen Gründen, d. h. entgegen seiner Präferenz, bei der ersten Abstimmung für Wandern entscheiden, so würde Wandern gewinnen und sich in der anschließenden zweiten Abstimmung gegen Radeln durchsetzen.

Diese Überlegungen machen deutlich, warum es bei Kollektiventscheidungen (in Gremien, Teams, Ausschüssen etc.) so eminent wichtig ist, die Geschäftsordnungstricks zu kennen und zu beherrschen.

Es bedarf aber nicht einmal einer Mehrpersonenentscheidung, um eine intransitive Ordnung zu erzeugen, die mit allen Regeln vernünftigen Entscheidens im Einklang steht. Als Kinder haben wir häufig Probleme mithilfe des Schere-Stein-Papier-Spiels gelöst, das bewusst als intransitive Beziehung formuliert ist:

- Schere gewinnt gegen Papier (zerschneidet es).
- Papier gewinnt gegen Stein (wickelt ihn ein).
- Stein gewinnt gegen Schere (macht sie unscharf).

Hier ist die Intransitivität Folge der dazu erzählten Geschichte. Es gibt keine allgemeingültige Aussage, was besser sei: Papier oder Schere. Anders stellt sich der Zusammenhang bei den folgenden drei Würfeln A, B und C dar, auf deren

Seiten, abweichend von üblichen Würfeln, die Ziffern 1 bis 9 stehen (einander gegenüberliegende Seiten sind gleich):

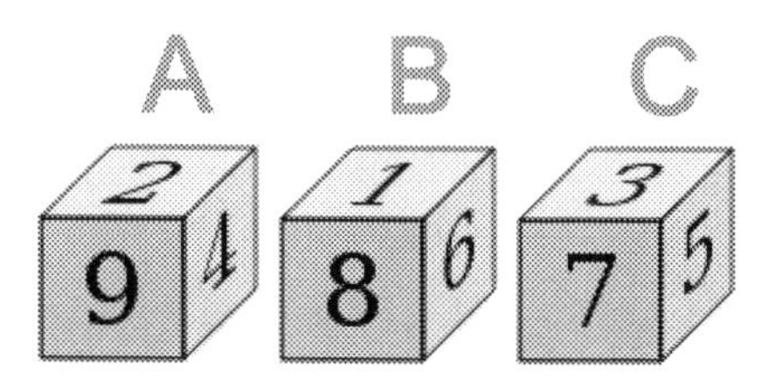

Ein Spiel besteht darin, dass zwei dieser drei Würfel 30-mal geworfen werden und derjenige gewonnen hat, der die meisten Punkte hat erzielen können. Da bei den Würfeln einander gegenüberliegende Seiten die gleiche Zahl tragen, können die 36 möglichen Kombinationen auf 9 reduziert werden.

Spiel A – B: Da *A* in fünf und *B* nur in vier von neun Fällen gewinnt, erweist sich Würfel A dem Würfel B als überlegen.

		Würfel B		
		1	*6*	*8*
Würfel A	*2*	A	B	B
	4	A	B	B
	9	A	A	A

Spiel B – C: Da *B* in fünf und *C* nur in vier von neun Fällen gewinnt, erweist sich Würfel B dem Würfel C als überlegen.

		Würfel C		
		3	*5*	*7*
Würfel B	*1*	C	C	C
	6	B	B	C
	8	B	B	B

Spiel C – A: Da *C* in fünf und *A* nur in vier von neun Fällen gewinnt, erweist sich Würfel C dem Würfel A als überlegen.

		Würfel A		
		3	*5*	*7*
Würfel C	*1*	A	A	A
	6	C	C	A
	8	C	C	C

Wenn jemand Sie zu diesem Würfelspiel auffordert und Ihnen großzügig die Auswahl des Würfels überlässt, haben Sie bereits verloren, denn er kann immer einen Würfel finden, der sich im direkten Vergleich mit dem von Ihnen gewählten als statistisch überlegen erweist; bei einem Spiel über 30 Würfe wird er fast immer als Sieger abschneiden. Obwohl die bei den Würfeln herrschende Ordnung $A > B > C > A$ intransitiv ist, müssen wir sie als vernünftig anerkennen.

Selbstverständlich gibt es noch viele andere Beispiele für intransitive Würfel, so z. B. die vier Würfel:

Würfel A	**7**	**7**	**7**	**7**	**1**	**1**	*Würfel C*	**9**	**9**	**3**	**3**	**3**	**3**
Würfel B	**6**	**6**	**5**	**5**	**4**	**4**	*Würfel D*	**8**	**8**	**8**	**2**	**2**	**2**

Auch hier ergibt sich die intransitive Präferenzordnung A > B > C > D > A, wobei in diesem Fall x > y sogar bedeutet, dass x doppelt so häufig gewinnt wie y.

Studierenden an der Universität Innsbruck wurde die folgende Aufgabe, ein etwas anders geartetes Intransitivitätsproblem, gestellt: Eine Scuderia hat die drei Rennpferde Aden, Bera und Cira, die sie im Training häufig gegeneinander antreten lässt. Die Trainingsrunde wird von der sehr gleichmäßig laufenden Aden stets in 54 s bewältigt. Die eher launige Bera braucht entweder 55 s (in 60 % der Fälle), 53 s (in 20 % der Fälle) und 51 s (auch 20 % der Fälle). Auch bei Cira kommt es darauf an, wie gut sie drauf ist: Sie braucht in 55 % der Fälle 56 s und ansonsten 52 s. Die Fragen lauteten:

1. Auf wen setze ich beim Rennen zwischen Aden und Bera?
2. Auf wen setze ich beim Rennen zwischen Aden und Cira?
3. Auf wen setze ich beim Rennen zwischen Bera und Cira?
4. Auf wen setze ich bei einem Rennen aller drei Pferde?

Die Antworten auf die ersten drei Fragen waren überwiegend richtig: Die Studenten erkannten, dass im direkten Duell Aden/Bera sowie im Duell Aden/Cira meistens Aden gewinnt und dass im Duell Bera/Cira am häufigsten Bera gewinnt. Allerdings sah nur weniger als ein Viertel der Studierenden im direkten Vergleich aller drei Rennpferde Cira als häufigste Siegerin. Gleichwohl hat Cira eine 36 %-Chance auf den Sieg (wenn sie 52 s braucht und Bera langsamer ist: $0{,}45 \cdot 0{,}8 = 0{,}36$), während Aden nur eine 33 %-Chance auf den Sieg hat (wenn Cira 56 s und Bera 55 s braucht: $0{,}55 \cdot 0{,}6 = 0{,}33$); für Bera verbleibt die restliche 31 %-Chance. In der Besprechung hat sich dann herausgestellt, dass viele Studenten das Ergebnis zwar richtig ermittelt hatten, ihm aber einfach misstrauten: Es könne doch wohl nicht sein, dass Cira sowohl gegen Aden wie gegen Bera meist verliert, gegen beide zusammen hingegen häufiger die Oberhand behält.

Doch, es kann sein. Wahrscheinlichkeitskalküle haben ihre Tücken. Intransitivitäten gibt es sogar auch in der Natur. Das verbreitete Bild von der Fresspyramide unterstellt üblicherweise, dass es keine Zirkelbeziehungen gibt: Der Hai frisst Robben, die Robben fressen Pinguine und Pinguine fressen keine Haie. Gleichwohl gibt es vereinzelt auch intransitive Ordnungen: Kraken fressen Hummer, die Hummer fressen

Muränen und Muränen fressen Kraken (so zumindest hat es mir Claudio, ein fischereierfahrener Toskaner, der sein Leben am Meer verbracht hat und nichts lieber tut als gut essen, berichtet).

41

Das Skirennen in St. Gustav

Was ist eigentlich gerecht?

In St. Gustav wird jedes Jahr im März der beste Nachwuchsskifahrer prämiert. Auch in diesem Jahr geht es um ein Preisgeld in Höhe von 5120 €, das die lokalen Hotels und Gaststätten gesponsert haben. Von den zahlreichen Bewerbern sind nach diversen Ausscheidungen nur die beiden erstklassigen Sportler Sepp und Otmar übriggeblieben. Es soll eine Serie von Parallelslaloms entscheiden: Der Preis soll demjenigen der beiden zufallen, der als Erster sechs Siege erzielen kann. Nach drei Stunden steht es fünf zu drei für Sepp, allerdings macht starker Schneefall eine Fortsetzung des Wettbewerbs unmöglich; die Veranstaltung kann auch nicht auf ein späteres Datum vertagt werden.

Was sollte jetzt mit dem ausgesetzten Preisgeld geschehen?

K. Schredelseker, *Alltagsentscheidungen*, DOI 10.1007/978-3-658-12401-4_41

Antwort

Das Problem geht zurück auf eine Arbeit von *Luca Pacioli* (1445–1517). *Luca Pacioli* war ein enger Freund von *Leonardo da Vinci* (1452–1519) und Verfasser des wichtigsten und umfassendsten Buchs über das mathematische Wissen des ausgehenden Mittelalters; berühmt wurde *Pacioli* vor allem für den Teil des Buches, in dem er erstmalig die bis heute gültigen Prinzipien der kaufmännischen doppelten Buchführung präsentierte. Seine kleinere Arbeit über das Balla-Spiel, die uns hier interessiert, gilt als eine der ersten Arbeiten über Wahrscheinlichkeitstheorie, die dann mehr als hundert Jahre später von *Pierre de Fermat* (1601–1665) und von *Blaise Pascal* (1623–1662) wissenschaftlich begründet wurde; beide nahmen in ihren Briefwechseln häufig auf das *Pacioli*'sche Balla-Spiel Bezug. Im Mittelalter hätte eine Beschäftigung mit Wahrscheinlichkeiten auf massive Ablehnung aus religiösen Gründen stoßen müssen: Wahrscheinlichkeitsaussagen (die Münze *wird* mit 50 % Wahrscheinlichkeit auf *Zahl* fallen) sind in die Zukunft gerichtet und die Zukunft ist allein Sache Gottes, in die sich der Mensch nicht einzumischen habe. Erst in der Renaissance begann man, sich in der Wissenschaft von derartigen Denkzwängen ein wenig zu emanzipieren; daher sehen viele in der Renaissance den ersten Schritt der Aufklärung.

Heute wird das Balla-Spiel nicht mehr gespielt, aber es wird Ski gefahren. Man gestatte mir daher die Übertragung des *Pacioli*'schen Problems in unsere Zeit: Wie ist mit dem Preisgeld in St. Gustav zu verfahren? Vorschläge gibt es genug:

1. Da keiner der beiden die Bedingung erfüllt hat, wird der Preis nicht vergeben, sondern einer Sozialeinrichtung zugeführt.

2. Da Sepp häufiger gewonnen hat, wird er zum Sieger erklärt und erhält das volle Preisgeld.
3. Da sich beide bemüht haben und keiner den Abbruch zu vertreten hat, wird das Preisgeld geteilt: Jeder erhält 2560 €.
4. Da das Verhältnis der Siege 5 : 3 beträgt, wird auch das Preisgeld in diesem Verhältnis aufgeteilt: Sepp erhält 5/8 des Preisgelds, mithin 3200 €, und Otmar 3/8, mithin 1920 €.
5. Da Sepp nur ein weiterer Sieg gefehlt hat, während Otmar noch dreimal hätte gewinnen müssen, wird das Preisgeld in diesem Sinne aufgeteilt: Sepp erhält 3840 € (= 3/4) und Otmar 1280 € (= 1/4).
6. Da jeder von beiden gewinnen kann, gilt: Sepp hätte mit einem Sieg das Ziel erreicht, während Otmar die nächsten drei Slaloms hätte für sich entscheiden müssen. Die Wahrscheinlichkeit, dass Otmar das schafft, beträgt $0{,}5 \cdot 0{,}5 \cdot 0{,}5 = 0{,}125$ und somit die von Sepp 0,875. Dementsprechend erhält Sepp 4480 € und Otmar 640 €.
7. Da Otmar offenbar schlechter in Form ist (der Stand von 5 : 3 signalisiert nur eine Siegwahrscheinlichkeit von 37,5 % für ihn) ist zu erwarten, dass er nur mit einer Wahrscheinlichkeit von 5,27 % hätte Gesamtsieger werden können ($0{,}375 \cdot 0{,}375 \cdot 0{,}375 = 0{,}0527$). Somit wäre es richtig, ihm $0{,}0527 \cdot 5120 = 270$ € und dem offenbar überlegenen Sepp die restlichen 4850 € zukommen zu lassen.

Die unter (6) vorgeschlagene Aufteilung ist die von *Luca Pacioli*, basierend auf wahrscheinlichkeitstheoretischen Überlegungen. Der Vorschlag (7) ist bei *Pacioli* noch nicht vorgesehen; er lehnt sich an eine Entscheidungsregel an, die etwa 150 Jahre später von dem englischen Presbyter *Thomas Bayes* (1701–1761) entwickelt wurde und bei der gemachte Erfahrungen in die Urteilsfindung einbezogen werden (hier: Aus dem bisherigen Ergebnis der Rennen wird auf die momentane Form der beiden Sportler geschlossen).

Welcher der sieben Vorschläge leuchtet Ihnen am ehesten ein? Ein Kriterium, das es erlauben würde, aus den gemachten Vorschlägen einen als *richtig* und die anderen als *falsch* zu qualifizieren, gibt es nicht. Letztlich lassen sich für jeden der sieben Vorschläge gute Gründe finden und jeder wird sich regelmäßig der Begründung anschließen, die zu einem von ihm akzeptierten Ziel führt. Gesellschaftlich wird sich derjenige Vorschlag im politischen Diskurs durchsetzen, dessen Auswirkungen am ehesten auf allgemeinen Konsens stoßen.

Interessant sind die Antworten der Innsbrucker Studierenden (ca. 240 Personen aus der Vorlesung *Entscheidungen*):

Vorschlag (1)	19,6 % Zustimmung
Vorschlag (2)	18,8 % Zustimmung
Vorschlag (3)	4,3 % Zustimmung
Vorschlag (4)	31,9 % Zustimmung
Vorschlag (5)	5,8 % Zustimmung
Vorschlag (6)	10,3 % Zustimmung
Vorschlag (7)	7,3 % Zustimmung
Ohne Angabe	2,0 %

Offenbar fielen alle Vorschläge auf fruchtbaren Boden. Vorschlag (4), der eine Aufteilung des Preisgelds nach Maßgabe der bisher erzielten Siege vorsieht, kam dem allgemeinen Gerechtigkeitsempfinden wohl am nächsten, während interessanterweise der Vorschlag (3) mit seiner Gleichverteilung am wenigsten Gefolgschaft fand.

42

Beim letzten Mal schmeckte es besser

Alles strebt zur goldenen Mitte

Bei Ihrer letzten Urlaubsreise in die Toskana waren Sie im Oste Buffo, einem kleinen Lokal in der Nähe von Siena, wo Sie traumhaft gegessen haben. Alles hat gestimmt und war von höchster Qualität: Die Vorspeisen, das Nudelgericht, das Kaninchen und die Cantuccini zum Dessert; natürlich war auch der dazu gereichte Brunello di Montalcino ein perfekter Begleiter. Dieses Jahr waren Sie wieder dort, doch leider waren Sie etwas enttäuscht: Zwar waren die Speisen gut und auch der Wein hat Ihren Vorstellungen entsprochen, doch insgesamt kam das Essen nicht an die Qualität von vor ein paar Jahren heran.

Ist Ihre Erfahrung ein Beleg für den allgemeinen Qualitätsverlust in der Gastronomie oder wie würden Sie sie beurteilen?

K. Schredelseker, *Alltagsentscheidungen*, DOI 10.1007/978-3-658-12401-4_42

Antwort

Sicher ist diese Erfahrung kein Beleg für den Qualitätsverlust in toskanischen Trattorien, nicht einmal für die im Oste Buffo. Sie beschreibt vielmehr ein alltägliches Phänomen, die sog. Tendenz zur Mitte. Die Qualität eines Restaurantbesuchs ergibt sich als die Summe vieler einzelner Kriterien, die zusammenkommen müssen: Jahreszeitliche Unterschiede in der Qualität der Zutaten, Auswahl der Speisen, Engagement des Kochs und insbesondere Ihre eigene persönliche Befindlichkeit und ihre momentane Bereitschaft, sich dem Genuss zu öffnen. Vieles von dem ist zufällig und nur dann, wenn alles in optimaler Weise zusammenkommt, kommt es zu einem außergewöhnlichen Erlebnis. Normalerweise geschieht eher etwas Gewöhnliches: In einem guten Restaurant isst man gut, aber nicht immer exzellent; ein guter Ski-Rennfahrer liegt meistens im Spitzenfeld, wird aber nicht immer Sieger; ein erstklassiger Schauspieler überzeugt in fast allen Rollen, aber nur manchmal geht er voll in seiner Rolle auf und schreibt Theatergeschichte. Beispiele dieser Art ließen sich noch viele finden. Immer ist ein Ergebnis in der Nähe des Mittelwerts das übliche und eine deutliche Abweichung davon das außerordentliche. Wenn Sie mit zwei Würfeln spielen, werden Sie im Durchschnitt sieben Punkte erzielen. Sollten Sie daher zehn erzielt haben, so müssen Sie beim nächsten Versuch höchstwahrscheinlich mit einem niedrigeren Ergebnis rechnen; wenn Sie hingegen vier geworfen haben, werden Sie bei ihrem nächsten Versuch wahrscheinlich eine höhere Augenzahl erzielen können. Diese sog. Regression zum Mittelwert geht auf den Statistiker *Francis Galton* (1822–1911), einen Neffen von *Charles Darwin* zurück, der nachgewiesen hat, dass die Kinder sehr großer Eltern meistens kleiner sind, während die

Kinder sehr kleiner Eltern meistens größer sind als ihre direkten Vorfahren. Das Phänomen beschreibt eine durchgängig zu findende Eigenschaft von Zufallsereignissen: Dem Song des Jahres kann der gefeierte Popstar meist nichts Gleichwertiges nachfolgen lassen; den Kantersieg, den eine Partei bei einer Wahl eingefahren hat, kann sie bei der nächsten Wahl meist nicht nochmals wiederholen; der Aktienfonds, der in einem Jahr eine sensationelle Performance nachweisen konnte, wird im Jahr darauf wahrscheinlich im Mittelfeld liegen.

Der Oste Buffo ist wahrscheinlich noch immer ein erstklassiges Lokal. Nur kamen bei Ihrem zweiten Besuch nicht alle Faktoren in einer Weise zur Geltung, um aus dem Abend ein kulinarisches Highlight zu machen. Bei ihrem ersten Besuch war das der Fall, aber die Tendenz zur Mitte lässt sich nicht überlisten.

43

Wer mag schon Unsicherheit?

Das Ellsberg-Paradox

In einem Sack befinden sich 30 Kugeln, zehn davon sind grün und die anderen sind entweder blau oder rot. Sie können 100 € gewinnen, wenn Sie, ohne hineinzusehen, eine Kugel einer bestimmten Farbe aus dem Sack nehmen.

Zuvor treffen Sie bitte die beiden nachstehenden Entscheidungen: Zunächst zwischen A1 und A2:

A1: Sie gewinnen 100 €, wenn Sie eine grüne Kugel ziehen.
A2: Sie gewinnen 100 €, wenn Sie eine blaue Kugel ziehen.

Sodann zwischen B1 und B2:

B1: Sie gewinnen 100 €, wenn Sie eine grüne oder eine rote Kugel ziehen.
B2: Sie gewinnen 100 €, wenn Sie eine blaue oder eine rote Kugel ziehen.

Haben Sie Ihre Entscheidungen getroffen?

K. Schredelseker, *Alltagsentscheidungen*, DOI 10.1007/978-3-658-12401-4_43

Antwort

Sollten Sie A1 und B2 gewählt haben, so haben Sie so wie die meisten Menschen entschieden; auch bei den Studierenden an der Universität Innsbruck entschieden sich 63,8 % für A1 und 72,4 % für B2. Auf den ersten Blick erscheint das befremdlich, denn die Alternative B unterscheidet sich von der Alternative A nur darin, dass bei B der Gewinnraum um die roten Kugeln erweitert wurde. Nach allgemein anerkannten Prinzipen rationalen Handelns darf sich aber eine Präferenzrelation durch Hinzufügen einer Konstante nicht ändern (Unabhängigkeitsaxiom).

> Wer Rotwein lieber mag als Weißwein, sollte an dieser Präferenz auch dann festhalten, wenn es beim Kaufmann zu Werbezwecken einen Korkenzieher dazu gibt. Sollte er jetzt Weißwein mit Korkenzieher dem Rotwein mit Korkenzieher vorziehen, so wird man an seinem Verstand zweifeln.

Für den amerikanischen Ökonomen *Daniel Ellsberg* (*1931) war daher der auch von ihm vielfach beobachtbaren Wechsel von A1 nach B2 beim obigen Entscheidungsproblem Ausdruck dessen, dass die Menschen in bestimmten Situationen das Unabhängigkeitsaxiom missachten, d. h. irrational entscheiden. Das Ergebnis lässt sich allerdings auch anders interpretieren, nämlich mithilfe der auf *Frank Knight* (1885–1972) zurückgehenden Unterscheidung zwischen Risiko und Unsicherheit. Eine Risikosituation (*risk*) liegt dann vor, wenn man die Eintrittswahrscheinlichkeiten für Ereignisse bestimmen kann: Roulette ist somit ein Spiel unter Risiko, weil für jede Strategie (plein, carré, cheval, simple etc.) genau festliegt, mit welcher Wahrscheinlichkeit sie zum Erfolg führt und mit welchem Gewinn man im Erfolgsfall rechnen kann.

Kann man hingegen die Eintrittswahrscheinlichkeiten nicht oder nur sehr unbestimmt einschätzen, so nennt man das in Anlehnung an *Knight* Unsicherheit (*uncertainty*).

Betrachten wir vor diesem Hintergrund nochmals unsere Fragestellung:

A1/A2: Während bei A1 die Gewinnwahrscheinlichkeit mit 1/3 bekannt ist, liegt sie bei A2 irgendwo zwischen 0 und 2/3, je nachdem wie das Verhältnis zwischen den blauen und den roten Kugeln ist

B1/B2: Bei B1 liegt die Gewinnwahrscheinlichkeit im Bereich zwischen 1/3 und 1 (auch wieder abhängig vom Verhältnis zwischen den blauen und den roten Kugeln), während sie bei B2 mit 2/3 genau bestimmt werden kann.

Offenbar drückt die beobachtbare Präferenz für A1 und B2 ein allgemeines Prinzip menschlichen Entscheidungsverhaltens aus: Wir sind geneigt, einer Risikosituation einen Vorzug vor einer Unsicherheitssituation zu geben; wir wollen einfach wissen, woran wir sind; auch wenn wir keine Gewissheiten, sondern nur angebbare Wahrscheinlichkeiten haben können.

44

Wir lieben faire Spiele ...
Auch wenn die unfairen gleich fair sind

Paul will mit Ihnen ein Glücksspiel spielen: Jeder legt 50 € auf den Tisch und eine Münze wird geworfen. Je nach Lage der Münze gewinnen Sie oder Paul den ganzen Betrag. Paul lässt Sie die Münze, mit der gespielt wird, wählen und bietet an

- eine Idealmünze, bei der die Wahrscheinlichkeit für *Kopf* oder *Zahl* exakt gleich groß ist,
- eine manipulierte Münze, bei der eine Seite deutlich öfter fällt, wobei es der Münze nicht anzusehen ist, welche Seite bevorzugt wird; auch dürfen Sie die Münze nicht „ausprobieren".

Für welche Münze entscheiden Sie sich, wenn Sie wählen können, ob Sie mit *Kopf* oder mit *Zahl* gewinnen wollen?

K. Schredelseker, *Alltagsentscheidungen*, DOI 10.1007/978-3-658-12401-4_44

Antwort

Vor die Wahl gestellt, entscheiden sich die meisten für die Idealmünze. Dies, obwohl aufgrund der letztgenannten Bestimmung die Gewinnwahrscheinlichkeiten für beide Münzen gleich sind, denn wenn Sie frei wählen dürfen, ob Sie mit *Kopf* oder *Zahl* gewinnen wollen, sind Sie bei der manipulierten Münze mit gleicher Wahrscheinlichkeit begünstigt wie benachteiligt. Somit haben Sie bei beiden Münzen die gleiche Gewinn-/Verlustwahrscheinlichkeit von 50 %.

Auch die Innsbrucker Studenten haben sich mit großer Mehrheit (73 %) für die Idealmünze entschieden. Offenbar fühlen wir uns wohler dabei, ein faires Spiel zu spielen als ein unfaires, auch dann, wenn das Spiel mit dem unfairen Mittel aufgrund der Spielbedingungen das gleiche Chancenprofil aufweist wie das mit fairen Mitteln.

45

Der fragwürdige Verkehrsplaner

Dienen Entlastungsstraßen der Entlastung?

Täglich fahren 6000 Autos Menschen aus der Wohnstadt A in das Geschäfts- und Handelszentrum D; dazwischen liegen die nur am Wochenende frequentierten Bergdörfer B und C. Die Autofahrer haben die Wahl zwischen zwei schnellen Autobahnen AC und BD, die das zwischen B und C liegende Gebirge umfahren, sowie zwischen zwei langsameren Landstraßen AB und CD. Somit sind nur die Routen AB-BD und AC-CD möglich, um an das gewünschte Ziel zu kommen. Die Fahrzeiten hängen von der Strecke und vom Verkehrsaufkommen ab: Sie bestehen aus einer Konstante (für die Autobahnen 40 min; für die Landstraßen 2 min) und einer fahrzeugabhängigen Größe; setzt man X für je 1000 Fahrzeuge, so beträgt sie X min auf der Autobahn und 8 X min auf der Landstraße.

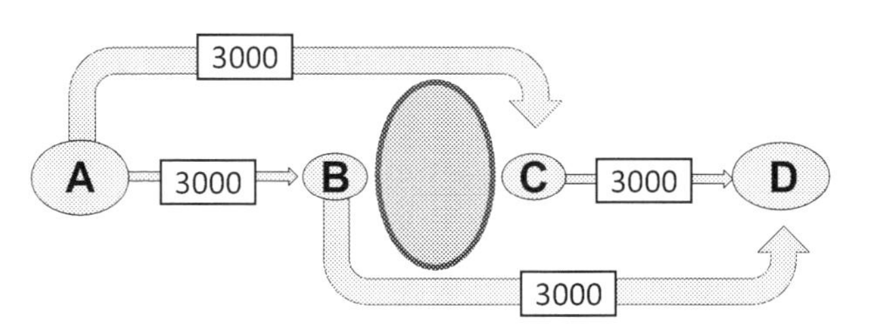

K. Schredelseker, *Alltagsentscheidungen*, DOI 10.1007/978-3-658-12401-4_45

Es ist offensichtlich, dass es am besten ist, wenn sich die Fahrzeuge auf die beiden möglichen Routen zu gleichen Teilen aufteilen. Beide Routen werden somit von jeweils 3000 Autos (somit X = 3) befahren. Es ergeben sich folgende Zeiten (in Minuten):

		AB **2+8X**	**AC** **40+X**	**BD** **40+X**	**CD** **2+8X**	**Zeit**
Route	KFZ	X=3	X=3	X=3	X=3	
AB-BD	3000	26		43		**69**
AC-CD	3000		43		26	**69**

Die Autofahrer sind somit 69 min, d. h. eine gute Stunde von A nach D unterwegs. Wegen der ständigen Klagen beschließt die Regierung, zur Entlastung einen Tunnel zu bauen, der die Dörfer B und C direkt verbindet. Diese Neubaustrecke ist kurz, hat eine hohe Kapazität und darf werktags am Morgen nur in Richtung C befahren werden (abends natürlich in Richtung B): Die Fahrdauer auf der Tunnelstrecke beträgt (6 + X) min.

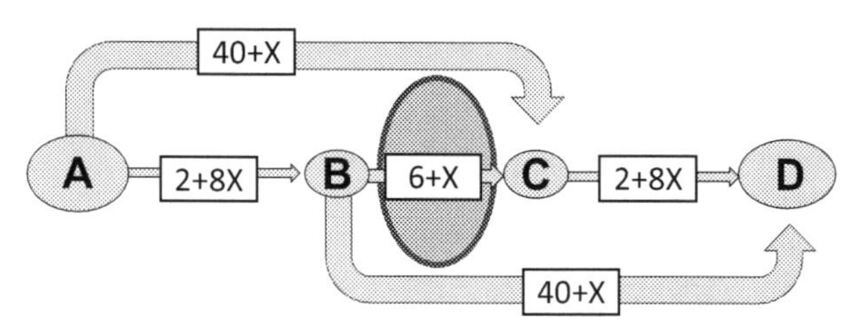

Um wieviel verkürzt sich aufgrund des Entlastungstunnels die Fahrzeit von A nach D an einem Werktagmorgen? Welche Route würden Sie nehmen?

Antwort

Auch jetzt werden die Autofahrer sich so auf die nunmehr drei Strecken verteilen, dass niemand mehr durch Wechsel auf eine andere Route seine Fahrzeit verkürzen kann. Dies ist wieder da der Fall, wo auf allen drei Routen (AB-BD, AC-CD, AB-BC-CD) die gleiche Zahl an Autos unterwegs ist.

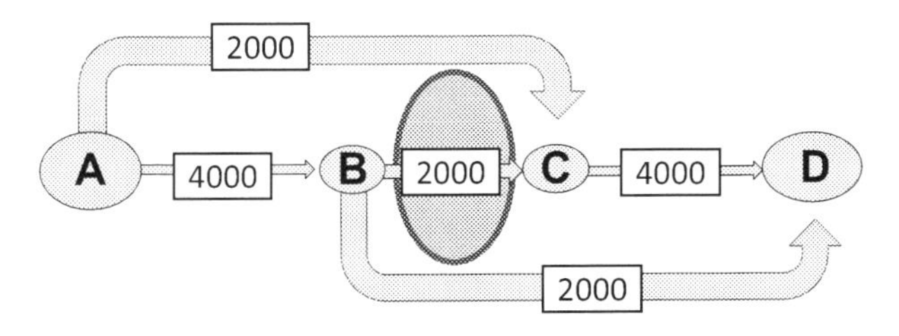

Damit ergeben sich für die einzelnen Routen die folgenden Fahrzeiten:

		AB 2+8X	AC 40+X	BC 6+X	BD 40+X	CD 2+8X	Zeit
Route	KFZ	X=4	X=2	X=2	X=2	X=4	
AB-BD	2000	34			42		**76**
AC-CD	2000		42			34	**76**
AB-BC-CD	2000	34		8		34	**76**

Durch den Bau der Entlastungsstrecke hat sich für alle die Fahrzeit von A nach D nicht, wie geplant, verkürzt, sondern um 10 % verlängert!

Dass dies durchaus kontraintuitiv ist, zeigt auch das Ergebnis der Befragung im Rahmen der Innsbrucker Onlinetests.

Die Studierenden mussten angeben, ob sie den folgenden Aussagen ihre Zustimmung geben:

1. Die Fahrzeit pro Fahrzeug wird länger.
2. Die Fahrzeit pro Fahrzeug wird kürzer.
3. Die Fahrzeit pro Fahrzeug bleibt unverändert.
4. Die Fahrzeiten werden auf allen Routen tendenziell gleich sein.

Da es hinreichend Zeit zum Nachrechnen gab, konnten 21 % der Befragten die richtige Aussage (1) bestätigen. Mehr als doppelt so viele, nämlich 43 %, entschieden sich jedoch zu der intuitiv naheliegenden, aber falschen Aussage (2). Dass die neue Strecke auf die Fahrzeiten ohne Einfluss bleiben werde, glaubten nur 4 % der Befragten und 32 % hatten hinreichend ökonomische Intuition, um zu erkennen, dass der Adaptionsprozess auf eine Inanspruchnahme der drei Routen in gleichem Ausmaß hinlaufen müsse.

Der Grund für die zeitliche Verlängerung ist, dass jetzt die wenig leistungsfähige Landstraße, auf der die Durchsatzgeschwindigkeit in besonderer Weise von der Zahl der Fahrzeuge abhängt, deutlich stärker befahren wird: Auf den leistungsfähigen Straßen wie Autobahn und Neubaustrecke sind nur 2000 Autos unterwegs, während es auf den Landstraßen 4000 sind.

Man könnte fragen: Warum tun die Leute das? Warum wird der Tunnel, wenn er die Gesamtfahrzeit verlängert, überhaupt befahren? Die Antwort ist einfach: Weil nur die ⅓ : ⅓ : ⅓-Aufteilung ein Nash-Gleichgewicht darstellt, d. h. eine Situation, bei der keiner einen Anreiz hat, sich durch Wahl einer anderen Route besser zu stellen. Nehmen wir an, es würden 400 Autofahrer der offenbar problematischen Tunnelstrecke den Rücken kehren und sich auf die beiden alten Routen AB-BD und AC-CD verteilen, so ergäbe sich das folgende Ergebnis:

		AB 2+8X	AC 40+X	BC 6+X	BD 40+X	CD 2+8X	Zeit
Route	KFZ	X=3,8	X=2,2	X=1,6	X=2,2	X=3,8	
AB-BD	2200	32,4			42,2		74,6
AC-CD	2200		42,2			32,4	74,6
AB-BC-CD	1600	32,4		7,6		32,4	72,4

Da sieht man doch, dass es besser geht, werden viele sagen: Alle haben sich gegenüber der Gleichverteilung verbessern können. Das ist zwar richtig, doch das ist nicht das Problem: Für jeden, der die klassischen Routen befährt, gibt es nämlich jetzt einen Anreiz, auf die Tunnelroute umzusteigen, um gute zwei Minuten schneller zu sein. Sie werden es tun und dieser Anreiz hört erst dann auf, wenn die stabile Gleichverteilung über die drei möglichen Strecken wieder erreicht ist.

Im Extremfall könnte man vereinbaren, dass alle Benutzer den Tunnel boykottieren, um zum Status quo ante zurückzukehren und nach 69 min durchschnittlicher Fahrzeit auf den herkömmlichen Routen am Ziel zu sein. Wenn man das täte, hätte ein jeder den Anreiz, absprachewidrig den Tunnel zu benutzen und 11 min zu sparen (von A nach D durch den Tunnel zu fahren, dauerte nämlich dann nur 58 min). Wollte man dies verhindern, müsste man den Tunnel sperren oder seine Nutzung unter hohe Strafe stellen. Man mag sich die Reaktion der Bevölkerung vorstellen: Da hat die Politik mit Steuergeldern eine schöne neue Straße gebaut und verwehrt dem Bürger, sie zu benutzen. Dass die Entscheidung, den Tunnel zu schließen, durchaus vernünftig gewesen sein könnte, versteht am Stammtisch niemand. Nota bene: Damit will ich nicht sagen, dass alle politische Entscheidungen, die man am Stammtisch nicht versteht, deswegen als vernünftig geadelt werden sollten!

Wenn etwas unvernünftig war, so war es der Bau des Tunnels, nicht die Entscheidung, die Menschen an seiner Nutzung zu hindern. Eine weitere Handlungsalternative kann nämlich sehr leicht dazu führen, dass sich unter der Annahme vernünftigen Entscheidungsverhaltens der Beteiligten deren Situation verschlechtert. Das hier behandelte Problem ist von dieser Art und geht auf den deutschen Mathematiker *Dietrich Braess* (*1938) zurück, der es 1968 in einem kleinen Aufsatz (alle guten Aufsätze sind kurz!) mit dem Titel *Über ein Paradoxon aus der Verkehrsplanung* vorstellte und das weltweit als „Braess-Paradoxon" Beachtung fand. Wikipedia berichtet über konkrete Fälle in der realen Verkehrsplanung: So habe z. B. in Stuttgart die Eröffnung einer neuen Straße zu einer Verschlechterung des Verkehrsflusses in der Nähe des Schlossplatzes geführt.

Das Problem hat Parallelen zu vielen in diesem Buch vorgestellten Problemen, dem Prisoner's Dilemma Kap. 23, dem Minority-Game Kap. 9, der Vorliebe für lange Schlangen Kap. 10 u. v. a. Vernünftiges Denken und vernünftiges Entscheiden findet in einem einigermaßen engen logischen Kontext statt. Unvernünftiges Denken hingegen ist grenzenlos, anything goes. Deswegen sind auch Bücher über unvernünftiges Denken viel, viel dicker als dieses.

46

Das todsichere Roulettesystem
Wie man fast immer gewinnt

Angenommen, jemand bietet Ihnen ein Roulettesystem an, mit dem man so gut wie immer gewinnen kann. Sie werden höchstwahrscheinlich ablehnen, denn Sie wissen (oder glauben zu wissen), dass es so etwas nicht gibt. Er insistiert, Sie bleiben hart. Schlussendlich bietet er Ihnen eine Wette an:

> *Ich gehe zehn Tage ins Casino Austria und spiele dort jeweils mindestens eine Stunde Roulette. Ich werde an jedem Tag gewinnen. Ich biete Ihnen 1000 €, wenn ich nur ein einziges Mal verlieren sollte. Kann ich hingegen mein Versprechen einhalten und ich gewinne wirklich an jedem der zehn Tage, so zahlen Sie mir 1000 €.*

Was tun Sie? Wenn Sie wirklich überzeugt sind, dass es ein derartiges Roulettesystem nicht geben kann, müssten Sie eigentlich auf die Wette eingehen. Um einen anderen Begriff, den wir bereits kennengelernt haben, zu bemühen, senden Sie mit Ihrer Antwort ein „Signal" in Kap. 5, d. h. eine Mitteilung, der aufgrund der Ihnen entstehenden finanziellen Konsequenzen Wahrheitsgehalt zugemessen wird.

K. Schredelseker, *Alltagsentscheidungen*, DOI 10.1007/978-3-658-12401-4_46

Sie können natürlich auch völlig ausweichen und darauf verweisen, dass Sie grundsätzlich nie wetten oder dass Sie jegliche gedankliche Beschäftigung mit so etwas Anrüchigem wie Roulette scharf von sich weisen. Sollte dies der Fall sein, überschlagen Sie bitte auch den „Antwortteil" und gehen Sie zum nächsten, von Ihnen hoffentlich als solider angesehenen Problem über.

Wenn Sie noch dabei sind: Gehen Sie auf die Wette ein oder nicht?

Antwort

Die Roulettewette ist keine eigene Erfindung, sondern wurde in einer Sendung des privaten Fernsehsenders Stern-TV im Jahre 2006 präsentiert; Innsbrucker Studenten, die diese Sendung zufällig gesehen haben, informierten mich darüber wenige Tage danach im Rahmen der Vorlesung Entscheidungstheorie, um meine Meinung dazu zu erfahren. In der Show des bekannten Moderators *Günter Jauch* behauptete ein Herr *Grotelaers*, ein leidenschaftlicher Roulettespieler, ein Spielsystem entwickelt zu haben, mit dem man am Roulettetisch grundsätzlich nicht verlieren könne. Natürlich ging es Herrn *Grotelaers* dabei nicht darum, zur Aufklärung beizutragen und der Menschheit allwährenden Reichtum zu verschaffen, sondern darum, die durch die Fernsehausstrahlung erreichte Publizitätswirkung für die Vermarktung seines „todsicheren Systems", das er sich teuer hat bezahlen lassen, nutzen zu können.

Pikantes Detail am Rande: Bei der Sendung war ein anerkannter Mathematiker der Freien Universität Berlin zugegen, der ebenso wie der Direktor der Spielbank Berlin überzeugt war, dass es so etwas, wie von Herrn *Grotelaers* vorgeschlagen, nicht geben könne. Der Mathematiker war sogar bereit, sein gesamtes Weihnachtsgeld als Gegenwette einzusetzen, sollte Herr *Grotelaers* tatsächlich ein System präsentieren können, mit dem man sichere Gewinne einfahren könne. Diese Wette stellte sich aber bald als Missverständnis heraus: *Grotelaers* sprach von einem System, mit dem man „so gut wie immer" (also nicht „immer") gewinnen könne, der Mathematiker meinte „immer". Die Gegenwette war damit gegenstandlos. In der Presse wurde hingegen häufig der Eindruck erweckt, als stünden sich Aussage und Aussage gegenüber, womit es nach

Vollzug des Experiments einen Gewinner und einen Verlierer hätte geben müssen. Dem war natürlich nicht so.

Man vereinbarte klare Bedingungen für die Durchführung der Wette:

- Herr *Grotelaers* muss an zehn Tagen mit Jetons im Wert von jeweils 3000 € spielen.
- Er muss mindestens eine Stunde und maximal zwölf Stunden spielen und er darf das Casino nicht ohne Gewinn verlassen.

Grotelaers ließ sich auf die Bedingungen ein und spielte ausschließlich auf einfachen Chancen: Auf *Rot* oder *Schwarz*, auf *Pair* (gerade) oder *Impair* (ungerade), auf *Manque* (Zahlen von 1 bis 18) oder *Passe* (Zahlen von 19 bis 36). Auf jedem dieser Felder hat man eine Gewinnwahrscheinlichkeit von etwas weniger als 50 % (genau 18/37), denn die Spielbank will ja auch etwas verdienen. Wenn man gewinnt, erhält man seinen Einsatz verdoppelt zurück. *Grotelaers* spielt systematisch, überlegt vor jedem Spiel ziemlich lange und „optimiert" seine Züge mithilfe sog. Permanenzen, die er genau studiert (zu studieren den Eindruck erweckt). Er selbst gibt sich von seinem System überzeugt und behauptet, dass es so kompliziert sei, dass andere es nie wirklich werden verstehen können.

Grotelears spielt die vereinbarten zehn Tage und verlässt jeden Tag als Gewinner das Casino. Damit hat er die Wette gewonnen. Die Gewinne waren allerdings eher dürftig: Der höchste Tagesgewinn belief sich auf 80 €, der niedrigste auf 5 €, im Durchschnitt betrug sein Tagesgewinn 39 €. Am letzten Tag musste er sogar zittern: Erst nach fünf Stunden und nach 340 Spielen ward ihm ein bescheidener Gewinn von 5 € zuteil, nachdem er zuvor schon über 400 € verloren hatte.

Es hätte also durchaus schiefgehen können, aber es ging nicht schief: Er hatte seine Wette gewonnen. Wie ist das möglich? Er scheint tatsächlich ein vielleicht nicht unfehlbares, aber so doch sehr gut funktionierendes System zu haben.

Das hat er nicht. Er hat nur einen ganz einfachen Trick angewandt, den wirklich jeder umsetzen kann: Er hat das einem Glücksspiel, einer Tombola, einer Lotterie o. ä. zugrundeliegende Prinzip schlicht „herumgedreht". Typischerweise funktionieren Glücksspiele so, dass man einen geringen Einsatz leisten muss, der mit großer Wahrscheinlichkeit verloren ist, mit dem man aber mit geringer Wahrscheinlichkeit einen hohen Gewinn erzielen kann.

> Auf einem Volksfest offeriert ein Lotterieanbieter (der kein eigenes Gewinninteresse habe) 1000 Lose, die jeweils einen Euro kosten. Nachdem alle Lose verkauft sind, wird zufällig ein Los gezogen und beschert seinem Inhaber einen Gewinn in Höhe von 1000 € (eigentlich nur 999 €, denn er hat ja ebenfalls einen Euro einsetzen müssen). Aufgrund des fehlenden Gewinninteresses des Anbieters handelt es sich um ein „faires Spiel": Man zahlt einen Euro und erhält dafür eine 1 : 1000 Chance auf 1000 €.

Es ist ganz einfach, das Prinzip in sein Gegenteil zu verkehren, sodass mit einer großen Wahrscheinlichkeit ein geringer Gewinn erzielt werden kann, dem ein hoher Verlust mit einer geringen Wahrscheinlichkeit gegenübersteht.

> Auf dem Volksfest tragen sich tausend Leute in eine Liste ein und erhalten dafür je einen Euro. Nach dem Zufallsprinzip wird unter den tausend Personen eine gezogen, die zur Zahlung von 1000 € verpflichtet wird. Auch hier handelt es sich aufgrund des fehlenden Gewinninteresses des Anbieters wieder um ein „faires Spiel": Man erhält einen Euro und muss

mit einer Wahrscheinlichkeit von 1 : 1000 den Betrag von 1000 € zahlen. 99,9 % der Mitspieler können sich als „Gewinner" bezeichnen.

Ein einfaches und allseits bekanntes Verfahren, um beim Roulette höchstwahrscheinlich zu einem Gewinn zu kommen ist die Martingalstrategie: Man setzt, beginnend mit dem Mindesteinsatz, immer wieder auf eine einfache Chance, wobei nach jedem Verlust der Einsatz verdoppelt wird. Wenn man gewonnen hat, streicht man den (typischerweise sehr kleinen) Gewinn ein und das Spiel ist beendet. Die Wahrscheinlichkeit, nach zehn Spielen nicht gewonnen zu haben, beträgt bei der einfachen Chance etwa 0,1 %, d. h. es ist durchaus sehr wahrscheinlich, dass man gewinnt. Allerdings nur dann, wenn die Maximaleinsätze der Spielbank nicht überschritten werden und das eigene Spielkapital ausreicht, um immer wieder zu verdoppeln; will man bei einem Mindesteinsatz von fünf Euro zehn Spiele ohne Gewinn durchhalten, so sind dafür bereits 5115 € erforderlich. Aufgrund dieser Restriktionen ist die Aussage, dass es mit Sicherheit „irgendwann" einmal zu einem erfolgreichen Spiel kommt, natürlich falsch: Der Plafond ist häufiger erreicht, als die meisten meinen. Auch beim Martingale gilt das eherne Gesetz: Der Spieler verliert im Schnitt 2,6 % (unter Anwendung der Partage-Regel 1,3 %) seines Einsatzes pro Spiel.

Die „Strategie" von Herr *Grotelaers* war somit keine Hexerei, sondern eine wie auch immer geartete Variante des Martingalspiels. Selbstverständlich ist es leicht möglich, die simple Regel zu überdecken: Man muss nicht immer genau verdoppeln und man muss auch nicht immer auf dasselbe Feld setzen und man kann auch leicht den Eindruck erwecken, als verfolge man eine bestimmte, geheimnisvolle Strategie.

Die Wahrscheinlichkeit dafür, dass *Grotelaers* seine Wette gewinnt, liegt bei über 99 %. Gleichwohl hätten 73 % der befragten Innsbrucker Studenten darauf gewettet, dass er seine Wette verliert.

47

Eine listige Versteigerung von Klausurpunkten

Was machen wohl die anderen?

In einer Lehrveranstaltung mit 67 Teilnehmern wurde eine Art Versteigerung durchgeführt, bei der es um drei Güter ging: Gut A lieferte drei Punkte, Gut B lieferte zwei und Gut C lieferte einen Punkt für die Semesterabschlussklausur. Jeder Teilnehmer hatte virtuelle hundert Taler zur Verfügung, mit denen er für die Güter bieten konnte (nur ganzzahlige Gebote waren zulässig). Das Gut erhielt, wessen Gebot um mindestens zehn Prozent über dem Durchschnittsgebot lag; hat jemand für zwei Güter diese Bedingung erfüllt, so erhielt er nur das Höherwertige.

Die Teilnahme an der Versteigerung war freiwillig und kostete einen Punkt; man konnte also maximal zwei Punkte für die Klausur vortragen lassen. Andererseits hätte es auch passieren können, dass man kein Gut erhält, weil man für alle drei Güter ein Gebot nahe dem Durchschnitt abgegeben hat und daher mit einem Minuspunkt aussteigt.

Versetzen Sie sich bitte in die Situation der Innsbrucker Studenten, für die ein Klausurpunkt eine wertvolle Sache darstellt, und beantworten Sie für sich die beiden Fragen:

K. Schredelseker, *Alltagsentscheidungen*, DOI 10.1007/978-3-658-12401-4_47

1. Hätten Sie an dem Spiel überhaupt teilgenommen?
2. Welche Gebote hätten Sie für die drei Güter abgegeben?

Antwort

Für die Teilnehmer war die Aufgabe alles andere als leicht, denn sie erforderte ein wiederholtes Spiegeln der eigenen Strategie an den vermuteten Strategien der anderen. Die Überlegungen, die die Teilnehmer haben anstellen müssen, waren somit durchaus vielschichtig:

- Jeder wusste, dass man, um die begehrten drei Punkte zu erhalten, für Gut A viel wird bieten müssen; sollte das durchschnittliche Gebot aber bei oder über 91 liegen, bekommt niemand etwas, weil die 110 % davon (= 100,1) nicht überboten werden können.
- Es wäre daher vielleicht besser, sich gleich durch ein hohes Gebot auf Gut B die zwei Punkte zu sichern.
- Wenn das aber viele machen, bekommt man Gut A günstiger und ein hohes Gebot reicht aus, um die drei Punkte zu ergattern.
- Wenn aber alle so denken ...

Die Ergebnisse waren nicht überraschend, denn wenn es um etwas geht, sind Studenten eher risikobewusst: Der Fall, dass jemand kein Gut erhält und daher mit einem Minuspunkt dasteht, ist zwar nicht passiert, hat aber mehr als die Hälfte der Studierenden (35 von 67) veranlasst, die Sicherheitsstrategie zu wählen und sich bewusst für die Nichtteilnahme zu entscheiden. Die durchschnittlichen Gebote, die die verbleibenden 32 Teilnehmer für die drei Güter abgegeben haben, beliefen sich auf:

- Gut A: 48,13,
- Gut B: 40,96,
- Gut C: 11,02.

Damit musste man, um Gut A zu ergattern, mindestens 53 Taler, für Gut B mindestens 46 Taler und für Gut C mindestens 13 Taler geboten haben. Frechheit hat sich ausgezahlt: Die 16 Teilnehmer, die alles (oder fast alles) auf Gut A gesetzt haben, haben es auch erhalten; zwölf Teilnehmer erhielten Gut B und vier mussten mit Gut C vorliebnehmen.

Interessant war, dass, der obigen Logik folgend, mehr Studierende den vollen Betrag auf Gut B gesetzt haben (10 Fälle) als auf Gut A (8 Fälle); offenbar sind viele in der Gedankenkette zum zweiten Schritt gekommen, nicht aber zum dritten. Sehr kluge Strategen waren m. E. solche, die einen hohen, aber nicht allzu hohen Betrag auf Gut A und den Rest auf Gut C geboten haben (Strategien 80/0/20 oder 75/0/25): Sie haben auf einen hohen Punktegewinn gesetzt und sich gleichzeitig gegen einen Verlust versichert.

Wer sich mit derartigen Entscheidungsproblemen vertraut gemacht hat, hat Erfahrungswissen darüber erworben, worum es bei wirtschaftlichen Entscheidungen typischerweise geht: Vernünftig zu denken im Wissen, es zu tun zu haben mit einem Gegenüber, der ebenfalls vernünftig denkt und der von uns erwartet, dass auch wir das tun.

48

Drei Spielkarten

Wieder mal bedingte Wahrscheinlichkeiten

Jemand hat drei Spielkarten. Eine ist auf beiden Seiten schwarz, eine ist auf beiden Seiten rot und eine ist auf der einen Seite schwarz, auf der anderen rot. Er zieht zufällig eine Karte und legt sie auf den Tisch. Ihre Oberseite zeigt rot. Welche Farbe wird wahrscheinlich auf der Rückseite sein? Eher rot, eher schwarz oder gleichermaßen das eine wie das andere?

K. Schredelseker, *Alltagsentscheidungen*, DOI 10.1007/978-3-658-12401-4_48

Antwort

Auch diese Frage erhielten die Studenten aus der Vorlesung Entscheidungstheorie. Es ging dabei darum, Vertrautheit mit bedingten Wahrscheinlichkeiten zu entwickeln. Dass das nötig war, zeigen die Antworten:

61,0 % der Befragten waren der Ansicht, rot wie schwarz seien gleichwahrscheinlich. Die Tatsache, eine rote Seite zu sehen, hat für sie an der grundsätzlichen Gleichverteilung der Farben nichts geändert.

23,8 % der Befragten meinten, die Rückseite sei eher schwarz. Offenbar gingen sie davon aus, dass unter den fünf verbliebenen Kartenseiten mehr schwarze als rote seien. Das stimmt zwar, trifft aber nicht das Problem.

Nur 15,2 % fanden das richtige Ergebnis, nämlich, dass die Rückseite eher ebenfalls rot ist. Die Begründung: Eine zufällig gezogene rote Kartenseite kann nur von einer rot/schwarzen oder einer rot/roten Karte stammen; das erste ist mit einer Wahrscheinlichkeit von 1/3 der Fall, das zweite mit einer Wahrscheinlichkeit von 2/3. Also ist mit 2/3-Wahrscheinlichkeit die Rückseite der aufliegenden Karte auch rot und nur mit einer Wahrscheinlichkeit von 1/3 ist sie schwarz.

Bedingte Wahrscheinlichkeiten sind aus unserem Alltag nicht wegzudenken. Das Kartenspiel zeigt, wie leicht sie uns zu Fehlentscheidungen veranlassen.

49

Survival of the fittest

Hat der Beste wirklich die besten Chancen?

Den Begriff „Survival of the fittest" hat der englische Philosoph und Soziologe *Herbert Spencer* (1820–1903) geprägt. Als bedeutender Vertreter des sog. Sozialdarwinismus wandte er Mechanismen der *Darwin*'schen Evolutionsbiologie auf gesellschaftlich-soziale Prozesse an; er war überzeugt, dass sich in der gesellschaftlichen Auseinandersetzung stets der Stärkere, derjenige, der sich an seine Umwelt am besten angepasst hat, durchsetzen wird. So funktioniert im Sinne von *Darwin* (1809–1882) das Grundprinzip der natürlichen Auslese. Der Nicht-Angepasste, der physisch und sozial Schwächere, steht der gesellschaftlichen Entwicklung im Wege und wird Schwierigkeiten haben, sich zu behaupten; letztlich wird er aus dem sozialen Umfeld verschwinden.

Noch heute wird, obwohl der Sozialdarwinismus klassischer Prägung kaum noch vertreten wird, das „Survival of the fittest" als eine gültige Beschreibung gesellschaftlicher Prozesse angesehen: Demjenigen, der stärker, klüger, wendiger, fähiger ist als andere, werden höhere Chancen eingeräumt, sich im gesellschaftlichen Umfeld erfolgreich zu behaupten. Zurecht?

K. Schredelseker, *Alltagsentscheidungen*, DOI 10.1007/978-3-658-12401-4_49

Antwort

Grundsätzlich schon, wie die allgemeine Erfahrung zeigt. Gleichwohl gibt es aber immer wieder gesellschaftliche Konstellationen, bei denen das Prinzip infrage zu stellen ist. Betrachten wir einmal die folgende Geschichte:

Zu höfischen Zeiten wurden Auseinandersetzungen, bei denen es um die Ehre der Beteiligten ging, mit der Waffe ausgetragen. Graf Albin, Graf Bertram und Graf Cyrill waren um eine junge Dame bemüht, die allen gegenüber das Gefühl ihrer besonderen Zuneigung vermittelte. Als dies den der Grafen schmerzhaft bewusst wurde, war klar: Zwei müssen weichen. Man entschied sich für ein Triell, bei dem sich die Herren in einer Dreiecksformation aufzustellen hatten und auf Zuruf des Unparteiischen einen Schuss abgeben mussten. Unterstellen wir, dass alle gleich reaktionsschnell waren, sodass die Schüsse tatsächlich gleichzeitig abgefeuert wurden. Außerdem wurde vereinbart: Wenn nach drei Runden immer noch mehr als einer am Leben sein sollte, entscheide das Los, wer die Schöne heimführen darf. Und Ehrenmänner, wie Grafen einmal sind: Der im Losverfahren Unterlegene wird als Trauzeuge der Vermählung beiwohnen (können, dürfen, müssen ...).

Allerdings können die drei Grafen unterschiedlich gut schießen: Graf Cyrill ist ein erstklassiger Schütze, der in zwei Drittel der Fälle trifft; Bertram gilt als mittelmäßiger Schütze mit einer Trefferwahrscheinlichkeit von 50 %, während Alberts Schüsse nur in einem Drittel der Fälle das Ziel erreichen.

Selbstverständlich nimmt sich jeder erst einmal seinen gefährlicheren Gegner vor: Albert und Bertram schießen auf den gefährlichen Cyrill, während dieser auf den ihm gefährlicheren Bertram schießt. Die Konsequenz:

- mit einer Wahrscheinlichkeit von 1/9 überleben alle,
- mit einer Wahrscheinlichkeit von 2/9 wird nur Bertram getötet,
- mit einer Wahrscheinlichkeit von 2/9 wird nur Cyrill getötet,
- mit einer Wahrscheinlichkeit von 4/9 werden Bertram und Cyrill getötet.

Albert, der schwächste der drei Schützen, hat somit bereits in der ersten Runde eine Chance von 4/9 = 44,4 %, als einziger zu überleben, da er als Schütze von den anderen nicht ernst genommen und somit verschont wird; wenn Bertram und Cyrill getroffen haben, ist das Triell beendet. Anderenfalls geht es in die zweite Runde und dann u. U. sogar in eine dritte. Rechnet man bis zum vereinbarten Ende von drei Runden durch, so ergeben sich folgende Wahrscheinlichkeiten, einziger Überlebender zu sein:

- mit einer Wahrscheinlichkeit von 64,2 % überlebt Albert,
- mit einer Wahrscheinlichkeit von 14,4 % überlebt Bertram,
- mit einer Wahrscheinlichkeit von 15,2 % überlebt Cyrill,
- mit einer Wahrscheinlichkeit von 11,9 % überlebt keiner.

Dass sich die Wahrscheinlichkeiten nicht auf 1,00 summieren, liegt an den Doppelzählungen: Natürlich können auch zwei oder sogar alle (mit einer Wahrscheinlichkeit von 0,14 %) überleben.

Während im Zweikampf stets gilt, dass der bessere eine höhere Wahrscheinlichkeit hat, die Oberhand zu gewinnen, ist dies in der Auseinandersetzung zwischen mehreren Beteiligten nicht mehr der Fall; das Problem beginnt, *komplex* zu werden, denn die Akteure sind gezwungen, die Überlegungen anderer in ihr eigenes Kalkül einzubeziehen. Sie sind gezwungen zu akzeptieren: Der andere ist nicht dümmer als ich. Vor diesem Hintergrund verliert die Idee des „Survival of the fittest" ihre Gültigkeit: Albert, der schwächste der drei Schützen, hat mit Abstand die höchste Überlebenswahrscheinlichkeit. Auch die Tatsache, deutlich besser schießen zu können als Bertrand, bringt Cyrill in eine kaum bessere Situation: Unterstellen wir bei den Beteiligten vernünftiges Verhalten, so wird Cyrill mit 15 % und Bertram mit 14 % Wahrscheinlichkeit das Triell überleben. Survival of the weakest? Offenbar kann es in komplexen gesellschaftlichen Situationen leicht dazu kommen, dass sich die Dinge anders gestalten als vordergründig angenommen wird.

Oft ist es auch so, dass ein gesellschaftlich wünschenswerter Zustand nur dann erreicht werden kann, wenn diejenigen, die am stärksten und leistungsfähigsten sind, sich „opfern". Letztlich stellen sich alle besser, wenn diejenigen, die die höchste Kostentragfähigkeit aufweisen, gesellschaftliche Kosten für sich übernehmen, auch wenn sie sich nach Kosten damit schlechter stellen als andere; wenn sie es nicht täten, würden sie sich noch schlechter stellen. Der Spieltheoretiker *John MacMillan* (1951–2007) berichtet von einem Experiment mit Schweinen, das genau diese Ergebnisse bestätigte.

In einem Stall befinden sich zwei Schweine, das eine stark, aber behäbig, das andere schwach, aber wendig. Auf einer Seite des Stalls befindet sich ein Hebel, der, wird er niedergedrückt, auf der anderen Stallseite fünf Futtereinheiten in einen Trog fallen lässt. Das Schwein, das den Hebel drückt, muss somit erst den Stall überqueren, um an das Futter zu gelangen; die Anstrengung, den Hebel zu drücken und auf die andere Seite zu laufen, hat den Verlust einer Futtereinheit zur Folge. Somit könnte sich die nachstehende Entscheidungsmatrix ergeben, wobei die Nutzenauszahlungen für das schwächere Schwein vor und die für das stärkere Schwein nach dem Schrägstrich stehen:

	Starkes Schwein	
Schwaches Schwein	**Drückt**	**Drückt nicht**
Drückt	**1/2**	**−1/5**
Drückt nicht	**3/1**	**0/0**

- Drücken beide Schweine den Hebel, so ist das schwache schneller am Futtertrog und kann zwei Futtereinheiten fressen, bevor es verdrängt wird. Da jeder eine Futtereinheit verliert, hat das schwache Schwein eine und das starke Schwein zwei Futtereinheiten gewonnen.
- Drücken beide nicht, so erhalten beide kein Futter.
- Drückt nur das schwache Schwein, so verliert es eine Futtereinheit wegen seiner Mühe und das starke Schwein frisst das ganze Futter.
- Drückt nur das starke Schwein, so kann das schwache Schwein schon mal drei Futtereinheiten fressen, bevor es verdrängt wird.

Wie würden sich die Schweine, bei der Entscheidung, ob sie drücken sollen oder nicht, verhalten? Spieltheoretisch ist die Sache klar: Das schwache Schwein hat eine dominante Strategie: Unabhängig davon, was das starke Schwein tut, ist es stets besser, nicht zu drücken. Somit ist das starke Schwein gezwungen, die Mühe des Hebeldrückens auf sich zu nehmen und sich mit einer Nettoeinheit Futter zufrieden zu geben; täte es das nicht, erhielte es gar kein Futter. Fazit: Der Stärkere erhält, wenn er sich vernünftig verhält, weniger als der Schwächere.

MacMillan verweist auf Experimente, die britische Verhaltensforscher zu genau diesem Problem mit realen Schweinen durchgeführt haben. In den meisten Fällen verhielten sich die

Schweine genau so, wie es die Spieltheorie vorgibt. Natürlich haben die Schweine keine entscheidungslogischen Überlegungen angestellt, dennoch liefert ihr Verhalten ein Ergebnis, das so ausschaut, als hätten sie es getan. Offenbar führt ein Verfahren, das sich wiederholt am Prinzip von Versuch und Irrtum (*trial and error*) orientiert, zum gleichen Ergebnis wie eine spieltheoretische Analyse; die vielfältigen Arbeiten auf der Nahtstelle von Ökonomie und Biologie, die Evolution (*Biologie*) und Wettbewerb (*Ökonomie*) zueinander in Beziehung setzen, stützen diese Annahme.

Das Schweineproblem weist keine Parallele zum Gefangenendilemma auf: Das dort typische Auseinanderfallen von individueller und kollektiver Rationalität gibt es hier nicht. Das erzielte Ergebnis (starkes Schwein drückt; schwaches Schwein drückt nicht) kann nicht durch isolierte Aktion des einen oder des anderen zu seinen Gunsten verändert werden. Somit stellt es zwar auch ein Nash-Gleichgewicht dar. Aber im Gegensatz zum Gefangenendilemma könnte man mit einer gemeinsamen Strategieänderung nicht zu einem für beide besseren (*pareto-superioren*) Ergebnis gelangen.

Der Grundsatz des „Survival of the fittest" gilt, aber er gilt auch nicht. Es hängt vom Problem ab.

50

Wo ist es am preisgünstigsten? Die zwei gegenüberliegenden Supermärkte

Auf der Hauptstraße befinden sich zwei Supermärkte, der A-Markt auf der rechten, der B-Markt auf der linken Seite. Beide liefern sich seit Jahren einen erbitterten Wettbewerb um die Gunst der Kunden. Herr Amann, der Geschäftsführer vom A-Markt, hat sich etwas Besonderes einfallen lassen und lädt die lokale Presse ein, den Event zu beobachten und darüber zu berichten. Vor den Augen der Kamera spricht Amann eine ahnungslose Kundin an, die mit ihrem vollen Einkaufswagen zu ihrem Auto gehen möchte, und begrüßt sie:

> *Darf ich mich vorstellen: Amann. Ich freue mich, dass Sie bei uns eingekauft haben, denn wir sind wirklich die Besten. Ich weiß, Sie werden denken, das könne schließlich jeder sagen. Ich werde es Ihnen aber beweisen. Lassen Sie bitte Ihren Einkaufswagen hier stehen, ich passe auf ihn auf, und gehen Sie rüber in den B-Markt. Kaufen Sie dort exakt dieselben Waren, die Sie bei uns gekauft haben. Selbstverständlich geht alles auf unsere Kosten.*

K. Schredelseker, *Alltagsentscheidungen*, DOI 10.1007/978-3-658-12401-4_50

Die verdutzte Kundin tut, was Amann sagte, schließlich findet sie es durchaus attraktiv, alle Waren doppelt zu erhalten, ohne dafür etwas bezahlen zu müssen. Als sie von ihrem Einkauf im B-Markt zurückkommt, fragt sie Herr Amann: „Nun, was haben Sie bezahlt?" Die Kundin zeigt den Einkaufsbeleg mit 43,35 €; in der Tat war dies deutlich teurer, denn im A-Markt kostete der gleiche Einkauf nur 41,12 €. Selbstbewusst sagt Amann, halb zur Kamera gerichtet, genau das habe er gewusst, der A-Markt sei doch der leistungsfähigere.
Frau Bemann, die Geschäftsführerin des B-Markts beobachtete das Ganze nicht gerade erfreut, überlegte kurz und ging dann, noch in Anwesenheit der Presse, zur Gegenattacke über. Auch sie sprach einen zufällig aus ihrem Geschäft kommenden Kunden an und machte ihm dasselbe Angebot. Auch er solle rüber zum A-Markt gehen, denselben Einkauf nochmals tätigen und sie werde die Rechnung übernehmen. Gesagt, getan. Als der Kunde von seinem Einkauf zurückkommt, präsentiert er eine Rechnung über 55,88 € für denselben Einkauf, für den er im B-Markt nur 51,67 € zahlen musste. Frau Bemann meinte triumphierend:

> *Sehen Sie. Es mag vielleicht ab und zu mal der eine oder andere Artikel beim A-Markt etwas günstiger sein, das klar bessere Angebot gibt es aber, wie man unschwer erkennen kann, bei mir.*

Wie beurteilen Sie die Auseinandersetzung?

Antwort

Damit, dass der Vorteil beim B-Markt deutlich größer war als der beim A-Markt, hat Frau Bemann wahrscheinlich einfach Glück gehabt. Das war ihr wohl auch klar, aber sie hat schnell erkannt, dass sie sich damit in eine vorteilhafte Position hat bringen können. Die Tatsache hingegen, dass sich in beiden Fällen der Markt, in dem der Kunde zuerst eingekauft hat, als der billigere erwiesen hat, war zu erwarten. Üblicherweise haben die Kunden eine klare Einkaufsliste mit den Dingen dabei (oder im Kopf), die sie gerade benötigen. Beim Gang entlang der Regale finden sie aber immer wieder verlockende Sonderangebote, die sie des vorteilhaften Preises wegen erwerben. Da es nicht dieselben Waren sind, die in den beiden Supermärkten gerade in Aktion sind, ist das beobachtete Preisgefüge die notwendige Folge: Natürlich ist im A-Markt die Summe aus Standardeinkauf und verbilligten Waren niedriger als im B-Markt mit den gleichen, aber nicht gerade verbilligten Waren. Umgekehrt gilt selbstverständlich dasselbe. Jeder ist billiger als der andere; es hängt schlicht nur vom Warenkorb ab.

51

Die Gutmenschen auf der Autobahn

Stellen Sie sich an oder fahren Sie vorbei?

Den Begriff des „Gutmenschen" mag ich eigentlich nicht; er ist mir zu negativ besetzt. Mir käme es grundsätzlich nicht in den Sinn, einem Menschen, der Gutes tut, der sich sozial engagiert oder der Empathie gegenüber Schwachen und Benachteiligten aufbringt, in irgendeiner anderen Weise als mit Achtung entgegenzutreten. Gleichwohl gehen auch mir manchmal die allzu anständigen Mitmenschen auf die Nerven. Die folgende Situation tritt nach meiner Erfahrung häufiger in Deutschland als in den Nachbarländern auf: Sie fahren zügig auf der Autobahn dahin, auf einmal kündigt ein Schild eine baustellenbedingte Verengung auf eine Fahrspur nach 2000 m an. Schon kurz darauf sehen Sie, dass sich auf der linken Seite eine Schlange gebildet hat, während die rechte Fahrspur frei ist. Sie überlegen: Soll ich mich auch in der linken Spur anstellen oder soll ich rechts vorfahren, wissend, dass mich immer jemand nach links wechseln lässt, bzw. dass ich mich immer hineindrücken kann, ohne dass mir das ernsthaft verwehrt wird; niemand nimmt einen Blechschaden in Kauf, um eine Autolänge weiter vorne zu sein.

K. Schredelseker, *Alltagsentscheidungen*, DOI 10.1007/978-3-658-12401-4_51

Wie würden Sie sich verhalten? Würden Sie sich eher der Schlange, die sich links gebildet hat, anschließen, oder würden Sie rechts vorfahren und somit wertvolle Zeit gewinnen?

Antwort

Die meisten werden sich bei der Schlange anstellen, denn sonst gäbe es das geschildete Problem nicht. Die Gründe für dieses Verhalten sind unterschiedlich:

- Manche tun es, weil sie es für geboten halten und glauben, man müsse sich bei einer Verengung so frühzeitig wie möglich auf eine Fahrzeugreihe einordnen; eine entsprechende Norm existiert allerdings nicht.
- Manche tun es, weil sich eine gewisse Übung herausgebildet hat, die mittlerweile dem gesunden Volksempfinden entspricht und respektiert und nicht besserwisserisch hinterfragt werden sollte; sich anzustellen ist einfach anständig, es nicht zu tun, ist unanständig.
- Manche tun es, obwohl sie es im Grunde nicht einsehen, aber weil sie nicht als asoziale Vorteilsnehmer dastehen wollen und die giftigen Blicke oder gar Beschimpfungen der sich als wohlanständig fühlenden Schlangenfahrer fürchten.

Wer hingegen rechts hinein fährt, um unmittelbar vor der Verengung nach dem „Reißverschlussprinzip" nach links zu wechseln,

- verhält sich juristisch absolut korrekt, denn die Straßenverkehrsordnung sieht ausschließlich das Reißverschlussverfahren vor, demzufolge abwechselnd von jeder Spur je ein Fahrzeug in die Engstelle einfährt,
- sorgt für eine bessere Ausnutzung des Straßenraums, da ansonsten die zweite Spur ungenützt bleiben würde,
- sorgt dafür, dass sich ein gesellschaftliches Optimum im Sinne eines *Nash*-Gleichgewichts bildet: nur, wenn beide

Schlangen gleich lang sind, kann sich niemand durch Strategiewechsel (Strategie *anständig* versus Strategie *gesetzeskonform*) einen Vorteil zu Lasten anderer verschaffen,
- ist schneller am Ziel,
- vermeidet sinnlose Missverständnisse, die dadurch entstehen können, dass jemand aus Unachtsamkeit oder Unkenntnis der praktizierten Regel an der Schlange vorbeifährt und sich dann beim Einlenken den Anfeindungen anderer ausgesetzt fühlt,
- veranlasst möglicherweise andere zu einer Straftat, indem sie sich herausgefordert fühlen, den ungeliebten Vor-Fahrer an der Einfahrt zu hindern (dies erfüllt strafrechtlich den Tatbestand einer Nötigung); würden allerdings alle sich an der jeweils kürzeren Spur anstellen, so würde es gar nicht erst zu einer Konfliktsituation kommen.

Handle nur nach derjenigen Maxime, durch die du zugleich wollen kannst, dass sie ein allgemeines Gesetz werde. So lautet der kategorische Imperativ, das von *Immanuel Kant* (1724–1804) formulierte Grundprinzip menschlicher Ethik. Die von den Gutmenschen erzwungene Schlangenbildung ist nicht eine Maxime dieser Art. Obwohl mir das alles klar ist, werde ich mich bei der nächsten derartigen Situation wahrscheinlich auch wieder brav an der Schlange der Gutmenschen anschließen, weil ich deren teils mild-mitleidigen, teils hasserfüllten Blicke nicht ertragen möchte. Ich tu es, aber es ärgert mich. Habe ich anfangs etwas Positives über Gutmenschen gesagt? Menschliches Zusammenleben ist etwas Kompliziertes.

52

Wer bekommt Kredit? Sind schlechte Schuldner schlechte Schuldner?

Eine Regionalbank weiß aus Erfahrung, dass es bei rund einem Prozent der von ihr vergebenen Privatkredite zu Zahlungsschwierigkeiten kommt. Die aufgrund dessen in den Zinssatz einzurechnenden Risikoprämien gefährden ihre Konkurrenzfähigkeit. Ein Berater schlägt der Geschäftsführung daher vor, bei der Vergabe von Krediten eine Kreditwürdigkeitsanalyse durchzuführen; er könne ein Verfahren empfehlen, das relativ einfach durchzuführen sei und bei faulen Kreditwerbern nur in 20 % der Fälle daneben liege; gute Kreditwerber würden hingegen sogar mit 90 % Wahrscheinlichkeit als solche erkannt. Die Geschäftsführung ist beeindruckt und zeigt sich interessiert, hat aber Bedenken, dass sie zu viele Kreditwerber mit einer Ablehnung vor den Kopf stoßen könnte. Daraufhin befragt, sagt der Berater, die Wahrscheinlichkeit, dass ein von der Kreditwürdigkeitsanalyse abgelehnter Bewerber tatsächlich faul sei, liege bei 7,5 %. Entsetzt wenden sich die Banker ab: Das heißt ja dann, dass von 40 abgelehnten Kreditwerbern tatsächlich nur drei zu Recht abgelehnt werden; bei den anderen 37 Ablehnungen haben wir es mit einer Fehleinschätzung

K. Schredelseker, *Alltagsentscheidungen*, DOI 10.1007/978-3-658-12401-4_52

zu tun, da wir einen solventen Kreditwerber abweisen. Eine solche Analyse wollen wir nicht.

Haben die kritischen Banker recht?

Antwort

Nein, haben sie nicht. Betrachten wir das Entscheidungsproblem pro und contra Kreditwürdigkeitsanalyse (KWA) etwas genauer. Nach den Angaben ergibt sich die nachstehende Übersicht:

Der Kunde ist ...	... laut KWA gut (%)	... laut KWA faul (%)	Gesamt (%)
... tatsächlich gut	90	10	99
... tatsächlich faul	20	80	1

Hätten wir 10.000 Kreditwerber, so würde sich das in absoluten Zahlen wie folgt darstellen:

Der Kunde ist ...	... laut KWA gut	... laut KWA faul	Gesamt
... tatsächlich gut	8910	990	9900
... tatsächlich faul	20	80	100
Gesamt	8930	1070	10.000

In der Tat beläuft sich die Wahrscheinlichkeit, dass ein aufgrund der KWA abgelehnter Kreditwerber tatsächlich auch ein fauler Kreditwerber ist, auf $80/1070 \approx 0{,}075$, d. h. auf 7,5 %. Die Aussage des Beraters, dass von 40 abgelehnten Kreditanträgen im Schnitt nur drei zu Recht und 37 zu Unrecht abgelehnt würden, ist somit korrekt. Das Problem, vor dem die Bank steht, ist aber ein anderes.

Da nur diejenigen Kreditanträge angenommen werden, bei denen die Kreditwürdigkeitsanalyse keine Gefährdungen sieht, liegt der Anteil der faulen Schuldner im Kreditportefeuille nunmehr bei $20/8930 \approx 0{,}00224$, d. h. bei 0,22 %. Das Kreditrisiko könnte somit mit der vorgeschlagenen Kreditwürdigkeitsanalyse um mehr als drei Viertel reduziert werden, da es ohne die Kreditwürdigkeitsanalyse 1 % betragen hätte. Dies erlaubt der Bank, deutlich geringere Risikoprämien bei der Kalkulation ihrer Kreditzinsen vorzusehen.

Die hinter diesen Überlegungen stehende Logik geht auf einen Ansatz von *Thomas Bayes* (1701–1761), einem englischen presbyterianischen Pfarrer, zurück. Dieser Ansatz verknüpft ein vorhandenes Vorwissen (A-priori-Wissen) mit dem Wissen über die Eintrittswahrscheinlichkeit bestimmter Signale (Likelihood-Funktion) zu einem neuen, zuverlässigeren Wissen (A-posteriori-Wissen), das dann in einem weiteren Schritt die Funktion eines neuen Apriori-Wissens annehmen kann. Dieser Prozess der Anpassung wird häufig auch als *Bayes'*sches Updating bezeichnet und gilt gemeinhin als Ausdruck eines rationalen Entscheidungsverhaltens.

53

Eine Lotterie aus dem alten St. Petersburg

Wieviel sind Sie zu zahlen bereit?

Jemand bietet Ihnen folgendes Spiel an: Eine Münze wird so lange geworfen, bis sie auf *Zahl* fällt; wenn das erste Mal *Zahl* beim n-ten Wurf kommt, erhalten Sie einen Gewinn in Höhe von 2^n €. Somit erhalten Sie

- $2^1 = 2$ €, wenn die Münze gleich beim ersten Wurf auf *Zahl* fällt,
- $2^2 = 4$ €, wenn die Münze beim zweiten Wurf erstmals auf *Zahl* fällt,
- $2^3 = 8$ €, wenn die Münze beim dritten Wurf erstmals auf *Zahl* fällt,
- $2^4 = 16$ €, wenn die Münze beim vierten Wurf erstmals auf *Zahl* fällt,
- $2^5 = 32$ €, wenn die Münze beim fünften Wurf erstmals auf *Zahl* fällt,
- etc.

Nach der Auszahlung eines Gewinns ist, unabhängig von der Höhe dieses Gewinns, das Spiel beendet. Sie werden also mit Sicherheit gewinnen; die Frage ist nur wieviel.

K. Schredelseker, *Alltagsentscheidungen*, DOI 10.1007/978-3-658-12401-4_53

Wie hoch ist der Einsatz, den Sie für dieses Spiel maximal zu zahlen bereit wären?

Antwort

Das Spiel wurde mit Studierenden der Universität Innsbruck mehrfach durchgeführt. Die durchschnittliche Zahlungsbereitschaft für das Spiel lag dabei zwischen 8,16 € und 15,57 €. Internationale Erfahrungen zeigen, dass die Schwelle von 20 € so gut wie nie überschritten wird.

Dieses Ergebnis muss erstaunen, denn es liegt meilenweit unter dem Erwartungswert des Spiels. Wird bei einem Spiel der Erwartungswert bezahlt, so wird das Spiel üblicherweise als „fair" bezeichnet, da alle Beteiligten die gleiche Gewinn- bzw. Verlustchancen haben. Bei einem einfachen Münzwurf (ein Euro bei *Zahl*, null Euro bei *Kopf*) wäre dies z. B. der Fall, wenn man einen halben Euro als Einsatz tätigte; wenn es um die Augenzahl eines Würfels ginge, würde ein Einsatz von 3,50 € zu einem „fair game" führen. Der Gewinnerwartungswert des hier diskutierten Spiels berechnet sich wie folgt:

- mit einer Wahrscheinlichkeit von 1/2 gewinnt man $2^1 = 2$ €,
- mit einer Wahrscheinlichkeit von 1/4 gewinnt man $2^2 = 4$ €,
- mit einer Wahrscheinlichkeit von 1/8 gewinnt man $2^3 = 8$ €,
- mit einer Wahrscheinlichkeit von 1/16 gewinnt man $2^4 = 16$ €,
- mit einer Wahrscheinlichkeit von 1/32 gewinnt man $2^5 = 32$ €,
- etc.

Da dies ad infinitum weitergeht, ergibt sich bei diesem Spiel auch ein unendlich hoher Gewinnerwartungswert:

$$\begin{array}{lllllll} 2/2 & +4/4 & +8/8 & +16/16 & +32/32 & +64/64 & \ldots \\ 1 & +1 & +1 & +1 & +1 & +1 & \ldots = \infty. \end{array}$$

Die Problemstellung ist als St. Petersburger Paradox bekannt und geht auf eine Arbeit des Schweizer Mathematikers *Daniel Bernoulli* (1700–1782) zurück. Üblicherweise wurde die Gewinnerwartung als Referenz zur Beurteilung eines Glücksspiels herangezogen. War der Wetteinsatz nur unwesentlich höher als die Gewinnerwartung, so galt das Spiel für einen Spieler als interessant; natürlich sorgt die Tatsache, dass der Veranstalter Kosten abzudecken hat und auch einen Gewinn erzielen will, regelmäßig dafür, dass der Einsatz höher sein muss als der Erwartungswert der Gewinne. Ein Spieler akzeptiert, dass er im Durchschnitt eher verliert als gewinnt, er möchte nur eine faire Chance haben. Und er hofft.

Allerdings ist das Lieblingsspiel der Deutschen, das Zahlenlotto 6 aus 49, weit von dem Anspruch „unwesentlich über" entfernt, da die die Gewinnauszahlungen nur 50 % des Loswertes ausmachen und zusätzlich eine Bearbeitungsgebühr erhoben wird, die sich, je nach gewähltem Spieltyp, unterschiedlich stark auf die Quote auswirkt. Auf jeden Fall ist beim Lotto für die Teilnehme deutlich mehr als das Doppelte der Gewinnerwartung zu zahlen. Frappant sind diese Zahlen, wenn man sie mit dem gemeinhin als „elitär" angesehenen Roulette, wie es in den Spielbanken praktiziert wird, vergleicht. Hier beträgt die übliche Gewinnerwartung 97,3 % des Einsatzes (bei manchen Casinos sogar noch weniger, wenn die Partage-Regel Anwendung findet). Anders ausgedrückt: Beim Roulette leistet man pro Spiel einen Einsatz, der um 2,8 %

höher (u. U. sogar nur 1,4 %) höher liegt als die Gewinnerwartung. Beim Lotto ist der zu leistende Einsatz mehr als 100 % höher als die Gewinnerwartung.

Angesichts einer unendlich hohen Gewinnerwartung beim St. Petersburger Spiel müssten die Spieler bereit sein, einen Großteil ihres gesamten Vermögens als Einsatz zu leisten. Stattdessen ist fast niemand bereit, mehr als 20 € für das Spiel zu bezahlen. *Bernoullis* Begründung für dieses Phänomen hat bereits 1738 etwas vorweggenommen, was der deutsche Ökonom *Hermann H. Gossen* (1810–1858) etwa 120 Jahre später als das Gesetz vom abnehmenden Grenznutzen formulierte: Das, was den Spieler interessiert, ist nicht die absolute Höhe der ihm zufließenden Gewinnzahlung, sondern der Nutzen, den diese ihm liefert. Dieser Nutzen ist interpersonell unterschiedlich und folgt zudem nicht linear dem Betrag, um den es geht:

- ein Gewinn von 10.000 € freut einen armen Menschen wesentlich mehr als einen Multimillionär,
- ein Gewinn von 30.000 € löst nicht dreimal so viel Freude aus wie ein Gewinn von 10.000 €; die Freude ist größer, aber nicht dreimal so hoch.

Mit Geld ist es so wie mit anderen Gütern auch: Je mehr man davon hat, umso weniger wird eine zusätzliche Einheit geschätzt. Vor diesem Hintergrund werden die enormen Gewinnmöglichkeiten, die der Teilnehmer am St. Petersburger Spiel gewinnen könnte (käme *Zahl* erstmals im 30. Wurf, so wäre es schon mehr als eine Milliarde), in ihrer subjektiven Wertschätzung deutlich abgewertet und führen nicht mehr zu einer erhöhten Zahlungsbereitschaft. Dieses Konzept des sog. Nutzenerwartungswertes (expected utility) gehört heute weltweit zum Standardrepertoire des akademischen Unterrichts an den Business Schools.

Die Zurückhaltung bei der Zahlungsbereitschaft kann man auch mit einer anderen Überlegung begründen. In der Originalversion des St. Petersburger Spiels wurde von einer unbegrenzten Zahlungsfähigkeit des Veranstalters ausgegangen, einer Annahme, die natürlich nicht haltbar ist. Unterstellt man, der Veranstalter würde die Auszahlungssumme auf 100 Mio €. begrenzen, so dürfte das Spiel maximal über 26 Münzwürfe laufen. Der Gewinnerwartungswert beliefe sich somit auf etwa 27 € und die Wahrscheinlichkeit, dass der Gewinn größer als 32 € ist, läge bei nur etwa 3 %! Die niedrigen Gebote für das Spiel sind also nicht Ausdruck einer krankhaften Risikoscheu, sondern durchaus rational erklärbar.

54

Wer wird Bürgermeister?

Die Fragwürdigkeit strategischen Entscheidens

Der Wahlkampf ist vorüber. Die sieben Sitze im Gemeinderat sind durchwegs an verschiedene Bürgerlisten gegangen und die Vertreter der tradierten Parteien beklagen die erlittene Schlappe. Nach der Gemeindesatzung geht es nun darum, im Kooptationsverfahren einen neuen Bürgermeister zu wählen: Jedes Gemeinderatsmitglied erhält eine Liste aller sieben Ratsmitglieder und soll die Zahlen 1 bis 7 so verteilen, dass der nach seiner Ansicht am besten geeignete Kandidat mit sieben und der am wenigsten geeignete mit nur einer Stimme bedacht wird. Derjenige soll Bürgermeister sein, der die meisten Stimmen auf sich vereinigen kann; bei Stimmengleichheit entscheidet das Lebensalter und der Jüngere wird Bürgermeister.

Während des intensiven Wahlkampfs hat sich allerdings schon ziemlich gut herauskristallisiert, wer politisches Talent hat und wer nicht. Abgesehen davon, dass jeder sich selbst für den Besten hält, stellen sich die Einschätzungen wie folgt dar:

K. Schredelseker, *Alltagsentscheidungen*, DOI 10.1007/978-3-658-12401-4_54

	A	B	C	D	E	F	G
A	7	6	6	5	5	5	6
B	6	7	5	3	6	6	5
C	5	4	7	6	4	4	3
D	4	5	2	7	3	3	4
E	3	1	1	4	7	2	2
F	2	3	3	2	1	7	1
G	1	2	4	1	2	1	7

Bewerter in den Spalten; Bewertete in den Zeilen: Z. B. bewertet Gemeinderat C seinen Kollegen B mit einer 5, d. h. er hält ihn für den am drittbesten geeigneten Kandidaten für das hohe Amt des Bürgermeisters.

Wer wird neuer Bürgermeister?

Antwort

Wenn alle Ratsmitglieder nach ihrer persönlichen Einschätzung votieren, ist die Sache klar: Kandidat A vereinigt 40 Stimmen auf sich und wird zum Bürgermeister ernannt. Alle Beteiligten sind einverstanden; zwar wären sie es selbst gerne geworden, aber niemand traut es A nicht zu, dass er seine Aufgabe wird bewältigen können:

	A	B	C	D	E	F	G	Summe
A	7	6	6	5	5	5	6	**40!**
B	6	7	5	3	6	6	5	**38**
C	5	4	7	6	4	4	3	**33**
D	4	5	2	7	3	3	4	**28**
E	3	1	1	4	7	2	2	**20**
F	2	3	3	2	1	7	1	**19**
G	1	2	4	1	2	1	7	**18**

Versetzen wir uns aber einmal in die Rolle von B, der durchaus auch von den meisten gut eingeschätzt wird und der natürlich selbst gerne das Bürgermeisteramt bekleiden würde. Er wird sich bei der Abstimmung „strategisch" entscheiden, d. h. nicht nach seinen wahren Präferenzen, sondern so, dass es seinen Interessen am ehesten förderlich ist. Dazu muss er sich A, seinen schärfsten Konkurrenten, vom Hals halten, indem er ihm nur einen Punkt gibt. Auch C und D könnten ihm gefährlich werden und werden mit geringen Punkten bedacht, während die eher schwach eingeschätzten Kandidaten E, F und G ihn nicht gefährden, selbst wenn er ihnen viele Punkte zukommen lässt. Damit ergibt sich die nachstehende Punkteverteilung:

	A	B	C	D	E	F	G	Summe
A	7	1	6	5	5	5	6	**35**
B	6	7	5	3	6	6	5	**38!**
C	5	2	7	6	4	4	3	**31**
D	4	3	2	7	3	3	4	**26**
E	3	4	1	4	7	2	2	**23**
F	2	5	3	2	1	7	1	**21**
G	1	6	4	1	2	1	7	**22**

Aus der Sicht von B hat es sich eindeutig gelohnt, strategisch abzustimmen, denn nun kann er mit drei Punkten Vorsprung vor A auf dem Sessel des Bürgermeisters Platz nehmen. Selbstverständlich haben die anderen gleichermaßen einen Anreiz, strategisch zu votieren; es ist ja schließlich nichts ehrenrühriges, bei Entscheidungen an das eigene Wohl zu denken. Jeder versucht, die Punkteverteilung so vorzunehmen, dass die stärksten Konkurrenten möglichst wenig Punkte erhalten; den schwachen Kandidaten, die keine ernste Gefahr darstellen, kann man ruhig die höheren Punktwerte zukommen lassen. Das Ergebnis eines allseits strategischen Wahlverhaltens ist allerdings verheerend:

	A	B	C	D	E	F	G	Summe
A	7	1	1	1	1	1	1	**13**
B	1	7	2	2	2	2	2	**18**
C	2	2	7	3	3	3	3	**23**
D	3	3	3	7	4	4	4	**28**
E	4	4	4	4	7	5	5	**33**
F	5	5	5	5	5	7	6	**38**
G	6	6	6	6	6	6	7	**43!**

Alle schauen sich verdutzt an. Mit beeindruckendem Vorsprung ist G, nach allgemeiner Einschätzung der größte Trottel, gewählt worden. Jeder der Beteiligten hat seine eigenen Interessen wahrend rational entschieden; gleichwohl ist auf der Gruppenebene ein eindeutig irrationales Ergebnis entstanden.

Kooptationen dieser oder ähnlicher Art sind sehr verbreitet: Vereinsvorstand, Ausschussvorsitzender, Mannschaftsführer im Sport, Dekan einer Fakultät, Papst, Parteiobmann etc. Stets lassen sich die stimmberechtigten Mitglieder bei ihrem Votum auch von strategischen Überlegungen leiten. Das muss zwar nicht, aber es kann zu solch abstrusen Ergebnissen führen wie im obigen Beispiel.

Sehen Sie sich einmal um im Betrieb, in der Politik, im Sportclub, im Kulturverein. Haben Sie wirklich den Eindruck, dass es immer die besten sind, die an der Spitze stehen? Wenn Sie Zweifel haben, denken Sie daran: Diejenigen, denen die Amtsträger ihre Wahl zu verdanken haben, waren nicht dumm! Sie haben nur strategisch entschieden.

55

Reich oder arm?

Ein eigenartiges Wertpapier

Nehmen wir an, es gäbe ein Wertpapier, das in jedem Monat mit gleicher Wahrscheinlichkeit entweder um 90 % steigt oder um 60 % fällt. Sie investieren in dieses Wertpapier 10.000 € und halten es für genau fünf Jahre.

Teilnehmer der Vorlesung Entscheidungstheorie an der Universität Innsbruck erhielten diese Frage und mussten sich für eine der folgenden drei Aussagen entscheiden (unter „wahrscheinlich“ ist eine Wahrscheinlichkeit von mehr als 50 % zu verstehen):

1. Nach fünf Jahren bin ich wahrscheinlich reich (d. h., ich habe mehr als 1 Mio €).
2. Nach fünf Jahren bin ich wahrscheinlich arm (d. h., ich habe weniger als 100 €).
3. Weder das eine, noch das andere ist richtig.

Für welche Antwortkategorie hätten Sie sich entschieden?

K. Schredelseker, *Alltagsentscheidungen*, DOI 10.1007/978-3-658-12401-4_55

Antwort

Die Studenten waren sich jedenfalls einigermaßen uneinig:

1. 22,8 % meinten, man sei nach fünf Jahren reich (d. h., man habe mehr als 1.000.000 €),
2. 19,3 % meinten, man sei nach fünf Jahren arm (d. h., man habe weniger als 100 €),
3. 57,9 % hielten gleichermaßen beide Aussagen für falsch, rechneten also mit einem Ergebnis irgendwo zwischen den beiden genannten Extremwerten.

Die unterschiedlichen Antworten resultieren aus unterschiedlichen Methoden, an das Problem heranzugehen; die beiden ersten klingen trotz der völlig unterschiedlichen Ergebnisse zunächst einmal logisch:

1. Wenn das Papier monatlich entweder mit 90 % steigt oder mit 60 % fällt, dann entspricht das einer durchschnittlichen monatlichen Veränderung von (90 % – 60 %) / 2 = 15 %. Somit müsste nach 60 Monaten das Ausgangsvermögen auf $10.000\,€ \cdot 1{,}15^{60} = 43.839.987{,}50\,€$ in der Erwartung angewachsen sein. Wer von dieser Überlegung ausgeht, wird sich für Alternative (1) entscheiden, denn, wer mehr als vierzig Millionen Euro besitzt, ist wirklich reich. Und selbst, wenn man Pech haben sollte und der Durchschnittszinssatz nicht 15 %, sondern nur 8 % betragen hätte, weil die Aktie deutlich häufiger gefallen wäre als gestiegen, hätte man mehr als eine Million.
2. Wenn das Papier in einem Monat um 90 % steigt und in einem anderen um 60 % fällt, so wird es in einem Zwei-Monats-Zeitraum durchschnittlich um 24 % fallen, da $(1 + 0{,}9) \cdot (1 - 0{,}6) = 0{,}76$. Bei dreißig Zweimonats-

zeiträumen ergibt sich somit als zu erwartendes Endvermögen 10.000 € · $0{,}76^{30}$ = 2,66 €. Somit wäre die Antwort (2) die Richtige. Mit einem Endvermögen von mehr als einer Million könnte man nur dann rechnen, wenn die Aktie in mindestens 39 Monaten gestiegen (und damit nur in 21 Monaten gefallen) wäre; die Wahrscheinlichkeit dafür liegt deutlich unter einem Prozent und kann somit vernachlässigt werden.

3. Keine Logik ist hinter Antwort (3) zu erkennen. Ich erkläre mir die Tatsache, dass dennoch die meisten Befragten diese Alternative gewählt haben damit, dass sie rein intuitiv die unter (1) und (2) vorgeschlagen Ergebnisse als Extrema abgelehnt und sich der Mühe entschlagen haben, selbst nachzurechnen.

Was aber gilt, wenn für beide Antworten, für (1) und für (2), gute Argumente ins Feld geführt werden können? Finanzmathematisch geht es um den Unterschied zwischen geometrischer und arithmetischer Rechnung, ein Problem, das auch dem zuvor behandelten Umtauschparadoxon (z. T. auch dem St. Petersburger Paradox) in Kap. 3 und 53 zugrunde liegt.

Die unter (1) angestellte Berechnung des Erwartungswerts ist mathematisch völlig korrekt, wird aber erst dann verständlich, wenn man sich einmal die Extrema vor Augen führt: Wer bei dem obigen Spiel 10.000 € einsetzt, kann nicht mehr als 10.000 € verlieren; er hat längst alles verloren, wenn die Aktie nur 20 mal steigt und 40 mal fällt. Andererseits kann er astronomische Beträge gewinnen, wenn es anders herum geht: Sollte die Aktie 40 mal steigen und nur 20 mal fallen, so belief sich sein Gewinn bereits auf mehr als 15 Millionen. Im Extremfall (mit einer extrem geringen Wahrscheinlichkeit) könnte er über 500 Quadrillionen gewinnen, einen Betrag, der weit höher ist als das gesamte Geldvermögen auf der Erde. Die Verteilung der möglichen Endvermögensstände ist extrem schief und daher ist der mathematische Erwartungswert, obschon korrekt berechnet, für praktische Überlegungen im Grunde untauglich.

Der Antwort (2) liegt die geometrische Berechnungsmethode zugrunde. Wenn ein Vermögen ebenso häufig verdoppelt wie halbiert wird, bleibt es durchschnittlich in seinem Bestand unverändert. Bei der hier gegebenen Fragestellung ist das nicht der Fall, denn wenn die Aktie steigt, so steigt sie auf weniger als das Doppelte und wenn sie fällt, fällt sie um mehr als die Hälfte; damit ist der Gesamteffekt im Durchschnitt natürlich negativ. Ein positives Ergebnis (Endvermögen höher als 10.000 €) wird erst erreicht, wenn die Aktie 36 mal steigt und nur 24 mal fällt; die Wahrscheinlichkeit dafür, dass dies eintritt, ist geringer als 5 %! Im wahrscheinlichsten Fall, dann, wenn die Aktie 30 mal steigt und 30 mal fällt, beläuft sich das Endvermögen, wie oben bereits berechnet, auf karge 2,66 €!

Aus finanzwirtschaftlicher Sicht ist eindeutig der Alternative (2) der Vorzug zu geben. Ein Kapitalanleger, der seiner Bank 100.000 € anvertraut und nach zwei Jahren nur noch 90.000 € auf dem Konto hat, wird sich kaum damit zufrieden geben, dass der Berater ihm stolz verkündet, es sei ihm gelungen, pro Jahr im Durchschnitt eine Rendite von 5 % zu erzielen (im ersten Jahr seien die Aktien um 50 % gestiegen, im zweiten Jahr leider wieder um 40 % gefallen). Faktum ist, dass der Depotwert des Kunden im ersten Jahr von 100.000 € auf 150.000 € (= +50 %) gestiegen und im zweiten Jahr dann von 150.000 € auf 90.000 € (= −40 %) gefallen ist. Insgesamt hat der Kunde somit einen Verlust in Höhe von 10 %, d. h. von fast 5 % p. a. hinnehmen müssen.

Das wechselnde Spiel mit der arithmetischen und der geometrischen Berechnungsmethode ist ein beliebter Trick, dessen sich zwielichtige Vermögensberater gerne bedienen, um ihre Kundschaft von der Überlegenheit der von ihnen vertretenen Finanzprodukte zu überzeugen. Alles sehr solide und mathematisch nachvollziehbar ... Allerdings nur für den, der die Zusammenhänge nicht kennt.

56

Wer erhält die neue Arbeitsstelle? Ein ziegenähnliches Paradoxon

Lena, Mira und Nora haben sich um eine interessante Stelle beworben und sie wissen, dass die Entscheidung am Mittag im Personalrat gefallen ist. Lena kennt Peter, ein langjähriges Mitglied des Personalrats, und fragt ihn kurz vor Feierabend, ob sie die Stelle bekommen habe. Peter ist zur Verschwiegenheit verpflichtet und darf Lena natürlich nicht sagen, ob sie die Stelle bekommt oder nicht. Da er sie mag, ringt er sich aber zu der Aussage durch, Mira habe die begehrte Position nicht bekommen.

Da alle drei in etwa gleich qualifiziert sind, rechnete sich anfangs jede eine Drittelchance dafür aus, die Stelle zu erhalten. Hat sich für Lena jetzt an dieser Einschätzung etwas geändert?

K. Schredelseker, *Alltagsentscheidungen*, DOI 10.1007/978-3-658-12401-4_56

Antwort

Für die Innsbrucker Studierenden war überwiegend klar, dass Lena jetzt zuversichtlicher sein könne als vor dem Gespräch mit Peter: Während nur 2 % der Ansicht waren, Lenas Chancen hätten sich aufgrund der Aussage von Peter verschlechtert und 12 % meinten, sie seien gleich geblieben, haben sich 86 % dafür ausgesprochen, dass Lenas Chancen nunmehr höher seien. Ihre Überlegung: Wenn die drei Damen vorher gleiche Chancen hatten und eine von ihnen aus dem Rennen ist, haben die beiden verbleibenden jetzt die gleichen Chancen. Lena könne also mit einer Wahrscheinlichkeit von 50 % damit rechnen, die Stelle zu erhalten; zuvor waren es nur 33,3 %.

So einleuchtend das klingt, es ist falsch. Lena hatte zunächst eine Drittelchance auf die neue Stelle. Mira und Nora zusammen hatten eine Zweidrittelchance. Peter muss, um nicht das Ergebnis vollständig zu offenbaren, diejenige von den beiden nennen, die die Stelle nicht erhalten wird:

- Bekommt Mira die Stelle, sagt Peter, Nora bekomme sie nicht.
- Bekommt Nora die Stelle, sagt Peter, Mira bekomme sie nicht.
- Bekommt Lena die Stelle, sagt Peter entweder, Nora bekomme sie nicht, oder Mira bekomme sie nicht (gleiche Wahrscheinlichkeit).

Die Aussage von Peter erfolgt völlig unabhängig davon, ob Lena die Glückliche ist oder nicht: In beiden Fällen wird er mit einer Wahrscheinlichkeit von 50 % jeweils Mira oder Nora nennen. Seine Aussage hat somit für Lena keinen Informationswert und ändert damit auch nicht ihre Wahrscheinlichkeit, die Stelle zu bekommen. Allerdings ist die Wahrscheinlich für Nora nunmehr auf 2/3 angewachsen, da die für Mira von 1/3 auf null gesunken ist.

Im Grunde handelt es sich bei diesem Problem um eine Variante des Ziegenproblems Kap. 11, wo sich auch die Wahrscheinlichkeit für den Kandidaten, den Ferrari gewählt zu haben, nicht ändert (sie bleibt bei einem Drittel), wohl aber seine Gewinnwahrscheinlichkeit sich verdoppelt, wenn er auf die andere, die nicht geöffnete Tür wechselt.

Das intuitiv nicht einfach nachzuvollziehende Problem erschließt sich vielleicht einfacher, wenn man davon ausgeht, es hätten sich nicht nur Lena, Mira und Nora um die Stelle beworben, sondern 25 gleich befähigte junge Damen. Lena weiß, dass ihre Chance die Stelle zu bekommen 4 % beträgt; die Wahrscheinlichkeit, dass es eine der Mitbewerberinnen ist, liegt bei 96 %. Wenn Peter, der ja weiß, wer die Glückliche ist, aber sein Wissen nicht offenbaren darf, ihr nun ein paar Bewerberinnen nennt, die die Stelle nicht bekommen, ändert sich an diesen Wahrscheinlichkeiten nichts: Lenas Wahrscheinlichkeit bleibt bei 4 % und die 96 % für „die anderen" verteilen sich auf weniger Köpfe! Hat Peter ihr 16 Mitbewerberinnen genannt, die die Stelle nicht bekommen werden, so hat Lena nach wie vor eine Wahrscheinlichkeit von 4 %, wohingegen jede der nicht genannten acht Damen damit rechnen kann, mit 12 % Wahrscheinlichkeit den ausgeschriebenen Posten zu bekommen.

57

Was geschieht nach der Entscheidung? Kognitive Dissonanzen

Sie haben sich einen wirklich schönen Alfa Romeo gekauft, nach dem sich die Leute auf der Straße herumdrehen. Ihre Entscheidung für das Auto war anfangs eher spontan: Ihr Entschluss stand jedoch endgültig fest, als Sie beobachteten, wie ein gepflegter sportlicher Herr seinen schwarzblauen Alfa auf dem Parkplatz eines noblen Restaurants parkte, seiner hinreißenden Partnerin die Tür öffnete, ihr den Arm bot und beide vergnügt in das Lokal verschwanden. Das Bild, ein elegantes Paar und ein schönes Auto, hat sich fest in Ihrem Bewusstsein eingegraben. Zwei Wochen später konnten Sie den rassigen Italiener bei Ihrem Händler in Empfang nehmen.

Nach ein paar Wochen sehen Sie im Regal Ihres Zeitungshändlers verschiedene bunte Autozeitschriften mit Tests und Analysen, darunter auch eine, die Ihrem Alfa einen Artikel widmete. Spontan nehmen Sie das Heft mit.

Warum eigentlich? Informationen über das Auto hätten Sie damals benötigt, als es darum ging, eine Entscheidung zu treffen. Jetzt haben sie eigentlich keinen Sinn mehr, denn das Auto ist gekauft. Die Information ist eigentlich nicht mehr entscheidungsrelevant.

K. Schredelseker, *Alltagsentscheidungen*, DOI 10.1007/978-3-658-12401-4_57

Antwort

Sie ist nicht mehr entscheidungsrelevant, gleichwohl ist ein derartiges Verhalten immer wieder zu beobachten und wird in der Sozialpsychologie als „Reduktion von kognitiver Dissonanz“ bezeichnet. Kognitive Dissonanzen ergeben sich, wenn Kognitionen eines Menschen (Wahrnehmungen, Überzeugungen, Denkmuster, Imaginationen etc.) zueinander in Konflikt treten.

Als Sie sich das Auto gekauft haben, gab es natürlich eine ganze Zahl interessanter Alternativen und es gab natürlich auch verschiedene Kriterien, von denen Sie Ihre Kaufentscheidung abhängig machten: Preis, Kraftstoffverbrauch, Design, Raumangebot u. a. Sie freuen sich an Ihrem Auto, aber der Konflikt ist noch nicht ausgestanden: War meine Entscheidung wirklich vernünftig? War der Entschluss hinreichend ausgereift? Habe ich mich einfach nur vom Design blenden lassen? Verschiedene Motivatoren stehen offenbar in Konflikt zueinander.

Da kognitive Dissonanzen als unangenehmer Spannungszustand empfunden werden, wird versucht, sie zu vermindern. Ein probates Mittel dazu ist die bewusst selektive Beschaffung von Informationen, die die getroffene Entscheidung im Nachhinein legitimieren: Das Heft wird gekauft, weil der Käufer sich bestärkt sehen, weil er seine Zweifel ausgeräumt sehen will. Die Tatsache, dass Herausgebern von Automobilzeitschriften diese Motive bekannt sind, ist sicher auch ein Grund dafür, dass Tests und Berichte meistens einen positiven Grundton haben. Auch auf Plakatwände, die für das erworbene Produkt werben, geht der Blick viel eher als auf die der Konkurrenz. Schließlich dient die von Marketingstrategen entwickelte Nachkaufwerbung letztlich nur dem Zweck, den

Kunden beim Abbau kognitiver Dissonanzen (Kaufreue) zu unterstützen, um seine Markentreue zu festigen.

Der Entscheidungsprozess ist eben noch lange nicht beendet, wenn die Entscheidung getroffen ist.

58

Der optimale Weg durch den Park

Die Macht des Faktischen

Jeder Stadtplaner kennt das: Da haben wir einen neuen Park geschaffen, mit Wegen, die von überall nach überall führen, dazwischen mit saftig grünen Rasenflächen und Blumenbeeten. Es gibt auch Bänke zum Verweilen, ein Teich mit Enten, kurzum eine Oase der Ruhe inmitten der Stadt. Und was passiert? Schon nach einem Jahr haben sich Trampelpfade entwickelt, quer durch Wiesen und Blumenbeete. Durch die starke Belastung wächst hier nichts mehr. Anfangs kam es nur vereinzelt vor, dass jemand über den Rasen lief. Mehr und mehr machten es alle so und auf den regulären Wegen wuchs das Unkraut, da sie niemand mehr benutzte.

Wie hätte man das vermeiden können?

K. Schredelseker, *Alltagsentscheidungen*, DOI 10.1007/978-3-658-12401-4_58

Antwort

Die Lösungsidee findet sich in einem Buch des Innsbrucker Rechtsanwalts *Ivo Greiter* (*1940) und ist entwaffnend einfach: Man hätte anfangs gar keine Wege anlegen, sondern überall Rasen einsäen sollen. Nach einem Jahr hätten sich sichtbar die Wege gebildet, die die Menschen haben wollen: Manche Wege viel, andere weniger begangen, aber alle so, dass sie die Punkte miteinander verbinden, die nach Ansicht der Nutzer miteinander verbunden sein sollten. In einem berühmten Aufsatz schrieb *Friedrich A. Hayek* (1899–1992) bereits 1945, dass sich dann, wenn wir alle Informationen besäßen und wenn wir die Präferenzen aller Beteiligten kennen würden, die meisten Probleme auf bloße Logik reduzieren ließen: Man sollte dann einfach die optimale Lösung wählen. Die meisten gesellschaftlichen Probleme seien aber anders. Es könne kein verlässliches Wissen in aggregierter Form über die Vorstellung und Wünsche einer Vielzahl von Menschen geben; wenn überhaupt, so hätten wir allenfalls Wissen über einzelne Individuen und dieses sei im interpersonellen Vergleich notwendigerweise widersprüchlich. Lasse man diese Individuen jedoch frei gemäß ihren ureigenen Zielen und Präferenzen entscheiden, so bilde sich ganz urwüchsig eine Lösung heraus, die der des noch so umsichtigen und bemühten Planers deutlich überlegen sei. Im Wirtschaftsleben nennt man ein derartiges Entdeckungsverfahren „Markt". Nichts Anderes hatte *Ivo Greiter* mit seinem Stadtparkproblem im Sinn.

59

Soll man eine eigene Meinung haben?

Die Bindungswirkung des Vor-Urteils

Sie sollen eine möglichst gute Schätzung einer unsicheren Größe (z. B. Transportkapazität der deutschen Binnenschifffahrt) abgeben. Sollten Sie zunächst einmal selbst eine Schätzung vornehmen und sich dann ein wenig herumhören, um zu erfahren, was andere denken, bevor Sie Ihre endgültige Schätzung abgeben? Oder sollten Sie gleich mit dem Herumhören beginnen?

K. Schredelseker, *Alltagsentscheidungen*, DOI 10.1007/978-3-658-12401-4_59

Antwort

Natürlich gibt es hier keine Patentlösung, die für jedes Problem und für jede Person Gültigkeit beanspruchen könnte. In einer internationalen Zeitschrift für Entscheidungsverhalten haben die beiden Israelis *Ilan Yaniv* und *Shoham Choshen-Hillel* im Jahr 2012 eine interessante Studie vorgelegt, die etwas Licht auf die gestellte Frage werfen soll. Sie führten an der Hebräischen Universität in Jerusalem ein Experiment durch, bei dem die Probanden eine unbestimmte Zahl (hier den Kaloriengehalt bestimmter Lebensmittel wie Ofenkartoffeln, gekochter Reis, Naturjoghurt) schätzen sollten. Eine Hälfte der Probanden nahm unbeeinflusst von Dritten zunächst einmal eine eigene Schätzung vor (Schätzgruppe), die andere Hälfte tat dies nicht (Blindgruppe). Sodann erhielten alle Probanden Informationen über übliche Einschätzungen, die von anderen, durchaus zuverlässigen Personen vorgenommen wurden. In mehrfachen Experimenten konnte gezeigt werden, dass diejenigen, die vorher keine Schätzung abgegeben haben (Blindgruppe), durchwegs bessere Einschätzungen aufwiesen als die aus der Schätzgruppe. Offenbar hat die Blindgruppe das, was sie über die Schätzungen Dritter erfahren hat, unbeeinflusst in ihre eigene Schätzung einfließen lassen, während sich die Schätzgruppe viel zu sehr an ihrer a priori Einschätzung festhielt.

In Gegensatz zu diesem objektiven Befund stand das subjektive Zutrauen zu der vorgenommenen Schätzung: Die Probanden aus der Blindgruppe waren durchwegs von der Qualität ihrer Schätzungen weniger überzeugt als diejenigen aus der Schätzgruppe. Die Autoren führen diese Ergebnisse darauf zurück, dass Menschen einem egocentric bias unterliegen, der sie dazu veranlasst, an dem einmal Gedachten festzuhalten. Das unbeeinflusste Sich-Hineindenken in das Denken anderer bewahrt uns offenbar vor selbst auferlegten mentalen Scheuklappen und befähigt uns somit zu besseren Entscheidungen. Die vorher gefasste eigene Meinung kann daher einer objektiven Meinungsbildung im Wege stehen.

60

Wie groß ist die Stadt, in der Max lebt?

Das Benford'sche-Gesetz

Sie lernen im Urlaub Max kennen und fragen ihn, wie groß der Ort ist, in dem er lebt. Max kennt zufällig die Ergebnisse der letzten Volkszählung und gibt Ihnen eine präzise Antwort. Nehmen Sie an, x sei die erste Ziffer der von ihm genannten Zahl (natürlich ist x niemals Null). Welche der folgenden Aussagen halten Sie für zutreffend?

- Ist x eher gerade oder ungerade?
- Ist x drei oder kleiner oder ist x eher größer als drei?
- Ist x = 4 gleich wahrscheinlich wie x = 6?
- x ist mit gleicher Wahrscheinlichkeit eine Ziffer im Bereich von 1 und 9.

K. Schredelseker, *Alltagsentscheidungen*, DOI 10.1007/978-3-658-12401-4_60

Antwort

Als es noch keine Taschenrechner gab, bediente man sich zur Berechnung von Produkten, Quotienten, Wurzeln etc. üblicherweise der Logarithmentafeln. Mit Logarithmen lassen sich aufwändige Rechenoperationen auf die nächst einfachere Operation zurückführen, die Multiplikation auf eine Addition [da $\log(a \cdot b) = \log(a) + \log(b)$], die Potenzierung auf eine Multiplikation [da $\log(a^b) = b \cdot \log(a)$] etc. Öffentliche Bibliotheken hielten leistungsfähige Logarithmentafeln bereit, die sich eines regen Zuspruchs erfreuten. Ende des 19. Jahrhunderts stellte der Astronom *Simon Newcomb* (1835–1909) verwundert fest, dass in den Tafeln diejenigen Seiten, auf denen Zahlen standen, die mit der Ziffer *eins* begannen, wesentlich abgegriffener waren als Seiten, deren Zahlen höhere Anfangsziffern aufwiesen. Offenbar nahm das Interesse an Zahlen mit der Höhe der Anfangsziffer ab. *Newcombs* Veröffentlichung aus dem Jahr 1881 blieb lange weitestgehend unbeachtet, bis in den dreißiger Jahren des letzten Jahrhunderts der Physiker *Frank Benford* (1883–1948) den Zusammenhang neuerlich entdeckte. Seitdem ist er als *Benford's Law* oder als *Newcomb-Benford's Law* allgemein bekannt.

Es besagt, dass in Datensätzen mit Zahlen (Hausnummern einer Straße, Paragrafen eines Gesetzes, Preise für Lebensmittel bei Edeka, Gemeindegröße unserer Urlaubsbekanntschaften, Beträge auf Sparbüchern, Einkommensangaben in Steuererklärungen etc.) die Anfangsziffern dieser Zahlen folgende Häufigkeiten aufweisen:

Anfangsziffer	**1**	**2**	**3**	**4**	**5**	**6**	**7**	**8**	**9**
Häufigkeit in %	30,1	17,6	12,5	9,7	7,9	6,7	5,8	5,1	4,6

Diese Häufigkeiten widersprechen der von vielen Menschen intuitiv erwarteten Gleichverteilung: Sollten nicht alle Ziffern die gleiche Chance haben, an erster, zweiter, dritter oder welcher Stelle auch immer zu stehen?

Nein, wie die folgende einfache Überlegung zeigt: Alle Ziffern haben dann und nur dann die gleiche Chance, an erster Stelle zu stehen, wenn der Datensatz, aus dem die Zahlen stammen, genau $10^n - 1$ (mit n als Ganzzahl > 0) verschiedene Elemente aufweist, d. h. wenn er aus 99, 999, 9999, 999.999 etc. Zahlen besteht. Reale Datensätze weisen hingegen nur in Ausnahmefällen diese Eigenschaft auf: Die Straße hat 124 und nicht 99 Hausnummern, die größte deutsche Stadt hat 3.496.293 und nicht 999.999 Einwohner, das Gesetz umfasst 456 und nicht 999 Paragrafen. Betrachten wir diesen letztgenannten Fall, das Gesetz mit 456 Paragrafen: Dass eine Paragrafennummer mit der Ziffer 1, 2 oder 3 beginnt, kommt jeweils 111 mal vor (darunter je einmal einstellig, zehnmal zweistellig und hundertmal dreistellig); es gibt 68 Paragrafen, die mit der Ziffer 4 beginnen (darunter einmal einstellig, zehnmal zweistellig und 57 dreistellig); mit der Anfangsziffer 5, 6, 7, 8 oder 9 beginnen jeweils elf Paragrafen (darunter je einmal einstellig und zehnmal zweistellig). Betrachtet man alle möglichen Datensätze, aus denen Zahlen gezogen werden können, so wird deutlich, dass eine Ziffer umso eher als erste einer Zahl auftreten wird, je kleiner sie ist.

Zurück zu unseren Fragestellungen:

- Ist x eher gerade oder ungerade?
  Natürlich ist die Wahrscheinlichkeit dafür, dass x ungerade ist mit etwa 61 % deutlich größer als die für eine gerade Anfangsziffer.
- Ist x drei oder kleiner oder ist x eher größer als drei?

Die Wahrscheinlichkeit, dass x drei oder kleiner ist, beläuft sich auf etwa 60 %, die, dass x vier oder größer ist, auf 40 %.

- Ist x eher zwei oder eher sechs?
  Selbstverständlich ist x eher zwei als sechs.
- x ist mit gleicher Wahrscheinlichkeit eine Ziffer zwischen 1 und 9
  Nein, denn es gilt Benford's Law.

Die *Benfordverteilung* kann als universelle Eigenschaft großer realer Datensätze angesehen werden und eignet sich daher in besonderer Weise zur Überprüfung von Daten auf etwaige Manipulationen, die sich in signifikanten Abweichungen von eben dieser Verteilung niederschlagen. In der Wirtschaftsprüfung, im Kampf gegen Steuerbetrug und Wirtschaftskriminalität finden Methoden Anwendung, die auf dem *Newcomb-Benford's Law* beruhen und denen spektakuläre Erfolge attestiert werden konnten. Auch die missbräuchliche Verwendung geschönter Daten in wissenschaftlichen Arbeiten konnte durch Vergleich mit der Benfordverteilung aufgedeckt werden. Eine politikwissenschaftliche Analyse der Präsidentschaftswahlen im Iran 2009 kam mit dieser Methode zum Ergebnis, dass die Daten in erheblichem Maße manipuliert waren.

61

Gewinnchance versus Sicherheit

Was bieten wohl die anderen?

Jemand legt für alle sichtbar 30 € in ein Kuvert und bietet es sodann zur Versteigerung an. Es gibt etwa 50 potentielle Bieter, die ihre Gebote in einem verschlossenen Umschlag abgeben. Den Zuschlag erhält derjenige, der den geringsten Betrag bietet, der nur von ihm selbst und nicht auch von jemand anderem geboten wird. Es sind nur ganzzahlige Euro-Gebote zulässig.

Welchen Betrag würden Sie bieten?

K. Schredelseker, *Alltagsentscheidungen*, DOI 10.1007/978-3-658-12401-4_61

Antwort

Das Problem ist keineswegs trivial, sondern verlangt ein erfolgreiches Sich-Hineindenken in das Denken der anderen. Es wurde wie vieles in diesem Buch im Rahmen einer Vorlesung über Entscheidungen als Online-Test praktiziert. 30 € zu gewinnen, stellt für die meisten Studenten eine willkommene Aufbesserung der Geldbörse dar (noch dazu, wenn es zu Lasten des Professors geht).

Auf der einen Seite ist jeder daran interessiert, das Kuvert zu einem möglichst niedrigen Preis zu erhalten. Auf der anderen Seite weiß jeder potentielle Bieter, dass ein zu niedriges Gebot abzugeben mit dem Risiko verbunden ist, dass derselbe Betrag auch von jemand anderem geboten wird und man daher den Zuschlag nicht erhält. Einen Königsweg, um aus diesem Dilemma herauszukommen, gibt es nicht: Je risikoscheuer eine Person ist, umso höher wird ihr Gebot ausfallen.

Es ist daher interessant, mit welchen Geboten die 51 Teilnehmer an der Universität Innsbruck, sich durchzusetzen versuchten. Die Gebote reichten von 1 bis 30 €, wobei 30 € zu bieten, um 30 € zu erhalten, wohl einigermaßen unsinnig war; das durchschnittliche Gebot lag bei 10,6 €. Auf das höchste Risiko gesetzt und damit 1 € geboten, haben sechs Bieter und damit natürlich ihr Ziel verfehlt. Hätte man nur einen Euro mehr geboten, hätte man das Kuvert erhalten können, denn niemand hat 2 € geboten (genauso wenig wie bei 5 €). Eine eigenartige Häufung der Gebote gab es bei 11 €, wobei ich hinsichtlich der Motivation der acht Bieter nur Mutmaßungen anstellen kann. Letztlich bekam den Zuschlag der Bieter, dessen Gebot bei 14 € lag. Er war der einzige, der keine Bieterkonkurrenz mehr hatte und er bekam in der Vorlesung seinen Gewinn in Höhe von 16 € ausgehändigt. Er freute sich sichtlich darüber: Über die 16 €, aber noch mehr darüber, sich als der cleverste erwiesen zu haben.

62

Wie lange soll man warten?

Ungeduld versus Geduld

Ein Juwelier gibt sein Geschäft auf, möchte aber noch eine alte schöne Armbanduhr, eine klassische *Audemars Piguet*, verkaufen. Er ist sich selbst über den Preis unschlüssig und legt sie daher in sein Schaufenster zusammen mit einem kleinen Schild, auf dem steht:

> *Wenn Ihnen die Uhr gefällt, machen Sie ein Gebot.*
> *Wenn mir Ihr Gebot gefällt, erhalten Sie diese Uhr.*

Er muss die Uhr innerhalb der nächsten Woche verkaufen und rechnet mit etwa dreißig potentiellen Interessenten. Er weiß auch, dass ein Kunde, dessen Gebot er ablehnt, nicht mehr zurückkommen wird.

Natürlich möchte er für die Uhr so viel wie möglich erlösen; am liebsten wäre ihm der Interessent, dessen Zahlungsbereitschaft am höchsten ist. Ist er sehr ungeduldig und gibt die Uhr einem der ersten Kunden, der ein halbwegs gutes Gebot abgibt, so läuft er Gefahr, das gute Stück zu billig zu verkaufen, da der Meistbietende erst später gekommen wäre. Verschmäht er allerdings für längere Zeit jedes Gebot, weil er auf ein besseres hofft, so läuft er Gefahr, dass er die

K. Schredelseker, *Alltagsentscheidungen*, DOI 10.1007/978-3-658-12401-4_62

Audemars Piguet viel zu billig abgeben muss; schließlich hat er den Meistbietenden schon vor Tagen zurückgewiesen.

Wie sollte der Juwelier verfahren?

Antwort

Offenbar ist eine zu frühe Aktion von Nachteil, ebenso aber eine zu späte. Wo das Optimum liegt, ist, obwohl das Problem als trivial erscheint, eine alles andere als triviale Frage. Der an der Freien Universität Brüssel lehrende Mathematiker *Thomas Bruss* (*1949) hat ein mathematisches Modell entwickelt, das unter idealisierten Bedingungen eine optimale Warte-Stop-Regel ableitet: *Das 1/e-Gesetz der besten Wahl* oder die *Odds-Strategie*. Interessierte Leser seien auf zwei Wikipedia-Artikel zu diesem Thema verwiesen, in denen auch die mathematische Herleitung nachgelesen werden kann, die ich Ihnen ersparen möchte:

- https://de.wikipedia.org/wiki/Odds-Strategie
- https://de.wikipedia.org/wiki/Sekretärinnenproblem

In unserem konkreten Fall sollte der Juwelier, der mit 30 Interessenten rechnet, wie folgt vorgehen: Er sollte die ersten elf Gebote ablehnen und dann dem ersten die Uhr verkaufen, der mehr bietet als das höchste unter den elf abgelehnten Geboten. Warum gerade elf? Weil die Zahl der erwarteten Interessenten, dividiert durch e, die *Euler'sche Zahl*, ziemlich genau elf ergibt: 30/2,7183 = 11,04. Mit dieser Strategie hat der Juwelier, wenn seine Einschätzung von dreißig Interessenten stimmt, einen optimalen Kompromiss zwischen den beiden Gefahren, der aus zu großer Ungeduld und der aus zu langem Zuwarten, gefunden. Seine Wahrscheinlichkeit, tatsächlich die Uhr dem Meistbietenden zu verkaufen liegt bei $1 / e$, d. h. bei knapp 37 %; die Wahrscheinlichkeit, das gute Stück an einen der beiden Bestbieter zu verkaufen, liegt sogar bei über 61 %!

Natürlich ist ein solches Verfahren eine Daumenregel, von der es viele Gründe geben mag, abzuweichen. Wenn der sechste Interessent dem Juwelier ein Angebot macht, das er wirklich für attraktiv hält, so wird er ihm die Uhr verkaufen, ohne die weiteren Gebote abzuwarten. Es ist dem Juwelier auch bewusst, dass er, wenn der Bestbieter unter den elf ersten Kunden war, die Uhr entweder nicht verkaufen kann oder sie dem letzten Bieter, der am Samstagnachmittag noch sein Gebot abgibt, geben muss. Natürlich kann auch sein, dass die schnellsten Kunden alle auf ein Schnäppchen aus waren und bewusst nur sehr niedrige Gebote abgegeben haben; in diesem Fall würde der nach dem elften nächstbeste Bieter den Zuschlag erhalten, obwohl noch weit bessere Gebote gekommen wären. Alle diese Überlegungen ändern aber nichts daran, dass sich, wenn nicht ganz besondere Bedingungen hinzutreten, die 1 / *e*-Regel als die beste erweist.

Der Reiz dieser Art von Entscheidungsproblemen besteht darin, dass es auf der einen Seite für bestimmte Probleme klare mathematische, entscheidungslogische Lösungen gibt, dass andererseits die realen Bedingungen, unter denen die Entscheidungen getroffen werden müssen, in aller Regel von den sterilen Bedingungen des Modells abweichen. Gute Entscheidungen in der realen Wirtschaft zu treffen, setzt somit immer zweierlei voraus:

- Das klare Erkennen des gestellten Problems und das Wissen um die rationale Lösung dieses Problems unter typischen, idealisierenden Bedingungen
- Das Wissen um die spezifische Besonderheit des gestellten Problems, um situativ das entscheidungslogische Modell anpassen oder im Extremfall sogar verwerfen zu können.

Entscheidungen zu treffen ist mehr als das sklavische Festhalten an Lehrbuchweisheiten, aber es ist auch mehr als die Beliebigkeit des *Jeder entscheidet nach seinen Präferenzen, die so sind, wie sie sind.* Die anderen Menschen sind nicht dümmer als wir selbst. Sie sind nicht perfekt rational, wir sind es aber auch nicht; sie sind zu einem gewissen Maß vernünftig, wir sind es aber auch.

Vor einigen Jahren hatte ich ein Gespräch mit einem sehr geschätzten Kollegen aus dem Bereich Marketing an unserer Fakultät. Wir hatten gemeinsam die Vorlesung „Entscheidungen" zu halten, wobei ich mich schwerpunktmäßig mit entscheidungslogischen Fragen, mit Fragen nach dem rationalen Entscheiden von Wirtschaftssubjekten befasste. Sein Schwerpunkt lag mehr im Bereich des Entscheidungsverhaltens, d. h. ihn interessierte mehr, wie sich Konsumenten, Investoren, Unternehmer tatsächlich verhalten, wenn sie Entscheidungen zu treffen haben. Zu mir sagte er: *Vergiss das mit der Rationalitätsannahme. Sie ist ein Relikt der klassischen Wirtschaftstheorie, die mit der Realität nichts zu tun hat.* Meine Antwort: *Warum schreibt ihr denn dann Bücher über Marketing? Wenn die Menschen nicht rational sind, warum sollen Unternehmer gute Marketingstrategien gegenüber den schlechten vorziehen?*

Ich bleibe dabei. Es gibt Regeln vernünftigen Verhaltens, an denen man sich grundsätzlich orientieren sollte. Andererseits gibt es natürlich genügend Gründe, davon abzuweichen: Weil man nicht mag, weil man das Problem nicht verstanden hat, weil man am Problem eigentlich nicht interessiert ist, weil man *bella figura* macht, anders zu sein, weil man endlich einmal etwas Verrücktes tun möchte, weil es erstrebenswert ist, so zu sein wie die anderen, weil es uns gut tut, uns anderen gegenüber als überlegen zu fühlen etc. Mit ein bisschen Nachdenken fiele uns noch sehr viel Anderes ein.

Nochmals: Ich bleibe dabei. Wenn nicht ganz spezielle Argumente dagegen sprechen, ist unser Juwelier gut beraten, sich beim Verkauf seiner edlen Uhr an der 1 / *e*-Regel zu orientieren.

63

Vertrauen wir auf die Vernunft anderer?

Und das Schwein stellt sich sogar noch besser

Sie nehmen an einem Entscheidungsspiel teil, bei dem Ihr Gewinn nicht nur von Ihrer eigenen Entscheidung, sondern in hohem Maße auch von der Wahl anderer abhängt. Gegeben sei die nachstehende Auszahlungsmatrix:

		Kleinste Zahl in der Gruppe				
		5	**4**	**3**	**2**	**1**
Von Ihnen gewählte Zahl	**5**	9	7	5	3	1
	4		8	6	4	2
	3			7	5	3
	2				6	4
	1					5

Sie gehören einer Gruppe von fünf Personen an, die Sie nicht kennen, deren Verhalten Sie nicht beobachten können und mit denen Sie weder verbal noch nonverbal kommunizieren können. Sie wählen eine Zahl zwischen eins und fünf und jeder andere aus der Gruppe tut das Gleiche. Ihre Auszahlung hängt zum einen von Ihrer eigenen Zahl ab: Je

K. Schredelseker, *Alltagsentscheidungen*, DOI 10.1007/978-3-658-12401-4_63

niedriger sie ist, umso höher ist Ihr Gewinn. Zum anderen hängt Ihr Gewinn von der niedrigsten Zahl, die innerhalb der Gruppe gegeben wurde, ab: Je niedriger diese niedrigste Zahl ist, umso niedriger ist Ihr Gewinn. Setzen Sie z. B. auf drei und die niedrigste Zahl, die in der Gruppe gewählt wurde, beträgt zwei, so erhalten Sie fünf Punkte.

Für welche Zahl zwischen eins und fünf werden Sie sich entscheiden?

Antwort

Natürlich wäre Ihr Gewinn am höchsten, wenn Sie die fünf wählen und alle anderen das auch tun. Fünf ist dann auch die niedrigste Zahl in der Gruppe und jeder erhält einen Gewinn in Höhe von neun. Wäre die allseitige Wahl von fünf einmal etabliert, hätte niemand einen Anreiz, durch Wahl einer anderen Zahl seine Situation zu verbessern; wir hätten es also wieder mit einem *Nash*-Gleichgewicht zu tun. Dies gilt aber auch für jede andere Konstellation, bei der alle Gruppenmitglieder dieselbe Zahl wählen: Würden z. B. alle die vier gewählt haben, so würde jeder einen Gewinn von acht erzielen; einer, der den Konsens verlässt und statt der vier die drei wählt, würde nur noch sieben erhalten; allerdings hätte er mit seiner Aktion die Gewinne der anderen Gruppenmitglieder auf sechs gedrückt.

Wenn es aber fünf *Nash*-Gleichgewichte gibt, welches sollte man ansteuern? Jegliche Möglichkeit zur Kontaktaufnahme ist schließlich verwehrt. Mehrere Überlegungen ließen sich anstellen:

1. Man setzt auf die absolute *Sicherheitsstrategie* und wählt die eins. Damit ist auf jeden Fall eins die niedrigste Gruppenzahl und man erzielt einen Gewinn in Höhe von fünf. Dieses Ergebnis ist völlig unbeeinflusst von den Überlegungen der anderen! Die Wechselwirkung zwischen der eigenen Entscheidung und der anderer ist aufgehoben.
2. Man setzt auf die genannte *kooperative Strategie*, wählt die fünf und hofft, dass die anderen Gruppenmitglieder die Überlegenheit dieser Strategie erkennen und ebenfalls die fünf wählen; somit würde jeder einen Gewinn von neun erhalten. Anders als im Gefangenendilemma hat ja nie-

mand der Beteiligten einen Anreiz, etwas anderes als die kooperative Strategie zu wählen. Kann man sich aber wirklich darauf verlassen, dass auch alle anderen diese Konsequenz erkennen? Die Strategie geht nur auf, wenn *jeder* der Gruppe dies von *jedem* anderen annimmt. Hat nur einer Zweifel und wählt für sich die Sicherheitsstrategie, sinkt der Gewinn derer, die auf die Kooperationsstrategie gesetzt haben, auf magere eins. Wer kooperativ entscheidet, geht bewusst das Risiko ein, sich in der Einschätzung der anderen zu täuschen.

3. Man wählt eine *risikobegrenzende Strategie*. Einerseits hat man Vertrauen in die kollektive Vernunft der anderen und rechnet damit, dass sie hohe Zahlen eingeben werden, andererseits befürchtet man einen Sicherheitsstrategen, der seinen Kollegen einen Strich durch die Rechnung macht. Wer sich aufgrund dieser Überlegungen z. B. für die drei entscheidet, macht zwar die kooperative Strategie der anderen kaputt, sichert sich aber auf jeden Fall drei Punkte; im Gegensatz zur Sicherheitsstrategie kann er aber, wenn keiner einen niedrigeren Wert als drei wählt, für sich sieben Punkte verbuchen.

Das Hinterlistige an dem Spiel ist, dass derjenige, der den Konsens der anderen durchbricht, sich dadurch zwar nicht besser stellt, als wenn er wie die anderen entschieden hätte, dass er aber deutlich bessere Ergebnisse erzielt als diejenigen, die an der Vernunftlösung festgehalten haben:

> Wenn vier Leute im Vertrauen auf die Vernunft der anderen die fünf gewählt haben und nur einer sich für eine drei entschieden hat, so erhält er sieben Punkte, während alle anderen mit je fünf Punkten vorliebnehmen müssen. Das Schwein, das

uns den Erfolg vermasselt hat, schneidet besser ab als wir! Ein schwer zu ertragendes Ergebnis!

In den Onlinetests in Innsbruck wurden 26 Gruppen zu je fünf Studenten gebildet, wobei die Zuordnung völlig anonym erfolgte. Weder vor noch nach dem Spiel erfuhren die Teilnehmer, mit wem sie in einer Gruppe waren; allerdings wussten sie, dass es sich um Fünfergruppen handelte. Die meisten erkannten den Vorteil der Maximalstrategie (49,2 %) und setzten die fünf; es gab keine Gruppe, in der nicht mindestens einer der Beteiligten die fünf gewählt hätte. Es war allerdings nur eine einzige Gruppe, in der die Strategie auch von Erfolg gekrönt war, d. h. von allen Gruppenmitgliedern gewählt wurde und jedem die vollen neun Punkte bescherte. In allen anderen Fällen haben ein oder mehrere Gruppenmitglieder die Strategie durchkreuzt und damit den vermeintlichen hohen Gewinn in einen Verlust (bezogen auf die Sicherheitsstrategie mit fünf Punkten) verwandelt. Der durchschnittlich erzielte Gewinn pro Teilnehmer belief sich auf 3,7 und war damit deutlich geringer als der Betrag, den jeder mit der Sicherheitsstrategie (in 22,3 % der Fälle gewählt) für sich hätte sichern können.

Offenbar zahlt es sich nicht aus, allzu viel Vertrauen in die Vernunft seiner Mitmenschen zu setzen.

64

Die Folge dreier Münzen
Wer entscheidet besser?

Wenn eine Münze dreimal hintereinander geworfen wird, sind die folgenden acht Folgen möglich (K = *Kopf*, Z = *Zahl*):

KKK, KKZ, KZK, ZKK, KZZ, ZKZ, ZZK, ZZZ

Verena und Andreas spielen ein Spiel, bei dem jeder eine dieser Münzfolgen wählt. Sodann wird eine Münze solange geworfen, bis eine der gewählten Folgen auftritt und beschert dem, der sie gewählt hat, den Gewinn. Verena hat den Vortritt und wählt die Folge KKZ.

Andreas schwankt zwischen den Folgen ZKK und KZK. Wofür sollte er sich entscheiden? Oder ist mit beiden Münzfolgen die Siegwahrscheinlichkeit gleich groß?

K. Schredelseker, *Alltagsentscheidungen*, DOI 10.1007/978-3-658-12401-4_64

Antwort

Zwar haben alle acht möglichen Münzfolgen die gleiche Wahrscheinlichkeit, bei dreimaligem Werfen realisiert zu werden, gleichwohl ist die Reihenfolge für die Gewinnwahrscheinlichkeit entscheidend.

Hat sich nämlich Andreas für ZKK entschieden, so wird er mit hoher Wahrscheinlichkeit gewinnen, denn Verena gewinnt dann und nur dann, wenn von den ersten drei Würfen die beiden ersten auf Kopf gefallen sein sollten. Ist KKK gefallen, wird sie mit dem nächsten geworfenen Z gewinnen (wann immer das sein wird); ist KKZ gefallen, so hat sie bereits gewonnen. Befindet sich jedoch unter den ersten zwei Würfen ein Z, so ist mit dem nächsten KK, das Verena bräuchte, um eine Gewinnchance zu haben, das Spiel bereits beendet und Andreas hat gewonnen. Somit gewinnt Verena mit 25 % und Andreas mit 75 % Wahrscheinlichkeit, falls er sich für ZKK entschieden hat.

	KKK	KKZ	KZK	KZZ	ZKK	ZKZ	ZZK	ZZZ	Σ (%)
Verena	1/8	1/8							25
Andreas			1/8	1/8	1/8	1/8	1/8	1/8	75

Entscheidet sich Andreas hingegen für KZK, so hat Verena die besseren Chancen zu gewinnen. Fallen nämlich die ersten drei Münzen auf KKK oder auf KKZ, so gelten die zuvor angestellten Überlegungen: mit KKK wird sie irgendwann (beim nächsten Z) gewinnen und bei KKZ hat sie schon gewonnen, beides hat eine Wahrscheinlichkeit von je 1/8. Fällt die Münze hingegen auf KZK, so hat Andreas gewonnen (Wahrscheinlichkeit 1/8).

Fällt die Münze auf KZZ, so hat keiner einen Vorteil, weil niemand eine Folge gewählt hat, bei der ein Z auf ein Z folgt; der Neustart beginnt beim nächsten K und beschert Verena, wie zuvor gesehen eine 2/3-Wahrscheinlichkeit zu gewinnen. Dasselbe gilt natürlich für alle Fälle, bei denen der erste Wurf auf Z fällt; es wird erst gestartet, wenn K kommt und wieder gilt die Gewinnwahrscheinlichkeit von 2/3 für Verena und 1/3 für Andreas. Multipliziert mit der Eintrittswahrscheinlichkeit für jede dieser Folgen mit jeweils 1/8 ergeben sich 2/24 (Verena) und 1/24 (Andreas). Verena wird daher mit einer 2/3-Wahrscheinlichkeit gewinnen.

	KKK	**KKZ**	**KZK**	**KZZ**	**ZKK**	**ZKZ**	**ZZK**	**ZZZ**	**Σ (%)**
Verena	1/8	1/8		2/24	2/24	2/24	2/24	2/24	66,7
Andreas			1/8	1/24	1/24	1/24	1/24	1/24	33,3

Andreas hätte sich bei der sich für ihn stellenden Wahl somit klar für ZKK und gegen KZK entscheiden müssen.

Studierende der Universität Innsbruck hatten lediglich den ersten Teil der Fragestellung (Verena mit KKZ vs. Andreas mit ZKK) im Rahmen der Online-Tests zu bearbeiten und hatten sechs vorgegebene Antworten zur Auswahl:

1. Die Wahrscheinlichkeit, dass Verena gewinnt, liegt bei 1/4.
2. Die Wahrscheinlichkeit, dass Verena gewinnt, liegt bei 1/3.
3. Die Wahrscheinlichkeit, dass Verena gewinnt, liegt bei 1/2.
4. Die Wahrscheinlichkeit, dass Verena gewinnt, liegt bei 2/3.
5. Die Wahrscheinlichkeit, dass Verena gewinnt, liegt bei 3/4.
6. Keine der angegebenen Wahrscheinlichkeit ist korrekt.

Es ergab sich dabei die folgende Verteilung (bei 104 Teilnehmern):

w (Verena)	1/4	1/3	1/2	2/3	3/4	Keine
Häufigkeit in %	17,3	3,8	51,9	1,9	0,0	25,0

Immerhin hat fast jeder sechste Teilnehmer das Problem erkannt und Verena lediglich eine Siegchance von 25 % zugebilligt. Die Mehrheit der Teilnehmer war allerdings der Ansicht, dass die Chancen auf den Sieg bei beiden gleich sein müssten. Sie sind von den unbedingten und nicht, wie es korrekt gewesen wäre, von den bedingten Wahrscheinlichkeiten ausgegangen. Sie hätten recht gehabt, wenn die Frage gelautet hätte:

> Verena und Andreas werfen jeder eine Münze drei Mal. Verena gewinnt bei der Münzfolge KKZ und Andreas gewinnt bei der Münzfolge ZKK. Wie hoch ist die Gewinnwahrscheinlichkeit für jeden der beiden?

Die gestellte Frage war aber nicht von dieser Art.

65

Ein einfacher Hypothesentest

Ein Spiel mit Karten

Vor Ihnen liegen vier Spielkarten, von denen Sie wissen, dass diese auf einer Seite einen Buchstaben und auf der anderen Seite eine Ziffer aufweisen. Sie sehen vier Karten mit den Aufschriften A, R, 2 und 5 und bekommen die Aufgabe, zu überprüfen, ob die folgende Hypothese stimmt:

Wenn auf der einen Seite ein Vokal ist, befindet sich auf der Rückseite eine gerade Zahl.

Wenn Sie nur zwei Karten herumdrehen dürfen, für welche Karte entscheiden Sie sich?

K. Schredelseker, *Alltagsentscheidungen*, DOI 10.1007/978-3-658-12401-4_65

Antwort

Selbstverständlich müssen Sie diejenigen Karten herumdrehen, deren Rückseite Ihnen eine Information liefert, die zur Überprüfung der Hypothese dienlich ist. Sehen wir uns daher die vier Karten genauer an:

A Da die Hypothese etwas über Vokale aussagt, könnte die Karte „A" geeignet sein, die Hypothese zu verwerfen, dann nämlich, wenn sich auf ihrer Rückseite eine ungerade Zahl befindet.

R Da die Hypothese nichts über Konsonanten aussagt, kann die Karte „R" zur Hypothesenprüfung nicht herangezogen werden.

2 Da die Hypothese nur besagt, dass auf der Rückseite eines Vokals eine gerade Zahl sein *muss*, nicht aber ausschließt, dass sich auch auf der Rückseite eines Konsonanten eine gerade Zahl befinden *kann*, liefert das Herumdrehen der Karte „2" keine zweckdienliche Information.

5 Die Karte „5" könnte geeignet sein, die Hypothese abzulehnen, dann nämlich, wenn sich auf ihrer Rückseite ein Vokal befindet.

Es sollten daher die Karten „A" und „5" herumgedreht werden; nur diese sind geeignet, zielführende Information zu liefern. Es ist erstaunlich, wie viele Menschen Schwierigkeiten mit derartigen Fragestellungen haben. Psychologen erklären die häufige Wahl der an sich wertlosen „2" mit der Vorliebe für bestätigende gegenüber widersprechenden Befunden, mit einem gewissen Hang zum „positiven Denken", wie es *Barbara Ehrenreich* in ihrem Buch *Smile or Die: How Positive Thinking Fooled America and the World* so eindrücklich dargestellt hat:

Unterstützung wird dem Konflikt offenbar auch dann vorgezogen, wenn sie wertlos ist.

Diese Schwierigkeiten zeigten sich auch in augenfälliger Weise bei den Online-Tests in Innsbruck: Von 86 Teilnehmern entschieden sich

- 4 Teilnehmer (= 7 %), die Karten „R“ und „A“ herumzudrehen,
- 41 Teilnehmer (= 48 %), die Karten „A“ und „2“ herumzudrehen,
- 9 Teilnehmer (= 10 %), die Karten „R“ und „5“ herumzudrehen,
- 11 Teilnehmer (= 13 %), die Karten „R“ und „2“ herumzudrehen,
- 21 Teilnehmer (= 24 %), die Karten „A“ und „5“ herumzudrehen.

Mehr als 60 % der Befragten wollten die „2“ herumdrehen, sie suchten offenbar auch nach positiven Bestätigungen im Sinne von: *Die zwei ist auf der Rückseite eines Vokals, wie es die Hypothese erfordert*. Lediglich 21 Teilnehmer (= 24 %) fanden die einzig logische Lösung, indem sie die Karten „A“ und „5“ herumdrehten. Nur diese beiden Karten liefern nämlich eine Information, die in der Lage ist, die Gültigkeit der Hypothese abzulehnen. Und darum ging es.

66

Ist Insiderhandel unfair? Ist der Insider Freund oder Feind des Privatanlegers?

Wir alle schätzen Fairness. Wir sind nicht bereit, an einem Spiel teilzunehmen, bei dem wir den Eindruck haben, es sei nicht fair, schon gar nicht, wenn wir Grund zur Vermutung haben, selbst systematisch im Nachteil zu sein. Das gilt für Spiele aller Art, aber natürlich auch für die Teilnahme am Finanzmarkt; hier ganz besonders, denn es handelt sich um unser Geld.

An der Börse geht es um Informationen, darum, die angebotenen Informationen sachgerecht und besser als die anderen Marktteilnehmer interpretieren zu können. Dieser Herausforderung sind wir bereit uns zu stellen, solange wir Chancengleichheit in Anspruch nehmen können. Das ist aber dann nicht mehr der Fall, wenn wir es mit Mitspielern zu tun haben, die eindeutig besseren Zugang zu Informationen haben als wir. Sie spielen in einer anderen Liga: Ihre Entscheidungen gründen sich nicht auf eine bessere Interpretation der allen vorliegenden Information, sondern auf eine andere, nur ihnen exklusiv zugängliche Information. Wer mit ihnen in Wettbewerb tritt, hat von Anfang an

K. Schredelseker, *Alltagsentscheidungen*, DOI 10.1007/978-3-658-12401-4_66

schlechtere Karten, er muss notgedrungen damit rechnen, ins Hintertreffen zu geraten.

Diese Überlegungen haben dazu geführt, dass in nahezu allen Finanzmärkten der Welt dem Insiderhandel Grenzen auferlegt wurden. An den Finanzmärkten gelten generell Personen als Insider, die über kurserhebliche Informationen verfügen, bevor diese öffentlich bekannt geworden sind. Typischerweise sind dies Großaktionäre, Vorstands- und Aufsichtsratsmitglieder des Unternehmens, eingeweihte Rechtsanwälte, Steuerberater, Wirtschaftsprüfer o. ä. Natürlich verbietet das Gesetz diesen Personen nicht generell den Handel in Wertpapieren von Unternehmen, zu denen sie in einem Insiderverhältnis stehen, denn sonst dürfte ein Unternehmer nicht sein eigenes Unternehmen verkaufen und ein Manager dürfte die ihm als Gehaltsbestandteil gewährten Optionen nicht ausüben, ohne gegen das Gesetz zu verstoßen. Verboten ist nur der Wertpapierhandel aufgrund konkreter Informationen über öffentlich nicht bekannte Umstände, die geeignet sind, im Falle ihres Bekanntwerdens den Kurs der Insiderpapiere erheblich zu beeinflussen.

Gleichwohl ist die Sinnhaftigkeit eines derartigen Insiderhandelsverbots umstritten. Warum eigentlich? Warum kann jemand etwas dagegen haben, wenn das Gesetz für mehr Gleichheit und damit für mehr Fairness in den Finanzmärkten Sorge trägt? Nehmen Sie an, Sie hätten die Wahl, in einem Markt zu investieren, in dem Insiderhandel zulässig ist, oder in einem Markt, in dem er untersagt ist. Für welchen der beiden Märkte würden Sie sich entscheiden?

Antwort

Natürlich ist niemand gegen mehr Gleichheit und gegen mehr Fairness im Finanzmarkt, gleichwohl ist die Frage nach der Sinnhaftigkeit von Insiderverbotsregeln eines der klassischen Themen der sog. „Ökonomischen Analyse des Rechts" (*Law and Economics*), einer Denkrichtung, die eine Brücke zwischen juristischem und ökonomischem Denken zu schlagen versucht. Um zu verstehen, warum Juristen eher für ein Verbot des Insiderhandels eintreten, während sich die meisten Ökonomen eher dagegen aussprechen, müssen wir uns vor Augen führen, was passiert (bzw. nicht passiert), wenn ein Insider die ihm exklusiv vorliegende kursrelevante Information zu seinem Vorteil ausnutzt.

Nehmen wir an, dem Entwicklungschef eines Unternehmens sei es gelungen, die Produktionskosten für Batterien von Elektrofahrzeugen ohne Leistungs- oder Qualitätsverlust deutlich zu senken. Die Aktien des Unternehmens notieren derzeit bei etwa 20 € und man muss damit rechnen, dass der Kurs mindestens auf 30 € steigt, wenn die sensationelle Erfindung allgemein bekannt ist. Noch vor der Patentanmeldung und der damit verbundenen Veröffentlichung der Innovation kaufen der Entwicklungschef und einige eingeweihte Mitglieder des Vorstands auf eigene Rechnung in größerem Ausmaß Aktien des Unternehmens. Aufgrund des massiven Nachfrageschubs steigt der Kurs auf 24 € und beschert ihnen satte Kursgewinne, da sich der Kurs nach zwei Wochen, als die Information überall durchgedrungen war, bei 32 € einpendelt.
Wem hat die Aktion der Insider geschadet und wem hat sie genutzt? Genutzt hat sie zunächst einmal all denjenigen, die ihre Aktien verkaufen wollten und nunmehr 24 € erhielten statt der 20 €, die sie ohne die Insideraktion erhalten hätten. Geschadet hat sie all denen, die das Wertpapier gekauft

haben, denn sie mussten 24 € statt 20 € bezahlen; allerdings haben sie immer noch ein gutes Geschäft gemacht, denn sie haben ein unterbewertetes Wertpapier gekauft und können sich über stattliche Kursgewinne freuen, die allerdings der Insider zu seinen Gunsten und zugunsten der Verkäufer etwas geschmälert hat. Ärgerlich sind allenfalls diejenigen, die gerne zu einem Preis zwischen 20 € und 24 € gekauft hätten und aufgrund des höheren Kurses nicht zum Zug kamen. Es kann also nicht die Rede davon sein, dass generell die outside-Aktionäre von den Insidern geschädigt worden seien. In der rechtswissenschaftlichen Literatur wird daher der verbotene Insiderhandel häufig als opferloses Vergehen (*victimless crime*) bezeichnet.

Solange alle kursrelevanten Informationen dem Markt vorliegen, dürfte der Kurs einer Aktie nicht weit von seinem tatsächlichen Wert abweichen; der Markt stellt in diesem Falle ein *faires Spiel* dar, bei dem der Käufer eine Aktie in etwa das als Gegenwert erhält, was er bezahlt hat. Sind nicht alle kursrelevanten Informationen öffentlich bekannt, so ist dies nicht mehr der Fall und die Wertpapiere sind über- oder unterbewertet. Das eine begünstigt die Verkäufer, das andere die Käufer. Sollte eine Marktordnung, in der solche Schieflagen vermieden werden sollen, nicht Insider geradezu ermuntern, von ihren Informationsvorteilen Gebrauch zu machen, um die Fehlbewertungen zu vermindern? Sollte man nicht die Gewinne, die Insider erzielen, als Abgeltung dafür sehen, dass sie die Marktpreise wieder ein Stück fairer gemacht haben?

Da Insider den Markt effizienter machen, indem sie ihn bei einer Störung wieder näher an *faires Spiel* heranrücken, ist ihr Handeln nicht als unfair zu werten, sondern als ein Beitrag zu mehr Fairness. Nur wenn genügend Leute da sind, die ihr überlegenes Wissen nutzen und es über Preisanpassungen dem

Markt gegenüber kommunizieren, kann der Privatanleger davon ausgehen, nicht übervorteilt zu werden. Nutznießer des Verbots von Insiderhandel sind daher die *big players*, deren gewaltiges Marktvolumen es ihnen erlaubt, umfassend Wertpapierresearch zu betreiben und die bei einer Fehlbewertung eher zu denjenigen gehören, die die richtige Marktseite wählen, d. h. im Falle einer Unterbewertung die Käuferseite, im Falle einer Überbewertung die Verkäuferseite. Auf der anderen Seite sind die kleinen und mittleren Anleger (alle mit weniger als einem dreistelligen Millionenbetrag als Veranlagungsvolumen), die die Gegenseite eingehen und somit systematisch zu den Verlierern gehören. Insider reduzieren diese Verluste und sind daher die natürlichen Verbündeten der kleinen und mittleren Anleger.

Daher würde ich für meine eigene Kapitalanlage den Markt, in dem auch Insider handeln dürfen, einem Markt, in dem das nicht der Fall ist, vorziehen.

67

Warten auf eine Mitnahmegelegenheit

Ein Fisch im Wald

Auf einer Sonntagswanderung haben Sie sich im Wald den Fuß verknackst, konnten sich aber humpelnd bis zu einer kleinen Straße durchschlagen. Es ist kurz vor Einbruch der Dunkelheit und Sie wissen, dass sonntagsabends im Schnitt zwei Fahrzeuge pro Stunde die Straße befahren.

Wie lange werden Sie schätzungsweise warten müssen, bis das nächste Fahrzeug vorbeikommt?

K. Schredelseker, *Alltagsentscheidungen*, DOI 10.1007/978-3-658-12401-4_67

Antwort

Sehr häufig lautet die Antwort auf diese Frage „ca. fünfzehn Minuten". Hinter dieser Antwort verbirgt sich die Überlegung, dass wenn im Schnitt zwei Autos pro Stunde die Straße befahren, durchschnittlich jede halbe Stunde ein Wagen vorbeikommt. Wenn ich Pech habe, hat diese halbe Stunde gerade angefangen und ich muss lange warten; habe ich hingegen Glück, so ist die halbe Stunde so gut wie vorbei und es kommt gleich ein Wagen. Im Durchschnitt werde ich somit ca. fünfzehn Minuten warten müssen.

So plausibel diese Überlegung auch ist, sie ist falsch. Sie würde nur gelten, wenn es wirklich einen Takt gäbe, etwa im Falle eines halbstündlich verkehrenden Linienbusses; hier wäre die durchschnittliche Wartezeit einer zufällig an die Haltestelle kommenden Person tatsächlich fünfzehn Minuten. Im einen Extremfall fährt der Bus gerade bei der Ankunft an die Haltestelle ab und ich weiß, dass der nächste in ca. einer halben Stunde kommen wird; im anderen Fall kann ich gerade in den haltenden Bus einsteigen. Bei der hier angesprochenen Situation handelt es sich hingegen um einen Poisson-Prozess. Die Bezeichnung hat nichts mit Fischen zu tun (*frz. poisson*), sondern beschreibt einen stochastischen Prozess, der auf den französischen Mathematiker *Siméon Denis Poisson* (1781–1840) zurückgeht und beschreibt; dabei ist die Wahrscheinlich für das Eintreten eines Ereignisses unabhängig davon, wann das letzte Ereignis eingetreten ist. Beim Roulette ist es zwar richtig, dass die „7" im Durchschnitt alle 37 Spiele auftritt; daran ändert die Tatsache, dass die „7" jetzt gerade gekommen ist der das zufällige Auftreten eines Ereignisses, genauso wenig etwas wie der Umstand, dass sie seit 82 Würfen nicht mehr realisiert wurde. Die Roulettemaschine hat kein Gedächtnis, die Autos auf der Landstraße auch nicht.

Der Wanderer wird also im Schnitt eine halbe Stunde warten müssen.

68

Wieviel spenden Sie?

Die zentrale Bedeutung von Ankern

Bei einem Vortrag werden Bilder einer Naturkatastrophe gezeigt: Nahe der Küste ist ein Tanker auf ein Riff gelaufen und riesige Mengen Öl fließen an den Strand. Gezeigt werden erschütternde Bilder von Seevögeln, deren Gefieder ölverschmiert sind und die dringend Hilfe benötigen. Einige Freiwillige sind quasi Tag und Nacht im Einsatz, aber es reicht nicht. Eine anerkannte Umweltorganisation ruft zu Spenden auf: „Sind auch Sie bereit, 5 $ zu spenden?"

Wären Sie bereit? Mit wie viel Geld von Ihnen dürfen wir rechnen?

K. Schredelseker, *Alltagsentscheidungen*, DOI 10.1007/978-3-658-12401-4_68

Antwort

Selbstverständlich interessiert hier nicht der Betrag, den Sie tatsächlich für die Rettung der Seevögel spenden würden, es steht aber zu vermuten, dass dieser Betrag kaum höher sein wird als 50 $. Die Frage stammt aus einem Experiment, das der Psychologe, Entscheidungstheoretiker und Nobelpreisträger *Daniel Kahnemann* (*1934) zusammen mit seinem Kollegen *Amos Tversky* (1937–1996) im berühmten Exploratorium in San Francisco durchgeführt hat und anhand dessen er die Bedeutung von „Ankern" für die Entscheidungsfindung illustrieren wollte. Unter „anchoring" (oder Ankerheuristik) wird die Tatsache verstanden, dass die meisten Menschen bei zu wählenden Zahlen (Größenschätzungen, Bestimmung des angemessenen Preises, zu verhängende Strafe in Zeiteinheiten, Spendenbereitschaft etc.) sich von momentan verfügbaren Vorabdaten massiv beeinflussen lassen; dies gilt selbst dann, wenn ein sachlicher Zusammenhang zwischen der zu nennenden Zahl und den Vorabdaten nicht besteht. Meistens ist den Menschen der Ankereffekt, dem sie unterliegen, nicht bewusst; in aller Regel werden sie einen wie auch immer gearteten Zusammenhang zwischen Anker und ihrer Entscheidung sogar schroff zurückweisen.

Die oben gestellte Frage nach der Spendenbereitschaft zur Rettung der Seevögel wurde an drei verschiedene Gruppen gerichtet, wobei jede der Gruppen anders „voreingestellt" wurde:

- Die erste Gruppe erhielt keine zahlenmäßige Vorgabe, sondern wurde einfach gefragt, wieviel sie zu spenden bereit sei; sie gab im Durchschnitt einen Betrag von 64 $ an.

- Die zweite Gruppe wurde so gefragt, wie oben formuliert: *Sind auch Sie bereit, 5 $ zu spenden? Mit wieviel dürfen wir von Ihnen rechnen?* Die durchschnittliche Spendenbereitschaft belief sich auf 20 $.
- Der dritten Gruppe wurde eine deutlich höhere Latte gelegt: *Sind auch Sie bereit, 400 $ zu spenden? Mit wieviel dürfen wir von Ihnen rechnen?* Die durchschnittliche Spendenbereitschaft lag bei stolzen 143 $.

Offenbar streben Menschen dann, wenn sie eine Aussage über etwas machen sollen, bei dem sie ein hohes Maß an Unsicherheit darüber verspüren, was „richtig" oder „angemessen" ist, dazu, sich an irgendetwas zu orientieren, einen „Anker" auszuwerfen, der ihnen als Richtwert dienen kann.

Dass es sich dabei um ein nachgerade allgemeingültiges Prinzip menschlichen Entscheidungsverhaltens handelt, verdeutlichen die unterschiedlichsten Entscheidungssituationen, in denen ein ausgeprägtes Ankerverhalten nachgewiesen werden konnte:

- Es sollte geschätzt werden, wie hoch die größten Mammutbäume sind. Dabei bekamen die Versuchspersonen unterschiedliche Vorabinformationen: Die eine Hälfte in Höhe von 1200 Fuß, die andere von 180 Fuß. Die erste Gruppe schätzte durchschnittlich 844 Fuß, die zweite 282 Fuß.
- Versuchspersonen sollten die ersten acht Ziffern aufmultiplizieren, wurden allerdings nach bereits fünf Sekunden unterbrochen und gebeten, eine Schätzung vornehmen. Diejenigen, denen die Ziffern in der Folge $1 \cdot 2 \cdot 3 \cdot 4 \cdot 5 \cdot 6 \cdot 7 \cdot 8$ vorgelegt wurden, schätzten als Produkt im Durchschnitt 512, während diejenigen, die Folge $8 \cdot 7 \cdot 6 \cdot 5 \cdot 4 \cdot 3 \cdot 2 \cdot 1$

sahen, 2250 schätzten (die richtige Antwort wäre 40.320 gewesen).

- Die „Anker" erfüllen selbst dann ihre Wirkung, wenn sie offenkundig unsinnig sind. So wurde eine größere Zahl von Studenten gefragt, ob *Mahatma Gandhi* vor oder nach seinem neunten Lebensjahr gestorben sei; eine zweite Gruppe erhielt die Frage, ob er vor oder nach seinem 140ten Lebensjahr gestorben sei. Natürlich erkannten alle die Unsinnigkeit der Grenzwerte; gleichwohl ergab es einen signifikanten Unterschied: Die erste Gruppe schätzte das Todesalter im Durchschnitt auf 50 Jahre, die zweite auf 67 Jahre (die korrekte Antwort hätte 78 lauten müssen).
- Die in Köln lehrenden Sozialpsychologen *Birte Englich* und *Thomas Mussweiler* baten Strafrichter mit durchschnittlich fünfzehn Jahren Berufserfahrung, für ein genau dokumentiertes Vergewaltigungsvergehen das Strafmaß festzulegen. Wo das juristisch unerfahrene Opfer ein Strafe in Höhe von 34 Monaten verlangte, lag das von den Richtern für angemessen empfundene Strafmaß bei 35,75 Monaten; wo das Opfer 12 Monate forderte, lag es bei 28 Monaten. Dass auch erfahrene Juristen sich bei ihren Entscheidungen von Ankereffekten nicht freimachen können, ist durch viele Studien international bestens belegt.

Ankerheuristiken spielen im modernen Marketing eine große Rolle. Jeder weiß, dass die in den Ausstellungsräumen der Autohäuser angeschlagenen Preise nie bezahlt werden müssen. Sie stellen lediglich einen Anker dar, von dem ausgehend der Verkäufer großzügig Wohltaten verteilt, einen Rabatt, ein Tageszulassungsabschlag, ein teures Zubehör ohne Berechnung, eine längere Gewährleistung o. ä. Der Anker muss hoch genug sein: so kann man einerseits dem Kunden das Gefühl vermitteln, besonders gut weggekommen zu sein und andererseits selbst trotz der Sonderleistungen noch immer ein gutes Geschäft machen. Wer bei Preisverhandlungen als erster einen Preis nennt, setzt einen Anker und ist damit regelmäßig im Vorteil.

Vor einigen Jahren hat der Rotary Club Innsbruck eine besondere Weihnachtsaktion gestartet. Es gibt in Tirol eine größere Zahl bildender Künstler, die nur mäßigen Erfolg haben und somit finanziell schlecht dastehen. Ein Clubmitglied, selbst ein anerkannter Künstler, schlug vor, der Club solle diesen jeweils ein Werk abkaufen; eine Geldzuwendung würde eher als beleidigend empfunden, der Erwerb eines Objekts hingegen führe für den betroffenen Künstler neben dem finanziellen Aspekt zu einer dringend notwendigen Anerkennung seiner Arbeit. Bei dieser Aktion wurden tatsächlich etwa zwanzig Kunstwerke erworben, die dann clubintern versteigert wurden. Der Auktionator vereinbarte zuvor mit einem als Kunstkenner und -sammler bekannten Clubfreund, dass dieser gleich beim ersten angebotenen Objekt mit einem hohen (zugegebenermaßen überhöhten) Gebot sein Interesse artikulieren sollte. Es wurde damit ein hoher Anker gesetzt, der zur Folge hatte, dass der Versteigerungserlös alle Erwartungen übertraf. Letztlich war allen gedient: Viele Clubfreunde gingen zufrieden mit dem ersteigerten Werk nach Hause, die Künstler hatten ihre persönliche Anerkennung und einen willkommenen Betrag für das bevorstehende Fest erhalten und der Clubschatzmeister konnte den Erlös auf seinem Konto für soziale Zwecke verbuchen.

69

Nichts ist überzeugender als Erfolg

Erfolg adelt die Tat?

Vor geraumer Zeit hat das Wirtschaftsmagazin „Capital" ein Börsenspiel durchgeführt, an dem 10.500 Personen teilgenommen haben; viele Teilnehmer waren Profis von Banken und Vermögensverwalter, die gerne derartige Spiele benutzt haben, um gefahrlos neue strategische Konzepte testen zu können, andere waren allgemein an Wirtschaftsproblemen interessierte Leser der Zeitschrift. Bei dem Spiel ging es darum, innerhalb einer Zeitspanne von etwa drei Monaten Wertpapiertransaktionen durchzuführen und dabei eine möglichst gute Rendite zu erwirtschaften. Jeder Teilnehmer erhielt zu Beginn ein fiktives Spielkapital von 30.000 DM und konnte in einem vorgegebenen Ausschnitt des deutschen Markts Aktien und Obligationen handeln, wobei alle Transaktionen zu den amtlichen Mittelkursen der Frankfurter Wertpapierbörse einschließlich der dort üblichen Börsenspesen abgerechnet wurden. Um zu verhindern, dass Teilnehmer alles auf eine Karte setzen, wurde das Investment pro Titel auf 10.000 DM begrenzt; wer sein gesamtes Spielkapital investieren wollte, musste somit zumindest drei verschiedene Wertpapiere erwerben.

K. Schredelseker, *Alltagsentscheidungen*, DOI 10.1007/978-3-658-12401-4_69

Das Spiel fiel in eine ausgesprochene Börsenhausse; der deutsche Aktienmarkt legte in der Zeitspanne um etwa 10 % zu. Entsprechend lagen die Enddepotstände der meisten Spielteilnehmer im Bereich zwischen 32.000 DM und 34.000 DM. Das schlechteste Ergebnis belief sich auf 23.982 DM und das beste auf 47.346 DM; letzteres entspricht einer annualisierten Rendite von über 500 %! Es wurde erzielt von einem jungen Mann, der eine stattliche Siegprämie, ausgesetzt von einer Schweizer Bank, erhielt und dem von einer namhaften Hamburger Bank auch gleich ein attraktives Jobangebot unterbreitet wurde. Darüber hinaus bekam er die Gelegenheit, sich auf dem deutschen Börsenforum zu präsentieren. Er erklärte im Einzelnen, was ihn dazu bewog, gerade die Titel zu kaufen, die er tatsächlich erworben hatte, er erklärte, warum er nach fünf Wochen sein Depot umschichtete, indem er die erzielten Gewinne mitnahm und auf unterbewertete Papiere setzte etc. Seine Ausführungen waren wohl abgewogen, wirtschaftlich gut begründet, hatten nichts Besserwisserisches und waren klar nachvollziehbar. Das Publikum war beeindruckt und dankte mit tosendem Applaus.

Wären auch Sie beeindruckt gewesen?

Antwort

Wahrscheinlich schon, denn dem kann man sich kaum entziehen: Nichts ist überzeugender als das Zusammentreffen einer gut vorgetragenen, stichhaltigen Begründung mit einem nachweisbar erstklassigen Resultat. Schon der römische Dichter *Ovid* (43 v. Chr.–17 n. Chr.) sagte „Der Erfolg adelt die Tat" (*finis coronat opus*); wenn das Ergebnis des Handelns gut ist, dann muss auch das Handeln selbst gut gewesen sein. Erfolg legitimiert den Weg zum Erfolg.

An diesem Zusammenhang sind jedoch Zweifel erlaubt. Der Verfasser erhielt von „Capital" das um persönliche Daten bereinigte Band (damals waren Magnetbänder noch der verbreitetste Datenträger) und erzeugte im Computer 10.500 Zufallsdepots. Wertpapierkäufe und -verkäufe erfolgten zwar im selben zeitlichen Rhythmus wie bei den tatsächlichen Spielteilnehmern, die Auswahl der Wertpapiere besorgte jedoch ein Zufallszahlengenerator. Gleichwohl waren die Ergebnisse nicht signifikant unterschiedlich zu denen der Börsenspielteilnehmer: Auch bei den zufällig (d. h. ohne jegliches finanzwirtschaftliche Verständnis!) erzeugten Portefeuilles lag der durchschnittliche Depotendwert aufgrund der Marktentwicklung bei etwa 33.000 DM. Der niedrigste Depotstand war wieder knapp unter 24.000 DM, aber fünf der reinen Computerläufe zeigten ein Ergebnis, das über dem des gefeierten Siegers lag. In der Spitze wurden sogar 53.983 DM erreicht; dies mag zufällig gewesen sein (es wären auch andere Interpretationen möglich), soll aber hier nicht weiter interessieren. Faktum ist, dass es keinen erkennbaren Unterschied macht, ob man die Enddepotstände der finanzwirtschaftlich versierten Leser von „Capital" betrachtet (durchzogene Linie) oder die des völlig unwissenden Zufalls (strichlierte Linie).

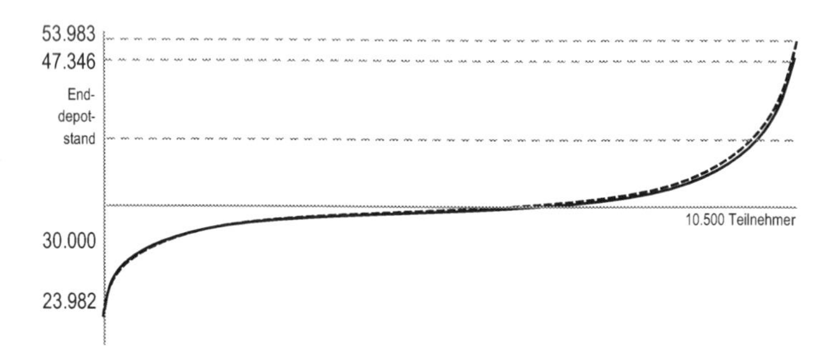

Im Regelfall tendiert die Summe einer großen Zahl von unabhängigen und identisch verteilten Zufallsvariablen zur bekannten Normalverteilung (diesen „zentralen Grenzwertsatz" lernt man im ersten Semester in Statistik) und die in der Grafik dargestellten Verteilungen entsprechen auch im Wesentlichen einer solchen Normalverteilung. Wenn sich aber eine Verteilung, die erkennbar das Ergebnis bewusster menschlicher Entscheidungen ist, von einer echten Zufallsverteilung nicht unterscheiden lässt, liegt der Schluss nahe, dass auch die „bewussten menschlichen Entscheidungen" nichts anderes als zufällige waren. Würde ich erklären, dass einer von den 10.500 Computerläufen, nämlich der Lauf 3427, der die 53.983 DM eingefahren hat, ein erfahrener und exzellenter Kenner der deutschen Börsenszene sei, würde ich mit Recht ausgelacht werden. Haben aber nicht beide, der strahlende Sieger im Börsenspiel und der Computerlauf 3427, gemeinsam, dass sie einfach nur an der Spitze ihrer Verteilungen stehen? Müssten nicht beide gleich beurteilt werden, beide als Ausdruck hoher finanzwirtschaftlicher Kompetenz oder beide als Ausdruck einer glücklichen Fügung? Jede Verteilung hat schließlich einen Minimalwert und einen Maximalwert.

Dieses Ergebnis zu akzeptieren, fällt den meisten Menschen schwer. Der Sieger im Börsenspiel hat doch seine Entscheidungen gut begründen können, was der Computerlauf 3427 nicht konnte. Dieser hätte es aber gut tun können, denn auch der Computer hat, wann immer er gekauft oder verkauft hat, dies zum jeweiligen Marktpreis getan. Der Marktpreis wiederum ist stets genau da, wo gleich viel dafür spricht, dass er zu hoch ist (bearische Argumente) wie dass er zu niedrig ist (bullische Argumente); wäre es anders, wäre die Kursnotierung eine andere. Wenn aber gleich viel Überzeugungskraft für ein Steigen wie für ein Fallen des Kurses vorliegt, wäre es ein Leichtes, den Computer so zu programmieren, dass er, wenn er zufällig kaufen will, dafür bullische Argumente ins Feld führt, und wenn er ebenso zufällig verkaufen will, auf bearische Argumente verweist; denknotwendig liegen beide in hinreichender Menge und Qualität vor. An der Sache ändert das überhaupt nichts.

Wir wollen es einfach nicht. Und deswegen werden wir einen Unterschied machen zwischen einem leblosen Computer und einem lebendigen jungen Menschen, der gezeigt hat, was er kann. Auch wenn kein Unterschied besteht außer dem, dass wir gerne einen Unterschied erkennen wollen. Ich jedenfalls habe dem jungen Mann seinen Preis und seinen Applaus gegönnt. Berechtigt war er jedoch nicht. Wo kämen wir aber hin, wenn wir stets danach fragen würden?

70

Wie viele Stimmen bekommen ,Die Grünen'?

Wie gut können wir uns erinnern?

Im Juni 2008 fanden in Tirol Landtagswahlen statt. Im Rahmen des Online-Tests, der das ganze Semester die Vorlesung „Entscheidungen" begleitete, wurden die Studenten fünf Tage davor gefragt, mit welchem Ergebnis (in Prozent der Stimmen) sie für die Partei „Die Grünen" rechnen. Im Durchschnitt wurden 14,2 % genannt. Drei Wochen später lautete die Frage: „Mit welchem Ergebnis hätten Sie fünf Tage vor der Wahl für die Partei ,Die Grünen' gerechnet?" Hier wurden im Schnitt 12,3 % genannt.

Neigen Innsbrucker Wirtschaftsstudenten zur Lüge?

K. Schredelseker, *Alltagsentscheidungen*, DOI 10.1007/978-3-658-12401-4_70

Antwort

Innsbrucker Wirtschaftsstudenten neigen nicht mehr und nicht weniger als andere Menschen zur Lüge. Das beschriebene Phänomen ist in der Psychologie als Rückschaufehler (hindsight bias) bekannt und kennzeichnet die Tatsache, dass Menschen sich an ihre früheren Schätzungen nicht mehr erinnern und dazu neigen, sie in Richtung auf die tatsächlichen Ergebnisse zu verschieben. Tatsächlich haben die Grünen 2008 in Tirol ein Debakel erlitten: Sie sind von 15,6 % bei den vorangegangenen Landtagswahlen auf 10,7 % abgerutscht.

Erklärt wird der Rückschaufehler damit, dass man die Gründe für das tatsächlich eingetretene Ereignis zumindest teilweise kennt und daher das gesamte Wertungsgefüge eine Veränderung erfährt. „Das hätte man wissen müssen" oder „Das musste ja so kommen" sind typische Bemerkungen nach einem Ereignis, die uns zu derartigen Umwertungen veranlassen und dazu führen, dass wir unser Gedächtnis „korrigieren".

Typisch für den Rückschaufehler ist die Einschätzung vergangener Ereignisse an den Finanzmärkten. Jahre nach der sog. Dot.com-Blase im Jahr 2000 waren viele der Ansicht, das hätte ja so kommen müssen, mit kühlem Kopf hätte man das voraussehen können, denn die Aktienkurse im Bereich der Informationstechnologie seien offenbar weit überzogen gewesen. Dem ist entgegenzuhalten, dass auch in der Zeit vor dem März 2000 die Märkte geräumt waren: Es waren zu jedem Zeitpunkt genauso viel Marktvolumen auf der Käufer- wie auf der Verkäuferseite. Waren die Käufer alle verblendet oder haben sie die Aktien gekauft, weil sie damit gerechnet haben, sie würden weiter steigen? Nichts spricht gegen das letztere.

Zum Teil kann der Rückschaufehler fatale Folgen haben, z. B. wenn bei Schadensersatzklagen der Richter feststellt, der

Schädiger habe das Gefährdungspotential erkennen und entsprechend Vorsorge treffen müssen. Vorher hätte man (und wohl auch der Richter) gesagt, dass eine derart unglückliche Verkettung mehrerer Faktoren, wie sie für das schädigende Ereignis ursächlich waren, extrem unwahrscheinlich und daher zu vernachlässigen sei. Nachdem aber der Fall eingetreten ist, wird leicht eine Umwertung vorgenommen und in die Zeit vor dem Ereignis projiziert. In vielen empirischen Untersuchungen wurde immer wieder festgestellt, dass selbst ausgesprochene Fachleute nicht gegen den Rückschaufehler gefeit sind: Je gravierender die Folgen einer Entscheidung, umso eher ist man geneigt, dem Verursacher eine Verletzung seiner Sorgfaltspflichten vorzuwerfen.

71

Der Schönheitswettbewerb

Eine Metapher von John Maynard Keynes

In den Dreißigerjahren führten englische Zeitungen einen Wettbewerb durch, bei dem es einen stattlichen Preis zu gewinnen gab. Es wurden hundert Fotos junger Frauen abgedruckt und die Leser sollten die sechs schönsten benennen. Den Preis erhielte der Leser, der tatsächlich die sechs schönsten Frauen genannt hat; sollten mehrere Leser das geschafft haben, so entscheide unter ihnen das Los.

Stellen Sie sich vor, Sie nähmen an diesem Spiel teil. Nach welchen Kriterien würden Sie Ihre sechs Schönheiten auswählen?

K. Schredelseker, *Alltagsentscheidungen*, DOI 10.1007/978-3-658-12401-4_71

Antwort

Es ist offensichtlich, dass es einen objektiven Maßstab, anhand dessen menschliche Schönheit zu bestimmen wäre, nicht gibt. Die Schönste (Zweitschönste, Drittschönste …) ist somit diejenige der abgebildeten Frauen, die die meisten (zweitmeisten, drittmeisten …) Stimmen auf sich vereinigen kann. Sie sollten daher nicht den Damen Ihre Stimme geben, die Sie Ihren eigenen Vorstellungen nach am schönsten finden, sondern denjenigen, von denen Sie annehmen, sie würden am ehesten dem allgemeinen Schönheitsideal entsprechen. Dabei sollte Ihnen bewusst sein, dass auch die anderen Leser ähnliche Überlegungen anstellen dürften, denn sie sind ja nicht dümmer als wir. Wenn das der Fall ist, sollten Sie diejenigen auswählen, von denen Sie annehmen können, die anderen würden glauben, dass sie am ehesten dem Mehrheitsgeschmack entsprächen. Selbstverständlich gibt es für Probleme dieser Art keine Lösung, denn die Zahl der Rückbezüge ist tendenziell unendlich. Eine Stoppregel, bei welcher Schleife man aufhören solle, gibt es nicht.

John Maynard Keynes (1883–1946) hat sich dieser Metapher bedient, um das Problem, vor das sich ein Kapitalanleger im Aktienmarkt gestellt sieht zu charakterisieren. Ein Investor kaufe eine Aktie nur dann, wenn er damit rechnen könne, sie würde im Wert steigen; das werde sie aber nur dann tun, wenn andere Investoren sie verstärkt im Markt nachfragen. Es gehe somit darum, so Keynes, „die Änderungen in der konventionellen Grundlage der Bewertung mit einem kurzen Vorsprung vor dem allgemeinen Publikum vorauszusehen.“ Wenn das alle so tun, geht es darum, eine Einschätzung der Einschätzung anderer vorzunehmen, wissend, dass diese ihrerseits die Einschätzungen der anderen einzuschätzen versuchen.

Eine Variante dieser Zirkularbeziehung findet sich bei dem bekannten Börsenautor *André Kostolany* (1906–1999), der seinen Lesern immer wieder empfohlen hat, bei ihren Entscheidungen antizyklisch vorzugehen, d. h. dann, wenn der Markt eher negativ gestimmt ist, zu kaufen und dann, wenn sich die breite Masse verstärkt in Aktien engagiert, zu verkaufen. *Kostolany* hat diese Strategie so häufig, so wortgewandt und in so vielfältiger Schattierung vorgetragen, dass sie mittlerweile Allgemeingut geworden ist. Wie aber verhält man sich antizyklisch in einer Welt von Antizyklikern? Sollte man sich da doch eher zyklisch verhalten, um antizyklisch zu den vielen Antizyklikern zu handeln? Oder ist das zu einfach gedacht und man sollte doch antizyklisch agieren, um genau diesen Zyklikern, die nur antizyklisch gegen die Antizykliker agieren wollen, ein Schnäppchen zu schlagen? Es gibt keinen Ausweg aus diesem Dickicht.

72

Wie sollte man Lotto spielen? Kann man beim Zahlenlotto vernünftig sein?

Beim deutschen Zahlenlotto sind in einer 7 * 7-Felder-Matrix sechs Zahlen anzukreuzen. Zweimal wöchentlich erfolgt eine öffentliche und notariell beaufsichtigte Ziehung der Gewinnzahlen mithilfe einer komplizierten Maschine, die sicherstellt, dass die Auswahl der Zahlen tatsächlich rein zufällig erfolgt. Zusätzlich wird die sog. Superzahl ermittelt; für den Spieler entspricht sie jeweils der letzten Ziffer seiner Spielscheinnummer. Gewinnen kann man in neun verschiedenen Gewinnklassen: Von der höchsten Gewinnklasse 1 (sechs Richtige und Superzahl) mit einer Wahrscheinlichkeit von 1 : 139.838.160 bis zur niedrigsten Klasse 9 (zwei Richtige und Superzahl) und einer Wahrscheinlichkeit von 1 : 72.

Gibt es beim deutschen Zahlenlotto Strategien, mit denen man besser abschneidet als mit anderen? Kann man beim Lotto „vernünftig" spielen?

K. Schredelseker, *Alltagsentscheidungen*, DOI 10.1007/978-3-658-12401-4_72

Antwort

Wir sollten den Begriff „vernünftig“ vielleicht nicht allzu genau nehmen, denn angesichts einer Ausschüttungsquote von nur 50 % ist Lotto alles andere als ein „faires Spiel“. Um ein faires Los im Wert von 1 € zu erwerben, muss der Spieler nämlich 2 € einsetzen (u. U. sogar noch mehr wegen der Bearbeitungsgebühren); bei einem „fairen Los“ entspräche der Einsatz der Gewinnerwartung. Selbstverständlich sind Glücksspiele in diesem Sinne nie fair, denn der Veranstalter muss seine Kosten abdecken und will regelmäßig einen Gewinn erzielen. Vergleicht man allerdings das Zahlenlotto mit dem in Spielbanken angebotenen Roulette, so zeigt sich ein frappanter Unterschied: Um beim Roulette ein faires Los im Wert von 1 € zu erwerben, müssen Sie weniger als 1,03 € einsetzen.

Formulieren wir daher unsere Frage etwas bescheidener: Gibt es beim Zahlenlotto bessere und schlechtere Strategien? Beim Roulette gibt es die nicht, denn Roulette ist ein reines Glücksspiel, bei dem die Gewinnhöhe ausschließlich davon abhängt, welchen Einsatz man getätigt hat und welche Zahl geworfen wird. Demgegenüber ist Lotto ein strategisches Glücksspiel, bei dem der Gewinn vom Verhalten der anderen Mitspieler mitbeeinflusst wird: Je mehr Personen sich in derselben Gewinnklasse befinden, umso geringer wird für den einzelnen Spieler die Höhe des ihm ausgeschütteten Gewinns. Somit gilt: *Ob* man gewinnt, hängt einzig vom Glück ab, *wieviel* man gewinnt, hängt von der Zahl der Mitstreiter ab.

Ein paar typische Kuriositäten aus der deutschen Lottogeschichte:

- Am 10. April 1999 wurden die Zahlen 2, 3, 4, 5, 6 und 26 gezogen, wobei 38.008 Spieler fünf Richtige hatten und gleichwohl nur einen bescheidenen Gewinn von jeweils 380 DM vereinnahmen konnten.

- Da viele Spieler ihren Geburtstag tippen, weisen die Zahlen unter 31 geringere Quoten auf als die darüber; ein absoluter Quotenkiller ist die 19, da sie bei fast allen Geburtstagen vorkommt (es ist zu vermuten, dass sie von der 20 abgelöst wird).
- Am 4. Oktober 1997 wurden die Zahlen 9, 13, 23, 27, 38, 40 gezogen und 124 Spieler hatten sechs Richtige; sie hatten auf dem Tippschein ein symmetrisches „U" angekreuzt und erhielten jeweils 53.900 DM.
- Am 23. Jänner 1988 wurden die Zahlen 24, 25, 26 und 31, 32, 33 gezogen und 222 Spieler hatten sechs Richtige. Dies war in dieser Klasse einmalig und ihr Gewinn fiel mit 84.804 DM entsprechend enttäuschend aus; die Zahlen entsprechen einem zentralen Rechteckblock im Tippschein.
- Am 18. Juni 1977 wurden die Zahlen 9, 17, 18, 20, 29, 40 gezogen und 205 Spieler hatten sechs Richtige! Der Grund: Eine Woche zuvor wurden exakt diese Zahlen im niederländischen Lotto gezogen, dessen Ergebnis offenbar für viele Lottospieler im nahen Nordrhein-Westfalen eine Blaupause für ihren eigenen Wettschein darstellt. Entsprechend gering waren die Gewinne mit jeweils 30.700 DM.

Sollte irgendwann einmal zufällig die Zahlenreihe 1, 2, 3, 4, 5, 6 gezogen werden, wäre das für die siegreichen Spieler eine Katastrophe. Wöchentlich erlauben sich etwa 40.000 Spieler den Spaß, diese Zahlenreihe zu setzen. Sie gehen richtigerweise davon aus, dass diese Folge genau die gleiche Wahrscheinlichkeit hat, gezogen zu werden, wie jede andere Folge auch; dabei halten sich für überlegen gegenüber denjenigen, die genau daran zweifeln. Sie übersehen aber dabei, dass es eben viele Spaßvögel gibt, die so denken und mit denen sie dann ihren Gewinn teilen müssen.

Wer seine Gewinnerwartung über die bescheidenen 50 % des Einsatzes anheben will, sollte somit Zahlenkombinationen meiden, die von vielen anderen auch gewählt werden: Zahlenreihen, Geburtstage, regelmäßige Muster auf dem Wettschein, zu früheren Zeiten realisierte Zahlenkombinationen etc. Sehr beliebt und daher zu vermeiden ist es, Zahlen zu wählen, die seit längerer Zeit nicht gefallen sind; die Lottogesellschaften stellen sogar dementsprechende Statistiken bereit und die meisten sog. Spielsysteme basieren auf der durch nichts begründeten Annahme, eine Zahl, die lange nicht gezogen wurde, habe eine höhere Wahrscheinlichkeit, das nächste Mal gezogen zu werden (gambler's fallacy). Eine solche Annahme ist unbegründet, denn die Kugeln in der Maschine haben kein Gedächtnis; dennoch aber ist sie weit verbreitet.

Versuche auf jeden Fall, dich keiner Herde anzuschließen; ein sicheres Mittel dazu wäre es, die sechs Zahlen rein zufällig zu wählen und die Ziehung zu wiederholen, wenn sie zufälligerweise allzu offenkundig einem der obigen Muster gleicht. Um das Maß, um das die Herdenspieler ihre Gewinne unter die 50 % drücken, weil sie im Falle des Gewinns nur geringe Ausschüttungen erhalten, können die klugen Spieler ihre Quote verbessern, denn die Lottogesellschaft schüttet durchschnittlich stets 50 % der Einnahmen wieder aus. Ich habe allerdings Zweifel, ob die in der Frankfurter Allgemeinen Zeitung aufgestellte These von *Walter Krämer* (*1948) zutrifft, nach der dies so weit geht, dass mit klugem Spielen langfristig sogar eine Gewinnerwartung erzielt werden kann, die den Einsatz übersteigt. Ich schätze *Walter Krämer* als schlauen Kopf, habe aber dennoch Zweifel.

73

Wo gehen wir heute Abend hin? Intransitivitäten und die Qual der Wahl

In der kalten Jahreszeit gibt es eigentlich nur drei Orte, wo Harald und Martina am Abend gerne hingehen: In den Jazzclub, in eine kleine Pizzeria oder in ein Literaturcafé, wo engagierte junge Leute ihre eigenen Texte vorlesen.

Da am Dienstag das Literaturcafé geschlossen ist, fragt Harald seine Frau, ob sie lieber zum Pizzaessen oder lieber zum Jazz gehen wolle; ganz entschieden zieht sie die Pizzeria vor. Da fällt ihm ein, dass heute ja Mittwoch ist, an dem die Pizzeria und nicht das Literaturcafé Ruhetag hat; Harald macht Martina auf den Irrtum aufmerksam und wieder sagt sie, sie wolle heute nicht so gerne zum Jazz, sondern würde lieber ins Literaturcafé gehen. Auf einmal wird Ihnen allerdings bewusst, dass heute ein Feiertag ist und daher auch die Pizzeria geöffnet sein wird. Darauf sagt Martina: Lass uns doch lieber zum Jazz gehen.

Harald ist verwundert und sagt zu Martina: „Offenbar hast du deine Meinung geändert, aber mir ist es recht, ich gehe gern zum Jazz und freue mich schon darauf." Martina entgegnet, leicht verärgert: „Wieso soll ich meine Meinung

K. Schredelseker, *Alltagsentscheidungen*, DOI 10.1007/978-3-658-12401-4_73

geändert haben? Mir war immer das Jazzlokal von den drei Möglichkeiten, die du genannt hast, das liebste."

Harald versteht die Welt nicht mehr, sagt aber nichts. Ihm will nicht in den Kopf, warum Martina lieber in die Pizzeria geht als zum Jazz, warum sie auch das Literaturcafé dem Jazzlokal vorzieht, aber jetzt auf einmal behauptet, zum Jazz zu gehen, sei ihr von allem das liebste. „Ja", seufzt er, „Frauen und Logik, das passt irgendwie doch nicht zusammen."

Hat Harald recht?

Antwort

Es wurde ein wunderschöner Abend. Harald konnte ihn allerdings nicht so richtig genießen, denn die Sache mit der Auswahlentscheidung ging ihm nicht aus dem Kopf. Martina blieb das natürlich nicht verborgen. Als sie nach Hause kamen, tranken sie noch ein Glas Wein miteinander und sie versuchte, dem immer noch ein wenig verstörten Harald ihre Präferenzen zu verdeutlichen.

Natürlich können wir von vornherein nicht wissen, was an einem Abend auf uns zukommt. Am ehesten ist das in der Pizzeria der Fall, da Angelo, der nette Neapolitaner, sich stets Mühe gibt und ordentliche Qualität liefert. Sensationen sind das nicht, aber ich würde die Pizzeria auf einer sechsteiligen Schulnotenskala mit einer konstanten *vier* bewerten. Beim Jazz hängt alles davon ab, ob Harry, der begnadete Tenorsaxophonist, mitspielt oder nicht. Leider ist er häufig nicht da; wenn er spielt (an 45 % der Tage), gibt es einen wunderbaren Abend (Note *zwei*); wenn er allerdings nicht kommt, spielt eine eher fragwürdige Schülerband (Note *sechs*). Völlig unterschiedlich ist es im Literaturcafé: Es werden schon manchmal hervorragende, wirklich begeisternde Texte vorgetragen (Note *eins* in 20 % der Fälle) und manchmal gerade noch akzeptable (Note *drei* in ebenfalls 20 % der Fälle); meistens ist das Gebotene aber eher dürftig (Note *fünf* in 60 % der Fälle).
Als du mich anfangs gefragt hast, ob wir in die Pizzeria oder zum Jazz gehen sollten, war mir klar, dass wir mit der Entscheidung für die Pizzeria eher die richtige Entscheidung getroffen haben (55 %) als wenn wir zum Jazz gegangen wären (nur mit 45 % Wahrscheinlichkeit hätte Harry Saxophon gespielt).
Da du dich im Tag geirrt hast, mussten wir davon ausgehen, dass nur das Literaturcafé oder das Jazzlokal geöffnet sind. Da dort mit 55 % Wahrscheinlichkeit die Schüler spielen, habe

ich mich natürlich wieder für die Pizzeria entschieden, denn ich wollte ja einen verkorksten Abend mit dir vermeiden.
Übrigens: Du hast mich zwar nicht danach gefragt, aber, wenn ich zwischen der Pizzeria und dem Literaturcafé zu entscheiden gehabt hätte, wäre ich natürlich lieber in die Pizzeria gegangen.
Als es schlussendlich darum ging, eine Entscheidung zwischen allen drei Möglichkeiten zu treffen, musste ich mir überlegen, wo die Wahrscheinlichkeit, richtig entschieden zu haben, am höchsten ist. Das war natürlich dann der Fall, wenn wir uns für das Jazzlokal entscheiden sollten, wie die nachstehende Übersicht deutlich macht: Gefettet ist jeweils diejenige der drei Möglichkeiten, die beim jeweiligen Zusammentreffen den höchsten Nutzen (= beste Note) verspricht. Diese Bedingung erfüllt der Besuch in der Pizzeria nur dann, wenn sämtliche Alternativen eine schlechtere Benotung als die *vier* bekommen haben.
Mit dem Besuch im Jazzclub hat man mit einer Wahrscheinlichkeit von 36 % die bestmögliche Wahl getroffen; in der Pizzeria wäre dies nur mit 33 % und im Literaturcafé nur mit 31 % Wahrscheinlichkeit der Fall gewesen.
Meine Entscheidung für das Jazzlokal war somit rational und alles andere als verwunderlich. Dass tatsächlich heute auch Harry Saxophon gespielt hat, war natürlich Glück. Aber auch das braucht man beim Treffen von Entscheidungen. Man nennt es das Glück des Tüchtigen.

			Jazzclub	
Pizza	Note 4	p = 100 %	Note 2 p = 45 %	Note 6 p = 55 %
Literatur-café	Note 1	p = 20 %	**Literatur** **p = 9 %**	**Literatur** **p = 11 %**
	Note 3	p = 20 %	**Jazz** **p = 9 %**	**Literatur** **p = 11 %**
	Note 5	p = 60 %	**Jazz** **p = 27 %**	**Pizza** **p = 33 %**

74

Wo sollen wir tanken?

Sparen durch nachdenken

Anne, Bernd und Christiane wollen zu einem Rockkonzert nach Burgweiler fahren und wissen, dass sie auf dem Weg tanken müssen. Der jetzige Tankinhalt reicht zwar bis Burgweiler, nicht aber für die Rückfahrt und da es spät werden wird, sind bei der Rückfahrt alle Tankstellen geschlossen. Sie wissen, dass es drei Tankstellen auf dem Weg zu ihrem Ziel gibt und dass die Preise üblicherweise stark differieren; die aktuellen Preise kennen sie allerdings nicht. Da sie es eilig haben, können sie keinesfalls zurückfahren, sondern müssen an einer der drei Tankstellen zumindest so viel Benzin tanken, dass sie in der Nacht wieder sicher nach Hause kommen. An welcher Tankstelle sollten sie tanken? Wie so häufig, gibt es bei drei Leuten drei verschiedene Meinungen:

- Anne will an der zweiten Tankstelle tanken, da die Fahrzeuge, die tanken müssen, schon getankt hätten und die zweite Tankstelle daher nur mit einem guten Preis Kunden gewinnen könne.
- Bernd ist der Ansicht, es sei eigentlich egal: „Da wir die Preise nicht kennen, sind die Wahrscheinlichkeiten dafür,

K. Schredelseker, *Alltagsentscheidungen*, DOI 10.1007/978-3-658-12401-4_74

dass wir die teuerste, die mittlere oder die billigste erwischen, gleich groß."
- Christiane meint: „Wir sollten an der ersten Tankstelle vorbeifahren und an der zweiten dann tanken, wenn sie billiger sei; wenn das nicht der Fall ist, steuern wir die dritte an und tanken dort."

Wessen Position leuchtet Ihnen am ehesten ein?

Antwort

Sehen wir uns die drei vorgebrachten Argumente etwas näher an:

Annes Argument ist ein typisches Ad-hoc-Argument, für das durchaus etwas spricht; es könnte aber auch genau andersherum sein und die mittlere Tankstelle muss, da sie weniger Umsatz hat, höhere Preise verlangen (auch ein ad-hoc-Argument, mir fielen noch viele andere ein, nach Belieben pro und contra).

Bernds Position leuchtet zwar auf den ersten Blick ein, sie gilt aber nur dann, wenn wir die Tankstelle rein zufällig ansteuern (etwa weil wir vorher einen Würfel geworfen haben). Sie vernachlässigt nämlich, dass wir mit der Preisinformation an der ersten Tankstelle einen „Anker" Kap. 68 ausgeworfen haben, der die weiteren Wahrscheinlichkeiten zu bedingten Wahrscheinlichkeiten werden lässt.

Diesen Fehler weist der Vorschlag von Christiane nicht auf und in der Tat führt er zu einem erwarteten Preis, der deutlich unter dem Durchschnittspreis der drei Tankstellen liegt. Nehmen wir an, die sechs Konstellationen, in denen die Preisforderungen der drei Tankstellen angeordnet sein können, seien gleich wahrscheinlich. Ist das der Fall, so ist nur die Wahrscheinlichkeit, an der ersten Tankstelle einen bestimmten Preis zu bekommen, gegeben (= unbedingte Wahrscheinlichkeit): In einem Drittel der Fälle fahren wir mit Christianes Vorschlag an der billigsten Tankstelle vorbei. Die Wahrscheinlichkeiten für niedrige, mittlere oder hohe Preise an der zweiten Tankstelle hängen davon ab, welchen Preis die erste gefordert hat (es handelt sich somit um bedingte Wahrscheinlichkeiten).

1. Tankstelle	2. Tankstelle	3. Tankstelle	Wir tanken
Billig	Teuer	Mittel	Mittel
Billig	Mittel	Teuer	Teuer
Mittel	Teuer	Billig	Billig
Mittel	Billig	Teuer	Billig
Teuer	Mittel	Billig	Mittel
Teuer	Billig	Mittel	Billig

Aus der Tabelle ist leicht zu erkennen, dass nur dann, wenn die erste Tankstelle die billigste und die letzte die teuerste ist, wir den höchsten Preis bezahlen müssen (Wahrscheinlichkeit 16,7 %), da wir an der ersten und der zweiten vorbeifahren. Die Wahrscheinlichkeit dafür, dass wir Christianes Vorschlag folgend einen mittleren Preis zu zahlen haben, liegt bei 33,3 % und die Wahrscheinlichkeit dafür, dass wir nur den günstigsten Preis zahlen, beträgt 50 %, ist somit dreimal so hoch wie die, den höchsten Preis zahlen zu müssen.

Auch den Studierenden an der Universität Innsbruck waren diese Zusammenhänge zunächst nicht klar (ich hoffe aber, dass sie im Rahmen der Besprechung des Problems klargeworden sind): Weitaus die meisten (58 %) bezogen die Position von Bernd und hielten die Möglichkeiten, zu niedrigen, zu mittleren oder zu hohen Preisen zu tanken, für gleich wahrscheinlich. 23 % neigten der Ansicht von Anne zu und wollten an der zweiten Tankstelle anhalten und nur 20 % erkannten die Vorteilhaftigkeit des Vorschlags von Christiane (oder haben zufällig die richtige Antwort angekreuzt).

75

Die Familienfeier

Alte und Junge zusammen

Wie so häufig ist es die Beerdigung eines geschätzten Verwandten, bei der die gesamte Familie mal wieder zueinanderfindet. So war es auch beim Tod des lieben Paul: Alle waren gekommen, die Mayers (väterliche Linie) und die Müllers (mütterliche Linie) mit ihren jeweiligen Nachkommen, die aufgrund von Verehelichungen mittlerweile anders hießen, familienintern aber noch immer in die Mayers und die Müllers unterschieden wurden. Da der Vater von Paul erheblich älter war als seine Frau, waren auch die Mayers im Schnitt älter als die Müllers; der Mayer'sche Durchschnitt lag bei 54 Jahren, der Müller'sche bei 41 Jahren. Die Mayers saßen im Gartenzimmer und die Müllers auf der Terrasse. Auf einmal ging Werner Mayer, dem der Zusammenhalt der Familienteile stets ein Anliegen war, hinaus auf die Terrasse.

Ist nun das Durchschnittsalter …

- … auf der Terrasse gestiegen und im Gartenzimmer gefallen?
- … im Gartenzimmer gestiegen und auf der Terrasse gefallen?

K. Schredelseker, *Alltagsentscheidungen*, DOI 10.1007/978-3-658-12401-4_75

- … in beiden Zimmern gestiegen?
- … in beiden Zimmern gefallen?

Was von alledem wäre denn überhaupt möglich?

Antwort

Fast alles ist möglich, es hängt nur davon ab, wie alt Werner ist.

- Ist Werner älter als 54, so fällt der Altersdurchschnitt im Gartenzimmer und er steigt auf der Terrasse.
- Ist Werner jünger als 41, so steigt der Altersdurchschnitt im Gartenzimmer und er fällt auf der Terrasse.
- Ist Werner älter als 41, aber jünger als 54, so steigt der Altersdurchschnitt sowohl im Gartenzimmer als auch auf der Terrasse.
- Unmöglich ist nur der letzte Fall: Damit der Altersschnitt auf der Terrasse sinkt, müsste Werner jünger sein als 41 und damit er im Gartenzimmer fällt, müsste er älter sein als 54. Beides zusammen geht natürlich nicht.

Das Problem scheint auf den ersten Blick einfach, ist es aber offenbar nicht; insbesondere der dritte Fall, dass nämlich durch den Wechsel einer Person das Durchschnittalter an beiden Stellen steigen kann, widerspricht für viele der Intuition. Von den Studierenden an der Universität Innsbruck hat daher nur weniger als ein Drittel die Frage, welche der angegebenen Resultate überhaupt möglich seien, richtig beantworten können.

76

Wie tief sollte man bohren? Oft kommt es anders als man denkt

Sie besitzen ein schönes Gartengrundstück, das im Sommer bewässert werden will. Sie haben das Recht, einen eigenen Brunnen zu bohren und wollen angesichts der steigenden Wasserpreise endlich dieses Recht auch in Anspruch nehmen. Es lohnt sich allerdings nur, wenn in nicht allzu großer Tiefe Wasser in hinreichender Menge gefördert werden kann. Sie wollen daher eine Probebohrung vornehmen lassen und bitten mehrere Firmen um ein Angebot für eine derartige Sondierung. Drei Firmen melden sich, die alle gleich viel für die Probebohrung verlangen. Die Angebote unterscheiden sich jedoch in der Bohrtiefe: Firma A nimmt eine Bohrung bis auf 10 m Tiefe vor, Firma B bohrt auf 12 m Tiefe und Firma C bohrt auf 14 m Tiefe.

Welcher der drei Firmen erteilen Sie einen Auftrag?

K. Schredelseker, *Alltagsentscheidungen*, DOI 10.1007/978-3-658-12401-4_76

Antwort

*Hans-Hermann Dubbe*n (*1955) und *Hans-Peter Beck-Bornholdt* (*1950), zwei in der Medizinstatistik arbeitende Physiker, schreiben im Klappentext zu ihrem wundervollen Buch *Mit an Wahrscheinlichkeit grenzender Sicherheit* den Satz: „Oft kommt es anders als man denkt – Aber auch darauf sollte sich niemand verlassen". Die Frage nach der Bohrtiefe habe ich im Rahmen der Online-Tests zur Entscheidungstheorie-Vorlesung gestellt und 42 % (immerhin nicht die Mehrheit!) der Studierenden gaben an, den Zuschlag der Firma mit 10 m oder der mit 12 m geben zu wollen. Ihre Überlegung: Wenn der *Schredelseker* schon eine so simple Frage stellt, muss die richtige Antwort dort liegen, wo man sie nicht sofort vermutet, also nicht bei 14 m. Eine solche Antwort ist typisch für strategisches Denken: Die Antwort gründet sich nicht auf die eigene Überzeugung, sondern wird von dem Bestreben getrieben, „punkten" zu wollen. Der Nachsatz von *Dubben/Beck-Bornholdt* „Aber auch darauf sollte man sich nicht verlassen" macht deutlich, dass auch ein derart strategisches Denken nicht weniger risikoreich ist als die einfache Devise, nach dem „gesunden Menschenverstand" zu entscheiden. Im Gegenteil: Beim Spiel um Vernunft und Unvernunft ist es meistens besser, den gesunden Menschenverstand sprechen zu lassen. Meistens ist es besser, nicht immer.

Beim Brunnenproblem wäre es jedenfalls besser gewesen, nach dem gesunden Menschenverstand zu entscheiden und den Zuschlag der Firma mit 14 m Bohrtiefe zu geben. Es handelt sich hier eindeutig um eine Entscheidung gegen die Natur, bei der der Nutzen einer zusätzlichen Information niemals negativ sein kann; eine Bohrung über 14 m schließt das Wissen von Bohrungen über 10 m oder 12 m voll ein. Hier sind strategische Überlegungen der geschilderten Art völlig fehl am Platz.

77

Wie kommen wir zusammen? Können Zahlen prominent sein?

Sie werden gebeten, eine einstellige natürliche Zahl zu nennen. Dieselbe Bitte ergeht an eine Ihnen unbekannte fremde Person. Sollten Sie beide dieselbe Zahl genannt haben, so erhalten beide ein zwei Jahre gültiges VIP-Ticket zum Eintritt in die Uffizien in Florenz, ohne sich in die sonst unvermeidbare Schlange einreihen zu müssen.

Welche Zahl würden Sie wählen?

K. Schredelseker, *Alltagsentscheidungen*, DOI 10.1007/978-3-658-12401-4_77

Antwort

Es handelt sich hier um ein kommunikationsfreies Koordinationsspiel. Sie müssen sich gedanklich mit einer Person koordinieren, die Sie nicht kennen und zu der Sie keinen Kontakt aufnehmen können. Sie werden also versuchen, eine „prominente" Zahl, eine Zahl, die etwas Besonderes ist, zu finden, und hoffen, dass Ihr unbekannter Partner in gleicher Weise denkt und auch nach einer in diesem Sinne prominenten Zahl sucht. Ein „richtig" und ein „falsch" kann es hierbei nicht geben, sondern allenfalls ein „intuitiv nachvollziehbar" oder „überzeugend". Für jeden gibt es vielleicht eine Zahl, die er selbst für die hervorstechendste hält, aber darum geht es nicht. Er muss sich Gedanken darüber machen, welche Zahl von dem unbekannten anderen wahrscheinlich als die prominenteste angesehen wird. Die Random-Strategie (wähle eine Zahl zwischen 0 und 9 nach dem Zufallsprinzip), die sich bei vielen Entscheidungsproblemen als die optimale bewährt hat, zieht hier mit Sicherheit nicht; wir können in diesem Fall die Verantwortung für das vernünftige Nachdenken nicht dem Zufallszahlengenerator überlassen!

Schauen wir uns an, welche der Zahlen den Teilnehmern an der Innsbrucker Vorlesung „Entscheidungen" (306 Teilnehmer) als prominent erschienen sind:

Gewählte Zahl	1	2	3	4	5	6	7	8	9
Häufigkeit	41,8	17,6	6,5	2,6	3,9	5,9	10,5	9,2	2,0

Die Verteilung der Zahlen ist deutlich verschieden von einer Zufallsverteilung, bei der alle Ziffern in etwa gleich oft hätten gewählt werden müssen. Offenbar waren die meisten der Meinung, dass die „1“, die Basis unseres Zahlensystems, die prominenteste der zehn möglichen Zahlen sei. Wer diese Ansicht vertrat und auf die „1“ setzte, konnte auch mit einer Wahrscheinlichkeit von mehr als 40 % damit rechnen, den Preis zu erhalten. Durchaus häufig wurde die „2“ gewählt, die erste Zahl, mit das Zählen wirklich beginnt, und die „7“, der eine gewisse Magie zugesprochen wird; in beiden Fällen war aber die Gewinnwahrscheinlichkeit deutlich geringer; noch geringer war sie in allen anderen Fällen.

Auf den amerikanischen Wirtschaftswissenschaftler *Thomas Schelling* (*1921; Nobelpreis 2005) geht das Konzept des Fokalpunkts (focal point) zurück; er beschreibt ihn als die Erwartung einer Person hinsichtlich dessen, was andere erwarten, dass sie erwartet. Er hat jeweils mit einer Gruppe von Studierenden einen Test durchgeführt, bei dem es darum ging, aus den Zahlen

7, 100, 13, 261, 99, 555

eine zu wählen; sollten alle Gruppenmitglieder die gleiche Zahl wählen, erhält jeder einen ansehnlichen Geldbetrag. Jede der Zahlen „hatte was“, die magische 7, die Unglückszahl 13, die erste Zehnerpotenz 100, die Schnapszahlen 99 und 555 und selbst die 261, deren Besonderheit darin besteht, dass sie die einzige ist, zu der einem nichts einfällt. Deutlich am häufigsten wurde die 7 gewählt und die ersten drei der genannten sechs Zahlen konnten ca. 90 % der Nennungen verbuchen.

In einem anderen Koordinationstest bat *Schelling* seine Studenten, sich mit einem anderen am nächsten Tag in New York zu treffen. Über das Wo und Wann ist nichts ausgesagt und es besteht für die Studenten keine Möglichkeit, miteinander in Kontakt zu treten. Wenn das Rendezvous klappt, erhält jeder

der beiden 100 $. Es war erstaunlich, wie häufig ein Fokalpunkt gefunden wurde: Die einzig wirklich prominente Zeit ist mittags 12 Uhr (high noon), was von den meisten auch gewählt wurde. Problematischer war der Ort, aber auch hier gab es eine auffallend häufige Nennung desselben Orts: Die große Uhr im Grand Central Terminal in Manhattan.

Wo würden Sie sich in Berlin treffen? Ich nehme an unter dem Brandenburger Tor. Wo würden Sie sich in Paris treffen? Ich nehme an, unter dem Eiffelturm. Wo in Mailand? Wahrscheinlich vor dem Dom. Aber in Casalpusterlengo? Mir fällt nichts Besseres ein als der Bahnhof. Und wo in Wien? Ich nehme an, am Eingang zur Hofburg.

Hätten wir uns, lieber Leser, getroffen?

78

Gehen wir dennoch ins Theater?

Die Buchführung im Kopf

Eigentlich wollte Paul gestern Abend ins Theater gehen, aber auf dem Weg dorthin musste er bestürzt feststellen, dass er die Karten, die je 25 € gekostet haben, verloren hatte. Er wusste, dass die Vorstellung nicht ausverkauft ist und man an der Abendkasse noch Tickets hätte erwerben können; dennoch hat er sich dafür entschieden, angesichts der verlorenen Tickets auf den Theaterbesuch zu verzichten.

Tags drauf kam im Büro Pauls Kollege Peter auf ihn zu und schwärmte von dem wundervollen Theaterabend, den er gestern genossen hatte. Allerdings ist ihm etwas Dummes passiert: Er war zeitig dran, weil er noch die Tickets kaufen musste und kam in eine Routinekontrolle der Verkehrspolizei. Peter hatte in der Eile seinen Führerschein vergessen, was ihm eine Verwarnung in Höhe von 50 € einbrachte. Verärgert zwar, aber noch immer rechtzeitig kam er am Theater an, kaufte die Tickets und genoss den Abend.

Versetzen Sie sich in die Rolle der beiden. Hätten Sie genauso entschieden? Oder hätten Sie im ersten Fall nochmals Tickets erworben? Oder hätten Sie im zweiten Fall auch auf den Theaterbesuch verzichtet? Oder hätten Sie sich für ge-

K. Schredelseker, *Alltagsentscheidungen*, DOI 10.1007/978-3-658-12401-4_78

nau das Gegenteil von dem entschieden, was Paul und Peter gemacht haben?

Antwort

Die meisten Menschen hätten genauso gehandelt wie es Paul und Peter taten. Dabei liegt in beiden Fällen substanziell die gleiche Situation vor: Sie sind unvorhergesehener Weise um 50 € ärmer geworden, befinden sich auf dem Weg zum Theater und stehen vor der Entscheidung, ob Sie in die Vorstellung gehen sollen oder nicht. *Kahneman* (*1934) und *Tversky* (1937–1996), die Psychologen und Entscheidungstheoretiker, von denen das Beispiel mit den Theaterkarten stammt, erklären die unterschiedliche Reaktion damit, dass Menschen dazu neigen, unterschiedliche mentale Konten zu führen, in denen finanzielle Transaktionen kategorisiert werden. Im Fall von Paul, der die Karten verloren hatte, war das mentale Konto „Kultur" bereits mit 50 € belastet; hätte er jetzt neue Tickets erworben, wäre der Theaterbesuch mit nunmehr 100 € zu teuer geworden. Peter hingegen verbuchte das Strafmandat mental auf dem Konto „Verkehrsstrafen", das mit seiner Absicht ins Theater zu gehen nichts zu tun hat, und genoss den Abend.

In dem ursprünglichen Beitrag aus dem Jahr 1981 verweisen *Kahneman* und *Tversky* auf ein breit angelegtes Experiment, bei dem sich eine starke Mehrheit (88 %) derer, die wie Peter das Geld verloren hatten, dafür entschied, dennoch ein Ticket zu kaufen und ins Theater zu gehen; von denen, die wie Paul die Karten verloren hatten, entschied sich hingegen eine knappe Mehrheit (54 %) gegen den Theaterbesuch.

Thaler (*1945) berichtet von einem Kollegen, der sich eine clevere Strategie gegen allfällige finanzielle Missliebigkeiten ausgedacht hatte: Zu Beginn des Jahres legt er eine Summe fest, die er am Ende des Jahres für eine Wohltätigkeitsorganisation spenden wird. Sollten im Laufe des Jahres missliche und unnötige Ausgaben anfallen (Glasbruch, Strafmandat, Liegenlassen des Füllhalters o. ä.), so zieht er diese einfach von dem beabsichtigten Spendenbetrag ab und überweist am Jahresende den Betrag, der übriggeblieben ist. Durch Bildung eines besonderen mentalen Kontos hat er einen anderen gefunden, der für die kleinen Misslichkeiten des Lebens aufkommt.

79

Abzugsfähigkeit von Spenden
Ein politisches Entscheidungsproblem

In Österreich hatte der Gesetzgeber vor ein paar Jahren die steuerliche Abzugsfähigkeit von Spenden an wohltätige und gemeinnützige Institutionen beschlossen, etwas, was in Deutschland seit langer Zeit Praxis ist. Im Vorfeld der Entscheidung gab es, wie immer, Befürworter und Gegner dieser Gesetzesinitiative. Der Verfasser hat sich eindeutig dem Lager der Gegner angeschlossen. Können Sie sich vorstellen, warum?

K. Schredelseker, *Alltagsentscheidungen*, DOI 10.1007/978-3-658-12401-4_79

Antwort

Die Grundüberlegung für die Gesetzesinitiative ist zunächst einleuchtend: Wer auf einen Teil seines Einkommens verzichtet, um das Rote Kreuz, Brot für die Welt, Amnesty International, Greenpeace, Rotary End Polio Now o. a. zu unterstützen, sollte nur den Teil seines Einkommens, den er für sich selbst verwendet, versteuern müssen. Die andere, mehr normativ-moralische Sichtweise lautet: Wer in altruistischer Weise etwas erkennbar Gutes für Schwache und Benachteiligte tut, sollte von der Gemeinschaft dafür auch belohnt werden.

Man kann das Problem indes auch ganz anders sehen: Wer sich dafür entscheidet, diese und nicht jene gemeinnützige Institution zu unterstützen, verlangt von der Steuerzahlergemeinschaft, sich an seiner Präferenz zu beteiligen und dies umso mehr, je höher sein marginaler Steuersatz ist. Ein gut Verdienender, der z. B. gewillt ist, Greenpeace zu unterstützen, erhält von der Steuerzahlergemeinschaft einen viel höheren Beitrag zur Erreichung seines Ziels als ein gering verdienender Busfahrer, der vielleicht lieber die Caritas unterstützt. In Deutschland, wo auch Parteispenden steuerlich abzugsfähig sind, heißt das, dass ein Arbeiter, der eine Arbeiterpartei unterstützen will, ungleich mehr Mittel aufbringen muss, um seiner Partei 100 € zukommen zu lassen, als ein gut verdienender Unternehmer, der eine Unternehmerpartei fördern möchte (es ist allerdings fraglich, ob diese Unterscheidungen in der modernen Parteienlandschaft noch berechtigt sind).

Zum Zeitpunkt der Einführung der neuen gesetzlichen Regelung in Österreich war ich für eine Organisation tätig, deren Spendenaufkommen für humanitäre Zwecke weltweit nur von staatlichen oder kirchlichen Institutionen übertroffen wird. Viele meiner Freunde begrüßten den Gesetzesvorschlag,

Spenden abzugsfähig zu machen, weil sie erhofften, die Spender würden künftig ihre Spenden im Bewusstsein verdoppeln, die Hälfte davon im Weg einer Steuerersparnis zurückzuerhalten. Die Erfahrung zeigte allerdings, dass das nicht der Fall war: Die Spenden der meisten blieben nach Einführung der steuerlichen Abzugsfähigkeit im gewohnten Rahmen und die Steuerersparnis nahm man als willkommenes Geschenk entgegen. Je besser jemand verdient, umso höher ist sein Geschenk.

Mit der Einführung der Abzugsfähigkeit von Spenden hat der Staat auf Einnahmen verzichtet, die er sich an anderer Stelle wieder hereinholen musste: Über die Erhöhung von Steuern oder durch die Kürzung von Ausgaben. Unterstellen wir, dass das staatliche Ausgabeverhalten im Großen und Ganzen rational verläuft, so müssen wir annehmen, dass der letzte freie Euro im Staatshaushalt dorthin fließt, wo er nach Ansicht der Regierung den größten Nutzen entfaltet. Andersherum heißt das natürlich, dass, wenn der Staat Einnahmeausfälle ausgleichen muss, er genau an diesen Stellen zuerst streicht, bei der Bildung, bei der Kulturförderung, bei der Verkehrssicherheit oder wo auch immer. Wer aus privaten Mitteln eine gemeinnützige Organisation unterstützt und den Fiskus bittet, er solle sich daran beteiligen, zwingt der Allgemeinheit seine eigenen Präferenzen auf. Nun kann man natürlich einwenden, dass die staatliche Haushaltsgebarung so rational nicht abläuft; jeder Einzelne von uns wird nämlich genügend Beispiele finden, bei denen er eine andere Wertung vorgenommen hätte, etwas mehr hier, etwas weniger dort. Dass das so ist, ist in einem Regierungssystem, das den Auftrag hat, dem Allgemeinwohl und nicht Partikularinteressen zu dienen, unabänderlich. Wer allerdings der Ansicht ist, Entscheidungen der Regierungsverantwortlichen seien in unserem Staat grundsätzlich nicht an Vernunft orientiert, sollte vielleicht lieber auswandern.

Ich habe jedenfalls nach Inkrafttreten des Gesetzes mein Spendenverhalten nicht geändert. Ich spende genauso viel wie zuvor, nicht mehr und nicht weniger, werfe aber die Spendenquittungen einfach weg. Zum einen, weil ich nicht davon überzeugt bin, dass meine Vorstellungen von Gemeinnützigkeit denen unserer gewählten politischen Repräsentanten durchweg überlegen sind. Zum anderen, weil ich es nicht für richtig halte, dass ich für die Unterstützung einer caritativen Einrichtung weniger bezahlen soll als Leute, die weniger verdienen als ich. Und letztlich, weil mich der bürokratische Aufwand des Sammelns, Abheftens und Aufbewahrens der Belege nervt. Damit existiert das Gesetz für mich nicht.

80

Bewerten wir Gewinne und Verluste in gleicher Art?

Ein Ausflug zu den Nutzenfunktionen

Nehmen Sie an, jemand biete Ihnen die folgende Alternative A an:

A1: Sie erhalten 240 €.
A2: Wir werfen zwei Idealmünzen; fallen beide auf Kopf, gewinnen Sie 1000 €, andernfalls gehen Sie leer aus.

Ziehen Sie A1 oder A2 vor?

Nun zu einer anderen Entscheidungsalternative B:

B1: Sie verlieren 750 €.
B2: Wir werfen zwei Idealmünzen; fallen beide auf Kopf, verlieren Sie nichts, andernfalls verlieren Sie 1000 €.

Ziehen Sie B1 oder B2 vor?

K. Schredelseker, *Alltagsentscheidungen*, DOI 10.1007/978-3-658-12401-4_80

Antwort

Wenn Sie sich bei Alternative A für A1, den sicheren Gewinn entschieden haben, liegen Sie gleichauf mit 84 % der Versuchspersonen, die die Entscheidungstheoretiker *Kahneman* und *Tversky* vor dasselbe Problem gestellt hatten. Offenbar zeigen die meisten Menschen, wenn es um Gewinne geht, eine ausgeprägte Risikoscheu und ziehen die sichere Zahlung der riskanten Alternative vor; hier hatte A2 sogar mit 250 € einen höheren Erwartungswert.

Sollten Sie bei Entscheidungsproblem B die Option B2 vorgezogen haben, haben Sie genauso entschieden wie 87 % der Versuchspersonen im Experiment von *Kahneman* und *Tversky*: Sie haben Risikofreude bewiesen und die risikobehaftete Option B2 der risikofreien B1 vorgezogen.

Offenbar neigen die Menschen dazu, Gewinnmöglichkeiten und Verlustmöglichkeiten in unterschiedlicher Weise zu bewerten: Im ersten Fall verhalten sie sich eher risikoscheu, im zweiten Fall eher risikofreudig. Dabei handelt es sich um eine der am besten belegten Tatsachen der *behavioral economics*, einer Variante der Entscheidungstheorie, bei der es nicht darum geht, auszuloten, was die beste Entscheidung für ein gegebenes Problem darstellt,d. h. wie sich der Entscheidungsträger entscheiden *sollte*, sondern darum, wie sich reale Entscheidungsträger angesichts eines Problems tatsächlich verhalten. Im einen Fall spricht man von normativer (*vor*schreibender), im anderen Fall von deskriptiver (*be*schreibender) Entscheidungstheorie.

Die Ungleichbewertung von Gewinnen und Verlusten zeigt sich auch an dem berühmten Beispiel von der „asiatischen Krankheit“, die in den USA ausgebrochen sei und von der man erwarten müsse, dass 600 Menschen an ihr sterben, wenn nichts geschieht. Den Versuchspersonen wurden die Pläne A1 und A2 zur Wahl gestellt, deren Folgen genau bekannt sind:

A1: Wird der Plan A1 realisiert, werden 200 Menschen gerettet
A2: Bei diesem Plan können mit einer Wahrscheinlichkeit von einem Drittel alle Menschen gerettet werden; mit einer Wahrscheinlichkeit von zwei Drittel wird allerdings niemand überleben

Eine andere Gruppe stand vor der Wahl zwischen den Plänen B1 und B2:

B1: Wird Plan B1 realisiert, werden 400 Menschen versterben
B2: Bei Plan B2 wird mit einer Wahrscheinlichkeit von einem Drittel niemand sterben, mit einer Wahrscheinlichkeit von zwei Dritteln werden allerdings alle 600 Erkrankten sterben

Offenbar sind die beiden Entscheidungsprobleme identisch, sie sind nur anders formuliert (sie weisen einen anderen sprachlichen Rahmen, ein anderes *framing* auf): Die Wahl zwischen A1 und A2 ist positiv dargestellt („gerettet" = Gewinn) und führten bei 72 % der Versuchspersonen zur Wahl von A1, bei der keine weitere Unsicherheit besteht: 200 Personen werden gerettet! Das Entscheidungsproblem B1 oder B2 ist negativ formuliert („sterben" = Verlust), was zur Folge hatte, dass sich 78 % der Befragten für die eher risikobehaftete Alternative B2 aussprachen.

Diese mentale Ungleichbehandlung von Gewinnen und Verlusten ist in der Wirtschaftstheorie als Dispositionseffekt bekannt und beschreibt die oftmals festgestellte Neigung vieler Kapitalanleger, im Fall von Kursgewinnen frühzeitig die Position glattzustellen um den Gewinn „heimzufahren", andererseits im Fall von Kursverlusten sehr lange zuzuwarten in der Hoffnung, dass die Kursentwicklung sich wieder dreht. Offenbar nimmt die Mehrzahl der Anleger Kursgewinne und Kursverluste psychologisch unterschiedlich wahr: Anfängliche Gewinne werden hoch bewertet, während darauffolgende weitere Gewinne in nur geringerem Maße positiv besetzt sind. Um gekehrt ist es bei Verlusten, die anfangs als höchst misslich empfunden werden, bei denen dann aber eine Art Gewöhnungseffekt einsetzt. Das hinter diesen Phänomenen stehende Muster beschreibt die *prospect theory*, die ebenfalls auf die bereits mehrfach zitierten Verhaltensökonomen und Entscheidungstheoretiker *Kahneman* und *Tversky* zurückgeht und für die *Kahneman* im Jahre 2002 den Nobelpreis für Wirtschaftswissenschaften erhielt (*Tversky* war zu diesem Zeitpunkt bereits verstorben).

81

Wer schneidet besser ab, Männer oder Frauen?

Das Simpson Problem

An der kleinen aber feinen Universität im oberen Glottertal gibt es nur drei Fakultäten. Im Jahr 2016 traten insgesamt 560 Studenten zum Abschlussexamen an: 400 an der kulturwissenschaftlichen Fakultät, 100 an der rechtswissenschaftlichen und 60 an der naturwissenschaftlichen Fakultät. Im Rahmen der üblichen Prüfungsstatistik wurde auch erhoben, wie sich die Erfolgsquote in den Examina zwischen männlichen und weiblichen Studenten unterscheidet; das Ergebnis:

	Erfolgsquote Männer (%)	**Erfolgsquote Frauen (%)**
Kulturwissenschaften	47,0	48,7
Rechtswissenschaften	58,5	62,9
Naturwissenschaften	63,6	68,8

An allen drei Fakultäten haben offensichtlich die Frauen besser abgeschnitten. Welche Schlüsse können Sie aus diesen Zahlen ziehen?

K. Schredelseker, *Alltagsentscheidungen*, DOI 10.1007/978-3-658-12401-4_81

Antwort

Sicher ist der Schluss, Frauen seien generell bei ihren Studien erfolgreicher, anhand der Daten nicht zulässig, handelt es sich hier doch um eine punktuelle Erfassung an einer einzelnen Universität in einem bestimmten Jahr, die sicher nicht verallgemeinert werden darf. Aber die Aussage, an der Universität Oberes Glottertal seien im Jahr 2016 die Studentinnen durchwegs erfolgreicher gewesen als ihre männlichen Kommilitonen, ist doch wohl zulässig, wie die Zahlen zeigen. Oder nicht?

Nein, ist sie nicht. Sieht man sich nämlich die gesamte Statistik an, so ergibt sich die folgende paradox anmutende Situation (*N°* gibt an, wie viele Kandidaten/Kandidatinnen angetreten sind; *best.* gibt an, wie viele davon bestanden haben):

	Männer			**Frauen**		
	N°	Best.	In %	N°	Best.	In %
Kulturwissenschaften	164	77	47,0	236	115	48,7
Rechtswissenschaften	65	38	58,5	35	22	62,9
Naturwissenschaften	44	28	63,6	16	11	68,8
Universität	**273**	**143**	**52,4**	**287**	**148**	**51,6**

Zwar ist die Erfolgsquote der weiblichen Studenten an allen drei Fakultäten höher als die der männlichen, auf der Ebene der Gesamtuniversität dreht sich aber das Verhältnis um: Von den 273 männlichen Kandidaten haben 52,4 % das Ziel erreicht, während es bei den 287 Kandidatinnen „nur" 51,6 % waren. Der Unterschied ist nicht groß, aber auf jeden Fall groß genug, um die Aussage, die Frauen seien erfolgreicher gewesen als die Männer ad absurdum zu führen. Natürlich wäre die gegenteilige Behauptung, ebenfalls zahlengestützt, gleichermaßen abwegig. Das Phänomen ist in der Statistik als Simpson-Paradox bekannt; es geht auf den englischen Statistiker *Edward Hugh Simpson* (*1922) zurück und beschreibt ein Problem, das dann möglicherweise auftritt, wenn man Gruppenergebnisse zu einem Gesamtergebnis aggregiert.

Das einzige, was man nämlich zu der obigen Tabelle wirklich sagen kann ist, dass Frauen an der kulturwissenschaftlichen Fakultät überrepräsentiert sind, dort, wo die Durchfallquoten für alle (Männer wie Frauen) am höchsten sind. Sowohl die Aussage, dass an der Universität mehr Männer ihr Ziel erreichen als Frauen, ist richtig, wie auch die Aussage, dass an allen Fakultäten Frauen häufiger ihr Ziel erreichen als Männer. So widersprüchlich dies dem Laien auch erscheinen mag.

Im Jahr 1973 wurde die weltbekannte Universität Berkeley in Kalifornien wegen Diskriminierung von weiblichen Bewerbern bei der Zulassung zum Studium geklagt. In der Tat wurden Frauen, betrachtete man die Zulassungszahlen auf der Ebene der Universität, gegenüber männlichen Bewerbern statistisch signifikant benachteiligt: Von 8442 männlichen Bewerbern wurden 44 % akzeptiert, während von den 4321 Bewerberinnen nur 35 % zum Studium zugelassen wurden. Eine genauere statistische Analyse zeigte allerdings, dass Frauen sich vorzugsweise an Departments bewarben, wo es generell (für Männer wie für Frauen) hohe Ablehnungsraten gab, während die Männer eher Studiengänge belegen wollten, bei denen die Zulassungsquoten hoch waren. Bei zehn (von 101) Departments der Universität wurden signifikante geschlechtsbedingte Unterschiede festgestellt: In vier Departments zugunsten der Männer, in sechs Departments zugunsten der Frauen. Eine systematische Diskriminierung war allerdings nicht zu erkennen. Unter Verweis auf das Simpson'sche Paradox konnte die Universität somit erfolgreich die Klage abwehren.

Wem die Zusammenhänge des Simpson-Paradoxes nicht geläufig sind, kann niemals seriöse Entscheidungen auf der Basis aggregierter statistischer Datensätze treffen.

82

Entscheidungen auf der Grundlage von Daten

Korrelationen sind keine Kausalitäten

Dass Entscheidungen gut fundiert, reiflich überlegt und von relevantem Wissen geprägt sein sollten, ist wohl unumstritten. Einen großen Teil dieses entscheidungsrelevanten Wissens beziehen wir aus statistischen Erhebungen, die von unterschiedlichen Quellen stammen: Wissenschaftliche Studien, Erhebungen der statistischen Landesämter, von EU, EZB, UNESCO, OECD, Presse, Rundfunk, Fernsehen etc. Alle diese Informationen hinterlassen in unserem Bewusstsein ein mehr oder minder gefestigtes Wissen, das für viele unserer Entscheidungen handlungsleitend wird. Beim Surfen durch den Datenwust sind allerdings ein paar Regeln zu beachten, die alle darauf hinauslaufen, ein zumindest intuitives Verständnis von Statistik zu haben.

Im Folgenden wird über ein paar typische statistische Befunde berichtet und die Leser sind gebeten, sich jeweils dazu eine Meinung zu bilden.

1. Eine Studie aus den Fünfzigerjahren des letzten Jahrhunderts belegt einen eindeutigen statistischen Zusammenhang zwischen Geburtenraten und Storchpopulation im Elsass in der Zeit nach dem ersten Weltkrieg. Im gleichen

K. Schredelseker, *Alltagsentscheidungen*, DOI 10.1007/978-3-658-12401-4_82

Maße wie dort die Bestände an Störchen zurückgegangen sind, hat die Geburtenrate abgenommen. Statistisch formuliert: Die Korrelation zwischen den beiden Variablen war enorm hoch und in höchstem Maße statistisch signifikant. Offenbar werden im Elsass die Kinder von den Störchen gebracht.

2. Die Lebenserwartung von Herzchirurgen ist deutlich geringer als die von Handwerkern. Ist Herzchirurgie physisch und psychisch so viel belastender als Handwerksberufe oder unterliegen Herzchirurgen einem besonders hohen Infektionsrisiko?
3. Es gibt statistische Untersuchungen, in denen ein klarer Zusammenhang zwischen Charaktereigenschaften von Menschen und dem Sternzeichen, in dem sie geboren sind, festgestellt werden konnte. Ist damit der wissenschaftliche Beweis für die Thesen der Astrologie erbracht?
4. Die Zahl der Krebserkrankungen hat in den letzten fünfzig Jahren in den entwickelten Industrieländern gewaltig zugenommen. Wir müssen unsere Lebensweise ändern, um dieser Entwicklung Einhalt gebieten zu können.
5. Bei klarer Sicht passieren deutlich mehr Autounfälle als bei Nebel. Sehen Sie Handlungsbedarf für die Verkehrspolizei?
6. Die Zahl der Unfälle mit spielenden Kindern im Straßenverkehr ist zurückgegangen. Fahren die Autofahrer endlich etwas rücksichtsvoller?
7. Menschen, die rauchen, verursachen gewaltige soziale Kosten, für die sie viel mehr als bisher zur Kasse gebeten werden sollten.
8. Viele Studenten klagen über überfüllte Vorlesungen. Sollten wir größere Hörsäle bauen?
9. Die zugewanderten Flüchtlinge weisen eine höhere Kriminalitätsrate auf als die einheimische Bevölkerung. Beunruhigt Sie das?

Antwort

Solche Zusammenhänge ließen sich noch viele finden. Von *Josef Stalin* (1878–1953) weiß man, dass er Statistiken liebte. Er war in seiner Leidenschaft nicht alleine.

Keiner der genannten statistischen Zusammenhänge ist falsch oder manipuliert. Gleichwohl sollte man vorsichtig bei der Interpretation solcher Ergebnisse sein, wie es die folgenden Erörterungen deutlich machen sollten:

1. Natürlich war das eine Spaßfrage, denn niemand glaubt ernsthaft an den Storch, der die Kinder bringt. Die Fragestellung stammt von *Rolf Wagenführ* (1905–1975), dem ersten Präsidenten des Statistischen Amtes der Europäischen Gemeinschaften. Ich hatte das Glück, bei ihm meine ersten Vorlesungen in Statistik hören zu dürfen. Eine seiner Hauptbotschaften lautete: Korrelation ist keine Kausalität! Solange wir keine überzeugende Theorie dafür haben, warum ein bestimmter Zusammenhang gelten sollte, ist sein statistischer Nachweis, und sei er noch so eindrucksvoll, wertlos. Dass zwei Dinge statistisch zusammenhängen, heißt nicht, dass das eine für das andere ursächlich ist: Weder werden im Elsass die Babys von den Störchen gebracht, noch hat die zurückgegangene Geburtenrate die Störche veranlasst, das Elsass zu meiden.
2. Nichts von alledem. Herzchirurgie ist weder extrem belastend, noch mit einem hohen Infektionsrisiko verbunden. Der Grund für die niedrigere Lebenserwartung ist einfach nachzuvollziehen: Herzchirurgie ist ein relativ junger Beruf. Als eigenes Fachgebiet besteht Herzchirurgie erst seit 1993. Es gibt somit nur wenige wirklich alte Herzchirurgen, die mit ihrem Ableben das durchschnittliche Sterbeal-

ter der Berufsgruppe nach oben ziehen würden. Diejenigen Herzchirurgen, die verstorben sind, waren in ihren besten Jahren und sind einem Unfall, einer Naturkatastrophe oder einer tödlichen Krankheit, die jeden hätte treffen können, zum Opfer gefallen. Das Handwerk hingegen hat nicht nur einen goldenen Boden, sondern auch eine lange Tradition: Viele der kürzlich verstorbenen alten Menschen waren vor ihrem Ruhestand Handwerker.

3. Sicherlich nicht, denn Studien dieser Art (Stichprobe, Zufallserhebung) können eine These allenfalls erschüttern oder stützen, niemals aber sie beweisen. Dennoch überrascht das Ergebnis. Unterstellt man, dass die Daten nicht bewusst gefälscht worden sind, gibt es zwei Möglichkeiten der Erklärung: Glaube und Datamining. *Zum Glauben*: Da fast jeder dritte Deutsche Zusammenhänge zwischen Sternzeichen und menschlichen Eigenschaften für möglich hält und viele sogar fest daran glauben, ist zu erwarten, dass dies Einfluss auf die Selbstwahrnehmung hat. Wer im Zeichen des Schützen geboren ist, neigt dazu, sich als betont unabhängig und freiheitsliebend darzustellen, da diese Eigenschaften üblicherweise diesem Sternbild zugeordnet werden. Wenn sich aber „Löwen" als „willensstark", „Fische" als empfindsam und „Jungfrauen" als vernunftbetont einschätzen, darf man sich nicht wundern, wenn jemand, der den Zusammenhang zwischen Sternzeichen und menschlichen Eigenschaften untersucht, in diesem Sinne fündig wird und seine Ergebnisse freudig als neue wissenschaftliche Erkenntnis darstellt: Der Zusammenhang besteht zwar, aber die Ursache-Wirkungsbeziehung ist anders als vermutet. *Zum Datamining*: Wir leben in einem Zeitalter der Datengläubigkeit und es werden tagtäglich weltweit tausende von Studien angefertigt, in denen Zusammenhänge zwi-

schen unterschiedlichsten Variablen untersucht werden; die meisten bleiben unberücksichtigt, weil der vermutete Zusammenhang sich nicht bestätigen ließ. Ist das aber doch einmal der Fall, werden die Ergebnisse als „neue Erkenntnis“ oder als „Beleg“ für eine alte These veröffentlicht. Vieles spricht dafür, dass der gefundene Zusammenhang sich zufällig ergeben hat; selbst wenn man rein zufällig entstandene Datenreihen untersucht, wird man, wenn man es nur häufig genug tut, auf signifikante Zusammenhänge stoßen. Mit dem Begriff des Datamining (Datenbergbau) wird dies bildlich beschrieben: Wie der Bergmann tausende Tonnen wertloser Erde umgraben muss, bis er einen Diamanten findet, wälzt der empirische Wissenschaftler tausende von Datensätzen um, bis er einen veröffentlichungswürdigen Zusammenhang entdeckt hat. Auf den Websites *tylervigen.com* und *scheinkorrelation.jimdo.com* sind einige Beispiele für zufällig gefundene statistisch signifikante Zusammenhänge verzeichnet. Die amerikanischen Ausgaben für Wissenschaft und Forschung sind hoch korreliert mit der Selbstmordrate in den USA; in Sachsen besteht ein eindeutiger Zusammenhang zwischen den Nächtigungszahlen in Beherbergungsbetrieben und den Erzeugerpreisen für Blumenkohl; der Mozzarellaverbrauch in den USA korreliert hochgradig mit der Zahl der ingenieurwissenschaftlichen Doktorate etc. Ich bleibe daher dabei, dass die Stellung von zig Billionen Kilometer entfernten Sternen in einer Märznacht von nunmehr 74 Jahren sicher nichts dazu beigetragen hat, so zu werden wie ich geworden bin. Der Widder war’s nicht!

4. Es ist richtig, dass die Zahl der Krebserkrankungen in den letzten fünfzig Jahren stark zugenommen hat. Der wesentliche Grund dafür ist allerdings die Tatsache, dass die Men-

schen immer älter werden und das Krebsrisiko eindeutig mit steigendem Alter wächst. Blickt man nämlich auf die altersstandardisierten Daten, so zeigt sich kein Anstieg (tlw. sogar ein Rückgang) der Krebsmortalität. Vor diesem Hintergrund wirkt der zweite Satz, der, die Menschen sollten ihre Lebensweise ändern, nachgerade als zynisch: Wollen wir wirklich, dass sie wieder früher sterben?

5. Ich glaube nicht, denn der dargestellte Zusammenhang beschreibt eine Selbstverständlichkeit, da in unseren Breiten viel häufiger klare Sicht herrscht als Nebel. Es sterben auch viel mehr Menschen im Bett als auf dem Motorrad; dennoch ist es im Bett nicht gefährlicher als auf einer 1000er Ducati.
6. Vielleicht tun sie es, ich weiß es nicht. Dass es weniger Unfälle mit Kindern auf den Straßen gibt, liegt aber primär daran, dass es weniger Kinder als früher gibt und ihre Eltern es ihnen immer weniger erlauben, auf der Straße zu spielen.
7. Vielleicht, vielleicht aber auch nicht. Eine solide Antwort kann nur lauten: Wir wissen es nicht. Nicht, weil uns die zur Berechnung erforderlichen Daten nicht vorliegen, sondern weil wir nicht wissen, was wir in die Berechnungen einbeziehen sollten und was nicht. Selbstverständlich verursacht ein fünfzigjähriger Raucher mehr krankheitsbedingte Kosten als ein fünfzigjähriger Nichtraucher (gleiche Ernährungsgewohnheiten, Stressfaktoren, Sportaktivitäten etc. vorausgesetzt). Selbstverständlich zahlt ein Raucher mehr Steuern an den Fiskus als ein Nichtraucher. Selbstverständlich steigen durch Tabakkonsum die krankheitsbedingten Produktivitätsausfälle in der Wirtschaft. Selbstverständlich entlasten die Raucher aufgrund ihrer kürzeren Lebenserwartung die Krankenkassen und insb.

die Rentenversicherungen. Das alles wissen wir; was wir nicht wissen, ist das volkswirtschaftliche Gesamtbild. Und solange den Rechenprogrammen politische und moralische Denk-(Rechen-)verbote auferlegt werden, werden wir es nicht wissen. Als einige britische Versicherer vor Jahren aus rein wirtschaftlichen Gründen Rauchern Vorteile in Form niedrigerer Prämien oder besserer Leistungen zukommen lassen wollten, führte das zu einem Aufschrei der Entrüstung: Es sei sittenwidrig, das Laster auch noch zu belohnen. Dabei haben die Versicherer ganz einfach nach dem Motto entschieden: Je näher die Bahre, umso höher das Bare.

8. Dass viele Studenten über überfüllte Vorlesungen klagen, liegt zunächst einmal daran, dass es viele Studenten sind, sonst wäre die Vorlesung ja nicht überfüllt. Es berichten auch mehr Reisende von überfüllten Zügen als von leeren; das muss so sein, denn in den überfüllten Zügen sind viele und in den leeren wenige. Überfüllte Vorlesungen gab es übrigens schon in den sechziger Jahren; meistens waren es die besten, denn sonst wären sie ja nicht überfüllt gewesen. Ich erinnere mich an eine Vorlesung von *Erich Gutenberg* an der Universität zu Köln, die schon in den sechziger Jahren per Lautsprecher auf den Universitätshof übertragen werden musste, weil der Hörsaal hoffnungslos überfüllt war. Natürlich hätte man aus Gründen der didaktischen Effizienz auch nur die vierzig Besten zulassen können; mir wäre allerdings durch eine solche Regelung ein prägendes Erlebnis verwehrt gewesen. Manche Dinge sollte man einfach so hinnehmen wie sie sind.
9. Ich weiß nicht, ob es so ist, aber es würde mich weder wundern, noch beunruhigen. Ich gehe auch davon aus, dass nach der spanischen Kriminalitätsstatistik die Österreicher eine höhere Kriminalitätsneigung aufweisen als die

Spanier, was mich auch nicht beunruhigt. Der Grund für dieses Phänomen ist in den unterschiedlichen Altersstrukturen zu suchen. Österreicher in Spanien sind überwiegend Touristen, Erasmusstudenten, Praktikanten, Weltenbummler etc. Schwerpunktmäßig dürften sie der Altersgruppe zwischen 20 und 40 angehören, die überall (in Österreich wie in Spanien) eher dazu neigen, straffällig zu werden (Schlägereien, Diebstähle, Zechprellerei etc.) als Insassinnen von Altersheimen oder nicht strafmündige Kinder. Da von den bei uns lebenden Flüchtlingen aus Nahost die meisten junge Männer im Alter zwischen 20 und 40 Jahren sind, wäre die einzig aussagekräftige Statistik die, bei der die gleichen Kohorten einander gegenübergestellt werden. Solche Zahlen zu finden ist allerdings oft unmöglich.

Entscheidungen sollten sich auf solide Informationen stützen. Die Kenntnis der verschiedenen statistischen Fehlerquellen und Fallstricke kann dazu beitragen, solide von unsoliden Daten zu unterscheiden und sich vor einer allzu naiven Datengläubigkeit zu schützen.

83

Blasen, die platzen, sind Blasen ...
Sind Blasen, die nicht platzen, keine Blasen?

Im Herbst 2013 erhielten zwei Finanzwirtschaftler den Nobelpreis für Ökonomie, die in der Fachöffentlichkeit als klare Antipoden wahrgenommen wurden. Der eine, *Eugene Fama* (*1939), gilt als glühender Verfechter der These informationseffizienter Märkte, der andere, *Robert Shiller* (*1946), als einer der schärfsten Gegner dieses Konzepts. *Paul Krugman* (*1953), Nobelpreisträger des Jahres 2008, kommentierte die Entscheidung der wissenschaftlichen Kommission eher sarkastisch:

> *Viele Leute mögen immer schon gedacht haben, die Ökonomie sei die einzige Wissenschaft, in der zwei Leute das Gegenteil voneinander behaupten können und beide einen Nobelpreis bekommen. Aber selbst solche Leute werden es nicht für möglich gehalten haben, dass zwei Ökonomen mit sich widersprechenden Thesen im selben Jahr denselben Nobelpreis gemeinsam erhalten.*

Die Positionen können tatsächlich kaum widersprüchlicher sein. Befragt nach der Existenz von Preisblasen in den Märk-

K. Schredelseker, *Alltagsentscheidungen*, DOI 10.1007/978-3-658-12401-4_83

ten, antwortete *Fama*, er glaube nicht an Blasen; es gäbe keinen Beweis, dass sie existieren. *Shiller* hingegen antwortete auf die Frage, ob es etwas Konkretes gebe, das ihn veranlasst habe, sich näher mit Finanzmärkten auseinanderzusetzen: Ja, Blasen. Die Vorstellung, dass die Menschen stets rational kalkulieren, möge auf einige wenige zutreffen, könne aber nicht für den gesamten Markt Gültigkeit beanspruchen. Deshalb gebe es Blasen.

Welcher Position neigen Sie eher zu? Waren die rasanten Kursstürze von 1986, 2000 und 2008 rationale Anpassungen an wirtschaftliche Bedingungen, die sich geändert hatten, oder waren sie eher der unvermeidliche Einsturz eines rein von Spekulation getragenen Kartenhauses, also Blasen?

Antwort

Wenn Sie mit der Antwort zögern, liegen Sie richtig, eine klare Antwort lässt sich kaum geben. Natürlich gibt es sie, die abrupten Preiszusammenbrüche, nicht nur an den Finanzmärkten, sondern auch an Gütermärkten (Immobilienblase 2007 in USA, aber auch schon die Tulpenspekulation 1637 in Holland).

Eine Blase ist gekennzeichnet durch zwei Dinge: Zum einen die Tatsache, dass die Preise für eine längere Zeit stark angestiegen sind und dann plötzlich zusammenbrechen; zum anderen, dass dieser Zusammenbruch von Experten vorhergesagt wurde. So hat *Elaine Garzarelli*, eine Mitarbeiterin des mittlerweile untergegangenen Bankhauses Lehmann, den stärksten Markt-Crash in der Börsengeschichte am 19. Oktober 1987 vorausgesagt. Sie hat ihre Kunden aufgefordert, alle ihre Aktien zu verkaufen und hat einige Tage vor dem Crash in der amerikanischen Zeitung US Today ein Fallen das Dow Jones um 500 Punkte prognostiziert; wenige Tage später war ihre Vorhersage zur Wirklichkeit und sie zum berühmtesten Guru der Wall Street geworden. Wer ihr allerdings daraufhin sein Geld anvertraut hat, sah sich bitter enttäuscht, denn ihre Empfehlungen waren weit davon entfernt, wenigstens eine Marktrendite zu erzielen. Offenbar ist das so: Wenn, wie in den Finanzmärkten, täglich tausende von Prognosen gemacht werden, dann wird immer jemand dabei sein, der dabei richtiggelegen hat. Über seine Fähigkeiten, den Markt vorherzusagen, sagt das nichts aus.

Im Herbst 1995 konnte der berühmteste amerikanische Aktienindex, der Dow Jones Industrial Average (DJIA) auf eine beispiellose Entwicklung zurückblicken: In den vorangegangenen fünf Jahren war er nahezu kontinuierlich gestiegen, hatte sich mehr als verdoppelt und den Aktionären eine durchschnittliche Jahresrendite von fast 18 % beschert. Für viele Kommentatoren war dies das Anzeichen einer völligen Überhitzung, einer massiven Überbewertung und demzufolge einer akuten Crashgefahr. Tatsächlich hat sich das Indexniveau in den darauffolgenden fünf Jahren abermals verdoppelt und ist danach bis heute nochmals auf mehr als das Dreifache angestiegen. Offenbar waren die hohen Kurse im Jahre 1995 eben nicht Ausdruck einer massiven Überbewertung, sondern wahrscheinlich fundamental gerechtfertigt. Die lautstarken Crashpropheten von 1995 waren naturgemäß zurückhaltend und hofften darauf, dass sich nur wenige an ihre verfehlte Panikmache erinnerten. Wäre es hingegen anders gelaufen und es hätte im Winter 1995 einen massiven Kurseinbruch gegeben, so hätten sich dieselben Personen gerühmt, richtig den Markt eingeschätzt zu haben: Es war doch klar, dass es so hat kommen müssen. Wir haben doch eindeutig darauf hingewiesen. Jeder vernünftige Mensch musste damit rechnen, dass ... etc.

Der Begriff Blase gibt nur dann einen Sinn, wenn er handlungsleitend ist; das wiederum setzt voraus, dass eine Blase erkannt werden kann, bevor sie platzt. Genau das ist aber nicht der Fall. Das Kursniveau Ende 1995 wäre dann eine Blase gewesen, wenn sie geplatzt wäre. Sie ist aber nicht geplatzt, also war es keine Blase.

Sie hatten also recht, wenn Sie zögerlich waren bei der Antwort auf die Frage, ob die genannten Kursphänomene Blasen waren oder nicht. Vielleicht waren sie es, vielleicht aber auch nicht.

84

Wer kennt Linda?

Probleme der Repräsentativitätsheuristik

Sie treffen Linda immer wieder beim Sport. Das Einzige, was Sie von ihr wissen, ist: Sie ist 33 Jahre alt, hat Philosophie studiert, ist ledig und gilt als ausgesprochen intelligent. Sie sagt offen, was sie denkt und hat sich während ihrer Studienzeit vielfältig für Gleichberechtigung und soziale Gerechtigkeit engagiert. An einigen Demonstrationen gegen die Nutzung von Atomenergie hat sie auch teilgenommen.

Welcher der beiden Gruppen würden Sie Linda eher zuordnen:

a. Linda ist bei einer Bank angestellt.
b. Linda ist Feministin und Bankangestellte.

Auch Steve ist häufig im Fitnessstudio. Was Sie von ihm wissen, ist: Er ist 42 Jahre alt, eher schüchtern und zurückgezogen, aber immer hilfsbereit. Er zeigt wenig Interesse an anderen Menschen oder an der wirklichen Welt. Er ist ein sanftmütiger und ordentlicher Mensch, mit einem ausgeprägten Bedürfnis nach Ordnung und Liebe für das Detail.

K. Schredelseker, *Alltagsentscheidungen*, DOI 10.1007/978-3-658-12401-4_84

Ist für Sie Steve eher

a. ein Pilot,
b. ein Bibliothekar,
c. ein Landwirt
d. oder ein Verkäufer?

Antwort

Auch das Beispiel mit Linda stammt aus der Werkstatt der schon mehrfach zitierten Psychologen *Kahneman* und *Tversky* und beschreibt wieder eine typische Entscheidungsheuristik, hier die *Repräsentationsheuristik*, die in offenem Gegensatz zu einer rationalen Entscheidung steht und die in vielen experimentellen Studien bestens belegt wurde.

Wenn Sie a) gewählt haben, haben Sie sich vernünftig entschieden. Wenn Sie hingegen, was die meisten bei diesem Problem tun, b) gewählt haben, ist Ihnen ein typischer Fehler unterlaufen. Sie haben diejenige Antwort gewählt, bei der die meiste Übereinstimmung mit dem Prototyp besteht: Viele junge Frauen, auf die Lindas Beschreibung zutrifft, dürften auch Feministinnen sein, während die Charakterisierung nicht gerade für Bankangestellte typisch ist. Gleichwohl war Ihre Antwort falsch, denn es ist undenkbar, dass die Kombination „Feministin *und* Bankangestellte" wahrscheinlicher ist als „Bankangestellte" alleine! Im Extremfall ist beides gleich wahrscheinlich, dann nämlich, wenn alle Bankangestellte Feministinnen sind; die Wahrscheinlichkeit für X + Y kann niemals größer sein als die für nur X oder für nur Y.

Wenden wir uns nun Steve zu. Wenn Sie sich hier für „Bibliothekar" entschieden haben, sind Sie wieder Opfer der Repräsentationsheuristik geworden. Zwar mag die Beschreibung eher unserer Vorstellung von einem Bibliothekar als der von einem Piloten, Bauern oder Verkäufer entsprechen, das war aber nicht die Frage. Gefragt war nach Steve, von dem Sie nur wissen, was angegeben war. Andererseits wissen Sie, dass es in unserer Gesellschaft weit mehr Bauern und noch mehr Verkäufer gibt als Bibliothekare. Und selbstverständlich gibt es auch unter den Bauern, Verkäufern und Piloten Menschen, die eher introvertiert, sanftmütig und ordentlich sind. Die Wahrscheinlichkeit, dass eine zufällig herausgegriffene Person, eben Steve, ausgerechnet einen Orchideenberuf wie Bibliothekar betreibt, ist äußerst gering. Wahrscheinlich ist auch Steve ein Verkäufer, schlicht weil das die am stärksten besetzte Berufsgruppe der vier genannten ist. Auch wenn die Charakterisierung von Steve auf einen höheren Prozentsatz von Bibliothekaren passen sollte als von Verkäufern.

85

Arbeit für die Kriminalpolizei

Eine Anwendung des Bayes'schen Kalküls

In Flopstadt gibt es derzeit 20.000 Autos. Die meisten gehören alteingesessenen Flopstädtern, aber es leben auch aus den Kriegswirren Zentralafrikas geflohene Personen in der Stadt, von denen 200 ein Auto besitzen. Eines Abends wird eine ältere Dame von einem Auto angefahren und der Fahrer begeht Fahrerflucht. Ein Zeuge erklärt, gesehen zu haben, dass ein Mann mit schwarzer Hautfarbe am Steuer gesessen habe. Allerdings sei es dunkel gewesen und er habe nur einen kurzen Blick in das Auto werfen können.

Am nächsten Morgen nimmt sich die örtliche Polizei der Sache an. Der Zeuge ist der Polizei aus einem anderen Zusammenhang als durchaus zuverlässig bekannt und man weiß aufgrund eines Tests, dass seine Angaben in 95 % der Fälle korrekt sind und er sich nur in 5 % der Fälle irrt.

Wovon sollte die Polizei ausgehen? War eher ein Einheimischer oder ein Zuwanderer der Täter? Sollte man eher die Autos der Zuwanderer oder eher die der Einheimischen auf Spuren des Unfalls untersuchen?

K. Schredelseker, *Alltagsentscheidungen*, DOI 10.1007/978-3-658-12401-4_85

Antwort

Sicher wäre der Schluss, wahrscheinlich (d. h. mit 95 % Wahrscheinlichkeit) sei ein Zuwanderer der Täter, vorschnell, denn er berücksichtigt nur den Fehler der ersten Art (dass der Zeuge einen Zuwanderer fälschlicherweise als hellhäutig erkannt hat), nicht aber den Fehler zweiter Art (dass er bei einem Einheimischen fälschlicherweise eine dunkle Hautfarbe ausgemacht hat).

Sehen wir uns alle möglichen Fälle einmal in einer Tabelle an: Wenn der Fahrer dunkelhäutig ist (200 Fälle), erkennt der Zeuge das korrekt in 190 Fällen; in 10 Fällen (= 5 %) erkennt der Zeuge den Zuwanderer fälschlicherweise als hellhäutig und begeht damit einen Fehler erster Art. Wenn der Fahrer ein Einheimischer ist (19.800 Fälle), erkennt der Zeuge das korrekt in 18.810 Fällen; in den 990 anderen Fällen (= 5 %) irrt er sich und begeht einen Fehler zweiter Art. Damit ergibt sich die nachstehende Tabelle:

	N°	Zeuge sieht helle Hautfarbe	Zeuge sieht dunkle Hautfarbe
Zuwanderer ist Täter	200	10	190
Einheimischer ist Täter	19.800	18.810	990
Summe	20.000	18.820	1180

Somit liegt die Wahrscheinlichkeit, dass dann, wenn der Zeuge eine dunkle Hautfarbe gesehen hat, auch der Täter ein Zuwanderer war, etwa bei 16 % (in 190 von 1180 Fällen). Die Wahrscheinlichkeit dafür, dass, obwohl der Zeuge glaubt, eine dunkelhäutige Person am Steuer gesehen zu haben, der Täter dennoch ein Einheimischer war, ist mehr als fünfmal so groß und liegt etwa bei 84 % (in 990 von 1180 Fällen). Da es viel mehr Einheimische gibt als Zuwanderer, ist die Wahrscheinlichkeit, einen Einheimischen als dunkelhäutig wahrzunehmen, eben viel größer als die, einen Zuwanderer (von denen es nur wenige gibt) falsch zu erkennen.

Daraus zu schließen, man sollte bei den Ermittlungen erst mal bei den Einheimischen beginnen, wäre jetzt aber wieder falsch. Denn wenn die Polizei ein beliebiges Fahrzeug mit einem einheimischen Fahrer anhält, liegt die Wahrscheinlichkeit dafür, dabei das Tatfahrzeug zu entdecken, bei 0,004 %: Die Wahrscheinlichkeit, dass das Tatfahrzeug einem Einheimischen gehört, liegt zwar bei 84 %, die Wahrscheinlichkeit aber, dass es gerade das kontrollierte Fahrzeug ist, bei geringen 84 % / 19.800 = 0,004 %. Hält die Polizei hingegen das Fahrzeug eines Zuwanderers an, liegt die Wahrscheinlichkeit dafür, bei einer zufälligen Kontrolle das Tatfahrzeug zu erwischen, bei 16 % / 200 = 0,08 % und ist somit zwanzigmal höher.

Dass diese Ergebnisse und die daraus abgeleiteten Maßnahmen der Polizei in Flopstadt zu erbitterten Diskussionen an den Stammtischen geführt haben, kann man sich vorstellen:

> Das ist wieder mal typisch. Da haben wir einen verlässlichen Zeugen, der einen Schwarzen gesehen hat, und unsere Polizei geht davon aus, dass der Täter eher ein Einheimischer war. Da sieht man mal wieder, dass … (*bitte selbst ergänzen, viel Phantasie braucht man dazu nicht!*).
> Das ist wieder mal typisch. Die Polizei weiß, dass das Tatfahrzeug mit großer Wahrscheinlichkeit einem Einheimischen gehört, sie überprüft aber primär die Wagen der Zuwanderer. Da sieht man mal wieder, dass … (*bitte selbst ergänzen, viel Phantasie braucht man dazu nicht!*).

Dabei hat die Polizei hier wirklich alles richtig gemacht. Sie kennt sich nämlich aus mit bedingten Wahrscheinlichkeiten.

Im Dienstzimmer des Kommandanten hängt ein großes Bild von *Thomas Bayes*, dem berühmten englischen Kirchenmann aus dem frühen 18. Jahrhundert, der schon viele Statistikstudenten zur Verzweiflung gebracht hat.

86

Wie macht man Wahlprognosen?

Unterschiedliche Versuche, die Zukunft vorauszusehen

Sie kennen es alle. Die Zeit vor einer wichtigen Wahl ist geprägt von fast täglich veröffentlichten Wahlprognosen. Sie kommen so zustande, dass eine nach dem Zufallsprinzip ausgewählte Menge von Wahlberechtigten telefonisch nach ihrer Parteienpräferenz befragt wird. Ist die Zahl der Befragten groß genug und nach den typischen demografischen Angaben (Alter, Geschlecht, Region, Einkommen etc.) ausgewogen, gilt die Umfrage als repräsentativ und dient als Prognose für die bevorstehende Wahl. In Deutschland am bekanntesten ist die sog. Sonntagsfrage: „Welche Partei würden Sie wählen, wenn nächsten Sonntag Bundestagswahl wäre?" (ähnlich in Österreich und der Schweiz). Allerdings sind mit diesen Umfragen auch ernsthafte methodische Probleme verbunden: Berufstätige sind seltener zu Hause, es werden aus taktischen Gründen Falschantworten gegeben, „unbeliebte" Parteien werden nicht genannt, eine Wahlentscheidung ist noch nicht gefallen, man will das aber nicht zugeben und nennt irgendeine Partei o. a.

Könnte man Wahlprognosen nicht anders machen und sie einfach einer Börse überlassen?

K. Schredelseker, *Alltagsentscheidungen*, DOI 10.1007/978-3-658-12401-4_86

Antwort

Man kann und man tut es auch. Der erste Versuch einer Wahlbörse fand anlässlich der US-Wahl 1988 in Iowa statt und brachte ein sensationelles Resultat hervor: Der Stimmenteil von *George Bush* wurde mit einem Fehler von nur 0,25 % korrekt vorhergesagt, ein Ergebnis, das die herkömmlichen Wahlforschungsinstitute meilenweit hinter sich ließ. Seitdem haben sich in nahezu allen Ländern Institute etabliert, die Wahlen auf fast allen Ebenen (Gemeinde, Land, Bund, Europawahl) im Wege eines simulierten Börsenhandels vorherzusagen versuchen.

Es gibt verschiedene Typen derartiger Wahlbörsen. Meistens finden sie im Internet unter Beteiligung sehr vieler Personen statt. Die Teilnahme selbst ist freiwillig und kostenlos und die Teilnehmer (Händler) setzen i. d. R. reales Geld ein; die Beträge sind allerdings meist gering.

Die wahlwerbenden Parteien werden während der Zeit vor der Wahl wie Aktien (besser: wie Terminkontrakte) gehandelt, deren Wert während des Spiels unbekannt ist, nach erfolgter Wahl aber dem dann tatsächlich erreichten Wahlergebnis entspricht. Die Händler erhalten zu Beginn ein Basisportefeuille (je ein Titel für jede wahlwerbende Partei) und können jederzeit, entsprechend ihrer Einschätzungen und Erwartungen, weitere Papiere an der „Börse" erwerben oder gehaltene abstoßen.

Notieren z. B. die Sozialdemokraten in der Wahlbörse bei 28 und ein Händler ist der Meinung, sie seien damit unterbewertet (d. h. er rechnet mit einem höheren Wahlergebnis als 28 %), so wird er Titel der Sozialdemokraten kaufen. Auf der anderen Seite wird ein Händler sein, der die Partei mit 28 für überbewertet hält (er traut ihr nur weniger als 28 % zu) und sie daher verkauft. Wie an den realen Aktienmärkten entsprechen somit die markträumenden Preise der Parteien dem Durchschnitt (Median) der Einschätzungen der Marktteilnehmer, können somit unmittelbar als Prognose des mutmaßlichen Wahlergebnisses angesehen werden. Wenn nach Ende der Wahl abgerechnet wird und die Sozialdemokraten 26 % der Stimmen erhalten haben sollten, hat der Käufer 2 € verloren und der Verkäufer 2 € gewonnen.

Abgesehen davon, dass es in der Durchführung deutlich billiger ist, unterscheidet sich dieses Verfahren grundlegend von den herkömmlichen Prognosen mittels Meinungsbefragung. Die Akteure werden nicht nach *Ihrer* Einschätzung gefragt, nicht danach, welcher Partei *sie* persönlich den Vorzug geben, sondern nach den Einschätzungen *anderer*, nach dem von ihnen vermuteten Ergebnis der Wahl. Ihre Handlungen sind somit weit weniger von ihren eigenen Motiven und Präferenzen geprägt. Damit spielt es auch keine Rolle, ob die Auswahl der Teilnehmer im statistischen Sinne repräsentativ ist oder nicht; bei den Wahlbörsen ist sie es sicher nicht, denn es sind überwiegend junge Männer, computererfahren, meist akademisch gebildet, die an ihnen teilnehmen. In der klassischen Meinungsumfrage wird ein überwiegend konservativer Personenkreis primär konservativen Parteien seine Stimme geben; derselbe Personenkreis ist aber sicher in der Lage, unabhängig von seinen persönlichen Präferenzen den Markt einzuschätzen. Es ist auch nicht anzunehmen, dass die Heineken-Aktie von einem Weintrinker weniger realistisch eingeschätzt wird als von einem Biertrinker. Letztlich stützen sich die Wahlbörsen auf ein solides theoretisches Fundament, auf die 1945 aufgestellte These von *Friedrich August Hayek* (1899–1992), nach der Märkte die effizienteste Institution zur Aggregation weit gestreuten Wissens darstellen.

Unter PESM (Prognosys Electronic Stock Markets) hat sich in Deutschland eine Plattform etabliert, die regelmäßig vor Wahlen derartige Wahlbörsen durchführt. Die Qualität der Prognosen variiert stark, sie ist aber im Durchschnitt durchwegs besser als die der renommierten Wahlforschungsinstitute, die mit der klassischen Umfragetechnik und der „Sonntagsfrage" arbeiten. Ein Beispiel von vielen sei die Landtagswahl 2016 in Baden-Württemberg, bei der die Prognoseergebnisse der Wahlbörse, der Forschungsgruppe Wahlen und der Gesellschaft für Sozialforschung und statistische Analysen (FORSA) dem tatsächlichen Wahlergebnis gegenübergestellt werden:

Angaben in %	CDU	Grüne	SPD	FDP	Linke	AfD	Sonst
Wahlergebnis	27,00	30,27	12,68	8,31	2,91	15,10	3,73
PESM Wahlbörse	27,73	31,93	13,29	6,98	4,16	12,14	3,77
FG Wahlen	29,00	32,00	14,00	6,00	4,00	11,00	4,00
FORSA	27,00	32,00	16,00	7,00	3,00	11,00	4,00

Vergleicht man die durchschnittlichen Fehler, die bei den drei verschiedenen Schätzungen gegenüber dem tatsächlichen Wahlergebnis aufgetreten sind, so zeigt sich auch hier das übliche Bild: Die Wahlbörse lag im Schnitt mit 1,23 % daneben, die Forschungsgruppe Wahlen mit 1,83 % und die FORSA mit 1,55 %.

Die Wahlbörsen stellen die bekannteste, bei weitem aber nicht die einzige Form von Prognosemärkten dar. Bei Prognosemärkten geht es stets darum, den Ausgang ungewisser Ereignisse anhand der Preisbildung in einem virtuellen Markt vorauszusagen ohne dabei Verzerrungen aufgrund subjektiver

Vorlieben hinnehmen zu müssen. Typische Anwendungsfelder neben den Wahlprognosen sind u. a.:

- Ergebnisse von sportlichen Wettbewerben,
- zu erwartende Absatzzahlen von Unternehmen,
- Ausbruch von Epidemien,
- Potential neuer Produktideen,
- Quantifizierung von Technologietrends.

Märkte verarbeiten nicht nur Informationen, die ihnen von der Gesellschaft zur Verfügung gestellt werden, sondern sie spiegeln sie durch das Preissignal wieder in die Gesellschaft zurück Kap. 14. Menschliche Prognosen konkretisieren sich in Marktpreisen und Marktpreise konditionieren Prognosen von Menschen.

87

Wie intelligent sind Schwärme?

Der Einzelne und die Masse

Sie haben sicher beides schon gehört:

1. Die meisten Menschen sind ja, wenn man mit ihnen unter vier Augen spricht, ganz vernünftig und einigermaßen abgewogen in ihrem Urteil. Wenn sie aber in der Masse sind, setzt offenbar der Verstand aus: Wie eine dumme Herde Schafe treffen sie dann völlig hirnlose Entscheidungen.
2. Die meisten heutigen Probleme überfordern die kognitiven Fähigkeiten des Einzelnen. Erst wenn an der Entscheidung viele beteiligt sind, wenn alle Pros und Cons zur Geltung kommen und die Fehleinschätzungen Einzelner durch das Urteil der vielen eingeebnet werden, kommt etwas Vernünftiges heraus.

Die Positionen erscheinen absolut konträr, aber an beiden ist offenbar etwas dran. Was überzeugt Sie persönlich am ehesten?

K. Schredelseker, *Alltagsentscheidungen*, DOI 10.1007/978-3-658-12401-4_87

Antwort

Zum ersten Satz fällt uns viel ein. Wie oft hat man Situationen kollektiven Wahns, des sich Hineinsteigerns einer Menschenmasse in Eifer und Irrationalität, erleben müssen; ebenso die leichte Verführbarkeit der Menge durch populistische Demagogen. Oft genug erschallt dann der Ruf nach einem kühlen Kopf, der dem Irrsinn ein Ende bereitet. Solche Hypes finden sich gleichermaßen in Politik, Popmusik, Finanzmärkten, Religion, Kunst oder im Sport.

Die im zweiten Satz zum Ausdruck kommende Überlegung geht bereits auf *Aristoteles* (384–322 v. Chr.) zurück und lautet im Original (hier verkürzt) in etwa so:

> Dass die Entscheidung eher bei der Menge als bei der geringen Zahl der Besten liege, scheint zu gelten. Denn die Menge, von der die Einzelnen keine tüchtigen Männer sind, dürfte in ihrer Gesamtheit besser sein als die Besten. Denn es sind viele und jeder hat ein Stück Tugend und Vernunft. Wenn sie zusammenkommen, so wird die Menge wie ein einzelner Mensch, was den Charakter und den Verstand betrifft. So urteilt die Menge über Musik oder Dichtkunst besser als die Einzelnen: Der eine schaut auf dieses, der andere auf jenes und so urteilen alle über das Ganze.
> *(Aristoteles, Politik III, 11)*

Dies wurde vielfach aufgegriffen und diente den Vordenkern des politischen Liberalismus als wichtiges Argument für eine demokratische Staatsverfassung. So schreibt der große Philosoph und Ökonom *John Stuart Mill* (1806–1873):

> Selbst wenn die Regierung jedem einzelnen Menschen im Staat in Intelligenz und Wissen überlegen wäre, ist sie doch

> der Gesamtheit aller Individuen im Staat, zusammengenommen, unterlegen.

In einem gewissen Sinn war Aristoteles damit Vorreiter dessen, was heute gerne „Schwarmintelligenz" genannt wird. Hinter diesem Begriff verbirgt sich das Phänomen, dass hinsichtlich eines zu beurteilenden Problems die aggregierten Urteile Vieler dem Urteil eines Einzelnen, und sei er auch ein unbestrittener Fachmann für dieses Problem, überlegen sein können. Der Grund liegt darin, dass alle Menschen Fehler machen, der Fachmann vielleicht kleinere als die anderen, diese Fehler aber meist nicht systematischer Natur sind und sich daher gegeneinander aufheben. Ein typischer Fall für Schwarmintelligenz:

> Ich habe mehrfach in Vorlesungen die Studenten gebeten, die Größe der Tafel zu schätzen; sie durften dabei ihren Platz nicht verlassen. Die Schätzungen wurden auf einen Zettel geschrieben und nach dem Einsammeln wurde ein Durchschnitt gebildet. Trotz erheblicher Fehlschätzungen der Einzelnen lag der Durchschnitt meist sehr nahe bei der genau nachgemessenen Fläche. Offenbar sind Innsbrucker Wirtschaftsstudenten keine notorischen Tafelgrößenunterschätzer, aber auch keine notorischen Tafelgrößenüberschätzer. Sie machen einfach nur Fehler.

Häufig geht es sogar noch einen Schritt weiter: Die aggregierte Schätzung der Menge ist u. U. sogar besser als die beste Schätzung der Einzelnen. Dies kann am sog. NASA-Spiel verdeutlicht werden, das in der Managementausbildung häufig eingesetzt wird und an dem üblicherweise vier bis acht Personen teilnehmen.

> Jeder wird gebeten, sich in die folgende Lage zu versetzen: Sie gehören der Besatzung einer Raumfähre an, die den Mond

erforschen soll. Nachdem Sie sicher gelandet sind, haben Sie mit ein paar Kollegen auf einem mitgeführten Mondfahrzeug eine Erkundungsreise unternommen, bei der Sie sich etwa 20 km vom Mutterschiff entfernt haben. Aufgrund eines technischen Schadens können Sie allerdings das Mondfahrzeug nicht mehr benutzen, sondern müssen den Weg zum Mutterschiff zu Fuß zurücklegen, wenn Sie überleben und zur Erde zurückkehren wollen.

Jeder bekommt ein Formular, auf dem 15 Ausrüstungsgegenstände aufgeführt sind: ein Kompass, eine Flasche mit Sauerstoff, ein Päckchen Streichhölzer, eine Pistole etc. Er muss diese Gegenstände nach ihrer Dringlichkeit für die gestellte Aufgabe ordnen: Das Wichtigste erhält die Rangziffer eins, das zweitwichtigste die Rangziffer zwei etc. Neben die Antworten der einzelnen Mitspieler tritt noch eine aggregierte Lösung, bei der die Gegenstände nach der Summe der vergebenen Punkte geordnet werden. Der Spielleiter vergleicht dann alle Ergebnisse mit einer Expertenlösung, die von Raumfahrtspezialisten der amerikanischen Weltraumbehörde (NASA) erarbeitet worden ist, und vergibt Strafpunkte in Höhe der absoluten Rangdifferenz, einmal für jeden einzelnen Teilnehmer, zum anderen für die aggregierte Lösung.

Es dürfte niemanden überraschen, dass im Ergebnis der aggregierte Punktwert besser ist als der Durchschnitt der Punktwerte der einzelnen Teilnehmer: Schließlich gleichen sich die gemachten Fehler z. T. gegenseitig aus. Zuweilen ist aber das aggregierte Ergebnis sogar besser als das beste Einzelergebnis: Auch der Beste macht Fehler, die nicht systematisch von allen gemacht werden und die sich somit im Aggregat gegeneinander aufheben (wegdiversifizieren).

Das nachstehende Spiel wurde an der Universität Innsbruck durchgeführt. Es nahmen zwölf Studierende teil, die in vier

Gruppen (G1, G2, G3, G4) zu je drei Personen eingeteilt wurden. Innerhalb der Gruppe war Kommunikation möglich; damit wurden die Fehler, die einzelne machen, bereits reduziert. Zwischen den Gruppen durfte nicht kommuniziert werden. Pro Gruppe wurde eine Lösung erstellt. In der Tabelle sind links die Bewertungen der vier Gruppen aufgeführt sowie unter *Agg* das aggregierte Ergebnis. Rechts werden die Ergebnisse an der NASA-Lösung gespiegelt und die jeweiligen Strafpunkte vermerkt.

Gegenstand	G1	G2	G3	G4	Agg	NASA	G1	G2	G3	G3	Agg
Streichhölzer	12	15	15	13	15	15	3	0	0	2	0
Kraftnahrung	3	2	2	2	2	4	1	2	2	2	2
Seil	8	8	5	5	6	6	2	2	1	1	0
Fallschirm	9	7	7	6	8	8	1	1	1	2	0
Heizgerät	15	12	12	14	14	13	2	1	1	1	1
Gewehr	4	13	11	15	10	11	7	2	0	4	1
Milchpulver	11	11	13	12	13	12	1	1	1	0	1
Sauerstoff	2	1	1	1	1	1	1	0	0	0	0
Mondatlas	7	3	3	7	4	3	4	0	0	4	1
Schlauchboot	13	14	10	8	12	9	4	5	1	1	3
Kompass	10	9	14	11	11	14	4	5	0	3	3
Wasser	1	4	4	3	3	2	1	2	2	1	1
Signalpistole	14	10	8	9	9	10	4	0	2	1	1
Erste-Hilfe-Set	6	5	6	10	7	7	1	2	1	3	0
Walkie-Talkie	5	6	9	4	5	5	0	1	4	1	0
Strafpunkte							36	24	16	26	14

Das aggregierte Ergebnis war hier mit 14 Strafpunkten nicht nur besser als der Durchschnitt, es war sogar besser als der beste Einzelentscheider (G3) mit 16 Strafpunkten. Auch wenn ein derartiges Ergebnis nicht immer auftritt, das Prinzip der Fehlerdiversifikation durch Zusammenfassung von Einzelurteilen ist eindeutig wirksam.

Das NASA-Beispiel lässt das Prinzip erkennen, vier Entscheider bilden aber noch keinen „Schwarm“. Bei der Nutzung von Schwarmintelligenz für wissenschaftliche oder kommerzielle Zwecke geht es regelmäßig um das aggregierte Urteil sehr vieler, voneinander unabhängigen Personen. Der Kurs einer Aktie am Kapitalmarkt ist ein derartiges Meinungsaggregat und viele sind der Überzeugung, dass es allen Einzelmeinungen von Investoren und Aktienanalysten überlegen ist. Auch die Ergebnisse von Wahlbörsen Kap. 86 nutzen die Idee von der Schwarmintelligenz: Die Prognosen sind das Aggregat aller Prognosen von vielen Tausenden. Ein anderer Anwendungsfall ist das „Crowdsourcing“, bei dem eine große Anzahl meist selbst rekrutierter Akteure über das Internet wettbewerbsorientiert eine gemeinsame Meinung generieren; es steht somit in direkter Konkurrenz zu professionellen Wirtschaftsforschern oder Consultingfirmen. Es geht dabei um wirtschaftliche Prognosen, um den mutmaßlichen Erfolg neuartiger Anwendungen, Weiterentwicklung bestehender Produkte u. v. a. Das bekannte Internetlexikon Wikipedia ist als eine spezielle Form des Crowdsourcing entstanden: Jeder kann teilnehmen, Autorenvergütungen werden nicht bezahlt und die Nutzung ist kostenlos.

Sollte man daher stets dem gemeinsamen Urteil von hundert Dummen mehr Zutrauen entgegenbringen als dem singulären Urteil eines Klugen? Ist damit unsere Frage entschieden?

Sicherlich nein, denn Schwarmintelligenz ist nur dann eine erfolgreiche Methode der Wissensgenerierung, wenn es sich um Fragen handelt, bei denen niemand seiner Antwort sicher sein kann, die man sich aber mit dem gesunden Menschenverstand erschließen kann. Niemand wird die Frage nach der aerodynamisch optimalen Flügelform für ein Verkehrsflugzeug oder die nach der Altersbestimmung eines prähistorischen Knochenfundes mithilfe eines Meinungsmarktes beantworten wollen. Hier sollte man wirklich dem einsamen Experten mehr zutrauen als dem Schwarm.

Die Frage, welcher der beiden Eingangsstatements der überzeugendste ist, kann daher nur mit einem Allerweltsatz beantwortet werden: Es kommt darauf an! Ich mag keine Allerweltsätze, aber wenn es nötig ist ...

88

Die schlauen Sterzinger Tuifl

Das Denken über das Denken anderer

In Sterzing (Südtirol) findet jedes Jahr am Vorabend von Nikolaus eine eindrucksvolle Brauchtumsveranstaltung statt. Junge Männer, als furchterregende Teufel (Tuifl, diavoli) verkleidet, ziehen begleitet von einem Feuerwagen durch die Stadt und beschmieren u. a. die Gesichter der Mädchen mit Ruß. Die jungen Frauen wehren sich zwar mit lautem Kreischen, wären aber zutiefst enttäuscht, wenn sie unbehelligt blieben. Vor einigen Jahren durfte ich mit Burgi, einer guten Freundin und Sterzigerin, die in Innsbruck lebt und trotz ihres jugendlichen Aussehens nicht eigentlich mehr als junges Mädchen eingestuft werden kann, dabei sein: Sie versteckte sich beim Eingang zur Metzgerei Rossi, wurde aber doch von den wilden Tuifln als Sterzinger Madl erkannt und mit Ruß verschmiert. Den Stolz darüber konnte sie nicht verbergen.

Natürlich gibt es auch im Eisacktal Rivalitäten zwischen den Dörfern und so geschah, was geschehen musste. In der Faschingszeit fuhr eine Gruppe junger Männer am Abend mit dem Zug nach Hause. Kurz nach Brixen fiel der Strom im Waggon aus und ein junger Gossensasser besprühte, ohne dass es bemerkt werden konnte, die Gesichter von ein paar

K. Schredelseker, *Alltagsentscheidungen*, DOI 10.1007/978-3-658-12401-4_88

Sterzinger Burschen mit Ruß. Als dann das Licht wieder anging, kam der Schaffner von Trenitalia und sagte grinsend, dass mindestens einer der Fahrgäste ein rußverschmiertes Gesicht habe. Niemand zweifelte an der Richtigkeit seiner Aussage und jedem war klar, dass für einen stolzen Sterzinger Tuifl gelten muss: Sollte er mit Ruß verschmiert sein, so muss er bei der nächsten Station aussteigen, um sich zu waschen, denn es wäre eine Schmach, mit Ruß im Gesicht nach Hause zu kommen.

Jeder kann jeden sehen, aber es wird nach guter Tiroler Art kein Wort gesprochen. Der Zug hält in Neustift, sodann in Franzensfeste. Kurz vor dem dritten Halt in Freienfeld stehen alle, die Ruß im Gesicht haben, auf, um sich zum Aussteigen bereitzumachen. Wie viele Sterzinger Tuifl waren mit Ruß verschmutzt?

Antwort

Es waren natürlich drei Tuifl, denn sonst hätten sie nicht wissen können, dass es gerade sie sind. Wir haben es, wie schon mehrfach in diesem Buch, damit zu tun, dass das Wissen um das Wissen anderer für einen Entscheider von großem Wert ist. Die Überlegungen in drei Schritten:

1. Hätte einer der Sterzinger nach der Mitteilung des Schaffners niemanden gesehen, der Ruß im Gesicht hat, so hätte er selbst es sein müssen und wäre in Neustift ausgestiegen.
2. Hätte er nur einen gesehen, der Ruß im Gesicht hat, aber in Neustift nicht ausgestiegen ist, so wüsste er, dass er selbst auch Ruß im Gesicht haben muss. Beide rußverschmierten müssten somit in Franzensfeste aussteigen.
3. Jemand, der zwei Personen mit Ruß im Gesicht vor sich sieht und feststellt, dass sie in Franzensfeste nicht aussteigen, weiß, dass drei Rußige im Waggon sein müssen und der Dritte kann er nur selbst sein. Alle drei steigen somit in Freienfeld aus und begeben sich schleunigst in den Waschraum.

Leider etwas verspätet, aber sauber kamen die drei Tuifl mit dem nächsten Zug in Sterzing an.

89

Entspricht der Index dem Index? Zu viel von einer guten Sache?

Mit der Börse ist es wie mit allen anderen Dingen auch: Entweder sie funktioniert perfekt oder sie tut das nicht. Funktioniert sie perfekt, so gilt der Markt als vollständig „informationseffizient“: Zu jedem Zeitpunkt sind alle verfügbaren Information vollständig eingepreist und niemand, auch nicht *Warren Buffet*, könnte damit rechnen, aufgrund des hohen Informationsstands bei seinen Anlageentscheidungen systematisch besser abzuschneiden als andere. Es wird zwar auch in einem solchen Markt Gewinner und Verlierer geben; ob man zu den einen oder den anderen gehört, ist allein vom Zufall abhängig, wie auch das Ergebnis eines Münzwurfs oder das Spiel im Casino. Funktioniert die Börse hingegen nicht perfekt, so wird es immer wieder Fehlbewertungen (Überbewertungen oder Unterbewertungen) geben. Wer diese erkennt, wird daraus einen Vorteil für sich ziehen können: Er kauft unterbewertete Titel und verkauft die überbewerteten. Die anderen, die die Gegenposition einnehmen, werden einen Nachteil daraus haben: Sie kaufen die überbewerteten und verkaufen die unterbewerteten Titel. Welche der beiden Sichtweisen der Wertpapierbörse der Realität näher kommt, ist unter Ökonomen bis heute umstritten Kap. 82.

K. Schredelseker, *Alltagsentscheidungen*, DOI 10.1007/978-3-658-12401-4_89

Das erfolgreichste Vermögensanlageprodukt der vergangenen zwanzig Jahre ist der Indexfonds, der heute meistens die Gestalt eines Exchange Traded Fund (ETF) annimmt und der an der Börse direkt gehandelt werden kann. Die Idee dahinter ist entwaffnend einfach: Wer sich an einem Portefeuille beteiligt, das genauso zusammengesetzt ist, wie der Index selbst, kann damit rechnen, eine Rendite in Höhe des Index zu erzielen. Diese Rendite mag positiv oder negativ sein, sie ist die Rendite des Marktes selbst. Wer in solche Instrumente investiert, weiß:

- Sollte der Markt perfekt funktionieren, dann fahre ich mit einer Indexanlage genauso gut wie mit jeder anderen Anlage auch. Da es keine Anlageentscheidungen zu treffen gibt, benötigen Indexfonds kein Portefeuillemanagement; somit haben sie geringere Kosten als herkömmliche Fonds und verrechnen dem Kunden geringere Spesen.
- Sollte der Markt hingegen nicht so perfekt funktionieren, so lassen sich theoretisch schon Renditen erzielen, die über dem Marktdurchschnitt liegen. Dies kann aber allenfalls den wenigen institutionellen Anlegern gelingen, die es sich leisten können, ein viele Millionen schweres Wertpapierresearch zu betreiben. Nach allem, was wir aus unzähligen empirischen Studien in allen Märkten der Welt wissen, gehören die klassischen Fonds nicht dazu: Sie gehören wie fast alle Privatinvestoren zu denen, die sich mit unterdurchschnittlichen Renditen zufrieden geben müssen.

Unabhängig davon, wie man die Börse einschätzt, ob perfekt (eher effizient) oder nicht (eher ineffizient), die Indexfonds sind den herkömmlichen Anlageformen überlegen. Diese Erkenntnis hat weltweit zu einem unglaublichen Boom für Indexfonds geführt. Allein in den vergangenen zehn Jahren hat sich das Geldvolumen, das in Exchange Traded Funds investiert wird, mehr als verzehnfacht. Als der Verfasser vor mehr als 25 Jahren in Österreich einen Vortrag über Indexfonds vor hohen Bankmanagern hielt, wurde er mitleidig als abgehobener Theoretiker belächelt: So eine unsinnige Idee könne nur von einem praxisfernen Provinzprofessor kommen. Heute bieten selbst lokale Banken eine Fülle von indexbasierten Finanzprodukten, insb. ETFs an.

Ist diese Entwicklung nicht problematisch? Angenommen, alle diejenigen, die derzeit im Kampf um bessere Renditen unterlegen sind und daher Ergebnisse hinnehmen müssen, die schlechter sind als es dem Marktdurchschnitt entspricht, würden auf Indexfonds umsteigen und künftig eine marktdurchschnittliche Rendite erzielen. Da die Börse ein Nullsummenspiel um den Marktdurchschnitt darstellt (was die einen gewinnen, verlieren die anderen), würde die Auseinandersetzung um systematisch überdurchschnittliche und systematisch unterdurchschnittliche Renditen in den Kreis der vormaligen Gewinner getragen; ehemalige Gewinner würden nunmehr zu Verlierern und hätten ebenfalls einen Anreiz, auf Indexfonds umzusteigen. Dieser Prozess würde weitergehen, bis niemand mehr bereit wäre, die Rolle des relativen Verlierers zu akzeptieren.

Ist es vorstellbar, dass sich nahezu alle Teilnehmer an der Börse an einem Durchschnitt orientieren, den sie selbst bilden? Kann man, wenn man den Index kauft, wirklich damit rechnen, auch eine Indexrendite zu erzielen? Ist ein Investment in ETFs noch ratsam?

Antwort

Ein zu hoher Anteil von Indexinvestoren kann durchaus zu ernsthaften Problemen führen: Es kann sein, dass die immer geringer werdende Zahl von Marktteilnehmern, die sich an Informationen orientieren, ihren entscheidenden Einfluss auf die Kursfindung verliert und die Kurse mehr und mehr von den erratischen Einflüssen der Indexinvestoren, die ihre Entscheidungen eben nicht auf wirtschaftliche Überlegungen stützen, beeinflusst werden. In seiner Ausgabe vom 23. Juni 2011 warnte der *Economist* anlässlich des enormen Wachstums der ETFs: *Too much of a good thing*, zu viel von einer an sich guten Sache.

Doch wie könnte es sein, dass ein Investor, der heute den Index kauft und ihn irgendwann in der Zukunft wieder verkauft, etwas anderes erzielt als die Indexrendite? Wer gekauft hat, als der DAX bei 8000 stand, und seine Position beim Stand von 10.000 schließt, hat eine Rendite von 25 % erzielt. Dies ist zwar unbestreitbar richtig, nicht aber die Tatsache, dass die Kurse bei 8000 bzw. 10.000 fundamental gerechtfertigt waren, dass der tatsächliche Wert der Anlage um 2000 gestiegen ist. Stellen wir uns das Verhalten der Indexfonds einmal als zufälliges vor: Die Betreiber der Indexfonds kaufen die Aktien, weil viele Leute Anteile halten wollen, nicht weil sie überzeugt sind, jetzt sei ein guter Zeitpunkt gekommen; entsprechend zufällig verkaufen sie.

Wenn es im Markt nur klassische Investoren gäbe, die sich aufgrund vernünftiger wirtschaftlichen Überlegungen eine Marktmeinung bilden, wäre der Marktpreis wahrscheinlich die beste Schätzung, die man hinsichtlich des Wertes der Aktie haben kann. Kommen jetzt einige wenige Zufallsinvestoren dazu, so wird sich an dem Preis praktisch nichts ändern, er bleibt der beste Schätzer des inneren Wertes. Anders stellt sich das dar, wenn es sehr viele sind: Hier kommt das Gesetz der großen Zahl zum Tragen. Es besagt zum einen, dass sich die relative Häufigkeit eines zufälligen Ergebnisses der theoretischen Wahrscheinlichkeit (bei einem Münzwurf 50 % für *Kopf*) mit steigender Zahl an Beobachtungen immer mehr annähert; es besagt andererseits, dass die absolute Differenz zum theoretisch häufigsten Wert (bei n Münzwürfen n/2 für Kopf) mit der Zahl der Beobachtungen ansteigt. Für den Markt ist nur das zweite relevant. Treten beim markträumenden Preis gleich viel Kauforders wie Verkaufsorders hinzu, ändert sich lediglich das Marktvolumen, nicht aber der Preis. Wenn es aber zu einem erheblichen Nachfrage- bzw. Angebotsüberhang seitens der Indexinvestoren kommt, wird der Preis höher bzw. niedriger sein als er ohne die Indexinvestoren gewesen wäre: Bei einem Nachfrageüberhang kaufen die Indexinvestoren überwiegend zu teuer, bei einem Angebotsüberhang verkaufen sie überwiegend zu billig. In beiden Fällen sind die Indexinvestoren überwiegend auf der Verliererseite und die klassischen Investoren auf der Gewinnerseite.

> Es ist zwar richtig, dass der Indexinvestor, der zu 8000 gekauft und zu 10.000 verkauft hat, in dieser Zeitspanne eine Rendite von 25 % erzielen konnte. Wenn aber aufgrund der Orders der Indexinvestoren die Marktpreise Fehlbewertungen aufwiesen, hat er dennoch die durchschnittliche Indexrendite, die sich aus der langfristigen Index Entwicklung ergibt, verfehlt; als er zu 8000 gekauft hat, war der Markt eben etwas überbewertet, und als er bei 10.000 verkauft hat, war er etwas unterbewertet.

Die von den Indexinvestoren selbst ausgehenden Preiseinflüsse nehmen mit steigender Zahl solcher Investoren zu und wenden sich immer gegen diejenigen, die sie verursacht haben. Welches Ausmaß diese Effekte derzeit haben, lässt sich kaum sagen. Es ist allerdings zu vermuten, dass sie in Europa, wo indexorientierte Veranlagungen noch nicht ein amerikanischen Verhältnissen entsprechendes Ausmaß angenommen haben, noch nicht nennenswert sind. Sie sind sicher noch deutlich niedriger als die Vorteile, die mit dieser Veranlagungsform verbunden sind: Niedrigere Transaktionskosten und Vermeidung, auf die Verliererseite des Marktgeschehens zu kommen.

Der Siegeszug der Indexfonds wird daher noch etwas weitergehen; allerdings wachsen auch die Bäume der Exchange Traded Funds nicht in den Himmel.

90

Pferderennen, Information und Buchmacherquoten

Welche Art von Wissen wird benötigt?

Sie kommen zum großen Renntag nach Baden-Baden und genießen das gesellschaftliche Ereignis: Die schönen Damen, die eleganten Herren, das gepflegte Ambiente. Von Pferden haben Sie allerdings keine Ahnung, aber Sie wollen, wie es alle tun, natürlich auch beim Buchmacher eine Wette eingehen, weil es dann viel aufregender ist, dem Rennen zu folgen. Sie gehen zum Buchmacher und erfahren, dass das heutige Rennen eine Charityveranstaltung ist, bei der die Buchmacher zugunsten des guten Zwecks auf jeglichen Kostenersatz und natürlich erst recht auf Gewinne verzichten; auf jede Wette wird ein Zuschlag von 20 % als Spende erhoben. Es laufen die fünf Pferde Ali, Bobo, Ciro, Daila und Elly. Es dürfen nur Wetten auf Sieg abgeschlossen werden und der Wetteinsatz beträgt stets 10 € (zzgl. Spende). Die Buchmacher setzen die Siegquoten so, dass sie nach Möglichkeit weder mit Gewinn, noch mit Verlust aussteigen.

Der Buchmacher, bei dem Sie auf Daila gewettet haben, erklärt Ihnen stolz, dass ihm Folgendes gelungen sei: Er habe genau 20.000 Wetten angenommen und er werde nach dem Rennen mit Sicherheit weder einen Gewinn, noch

K. Schredelseker, *Alltagsentscheidungen*, DOI 10.1007/978-3-658-12401-4_90

einen Verlust einfahren. Sie sehen auf das Display mit den Quoten und lesen:

Ali: 2,5	Bobo: 20	Ciro: 4	Daila: 10	Elly: 5

Sie stellen sich nun folgende Fragen:

1. Welches Pferd ist Favorit?
2. Mit welcher Wahrscheinlichkeit gewinnen Sie mit Daila?
3. Wie häufig wurde auf Ciro gesetzt?

Antwort

Die Tatsache, dass Marktpreise Information widerspiegeln, haben wir schon in anderem Zusammenhang Kap. 14 kennengelernt. Natürlich sind auch die Wettquoten eine Art Marktpreise. Sie spiegeln wider, welche Erwartungen die Teilnehmer hinsichtlich der Siegwahrscheinlichkeiten der fünf Pferde haben. Dabei müssen die Preise so sein, dass in den Augen der Kunden die fünf möglichen Wetten alle als fair empfunden werden können, dass es eben nicht heißen darf, die Wette auf Pferd X sei zu teuer und die auf Pferd Y zu billig. Wenn wir zusätzlich wissen, dass der Buchmacher die Quoten so gesetzt hat, dass er sowohl den Interessen seiner Kunden gerecht werden als auch einen Verlust für sich selbst ausschließen konnte, ist es einfach, auf die drei gestellten Fragen Antworten zu geben:

1. Natürlich ist Ali der Favorit, denn hier gibt sich der „Markt" bereits mit einer Quote von 2,5 zufrieden. Gewinnt Ali tatsächlich, so erhält der Wetter mit 25 € das Zweieinhalbfache seines Einsatzes, hat somit netto (nach Abzug des Einsatzes) einen Gewinn in Höhe von 15 € erzielt. Sie brauchen also keine Ahnung von Pferden zu haben, um zu wissen, wer Favorit ist, solange Sie nur unterstellen, dass der „Markt" funktioniert, d. h. dass genügend andere da sind, die eine Ahnung haben und deren Interesse es ist, ihre Wette zu gewinnen.
2. Sie haben auf Daila gewettet, dessen Quote sich auf 10 beläuft. Das ist nur dann ein faires Geschäft, wenn die Wettgemeinschaft der Ansicht ist, mit dieser Quote entspräche der Einsatz dem erwarteten Gewinn. Das wiederum ist nur dann der Fall, wenn gilt: 10 € = Gewinnzahlung · Gewinnwahrscheinlichkeit. Da Sie bei einem Gewinn von Daila

100 € zurückerhalten (somit einen Gewinn von 90 € verbuchen können), beträgt die implizite Wahrscheinlichkeit dafür, dass Daila das Rennen gewinnt, 10 %.

3. Sollte Ciro, dessen Quote 4 beträgt, das Rennen gewinnen, so muss der Buchmacher auf jeden Wettschein 40 € auszahlen. Angesichts seiner Erklärung, er werde mit Sicherheit ohne Gewinn oder Verlust bleiben, zahlt er bei einem Sieg von Ciro seine erhaltenen 200.000 € in voller Höhe an die 5000 auf Ciro lautenden Wettscheine aus.

Im Grunde ist mit den Wettquoten alles gesagt, denn aufgrund der Aussage des Buchmachers, keinen Verlust befürchten zu müssen, können wir auf die Zahl der Wetten und auf die impliziten Siegeswahrscheinlichkeiten schließen:

	Ali	Bobo	Ciro	Daila	Elly
Quote („faire Quote")	2,5	20	4	10	5
Siegeswahrscheinlichkeit	40 %	5 %	25 %	10 %	20 %
Abgeschlossene Wetten	8000	1000	5000	2000	4000

Bei realen Veranstaltungen ist das natürlich nicht ganz so einfach wie hier und zwar primär aus zwei Gründen:

1. Normalerweise verzichten Buchmacher nicht auf Kostensatz und Gewinn, sondern vermindern die „fairen Quoten" (so wie in der Fragestellung) um einen gewissen Prozentsatz, der ihren Gewinn darstellt. Angenommen dieser Satz läge bei 10 %, so wird bei einem Sieg von Ali nur die „reale Quote" von $2{,}5 \cdot 0{,}9 = 2{,}25$ gezahlt, für Bobo von $20 \cdot 0{,}9 = 18$ etc.

2. Die Buchmacher versuchen zwar regelmäßig, die Quoten so zu setzen, dass ihr Risiko minimiert wird, es gelingt aber so gut wie nie, es wirklich auf null zu setzen, da einmal vereinbarte Quoten nicht rückgängig gemacht werden können, auch wenn sich die Nachfrage nach einer Wette stark verändert.

Gleichwohl lassen sich auch aus realen Wettquoten wertvolle Rückschlüsse auf die Siegwahrscheinlichkeiten der Beteiligten (seien es Rennpferde, politische Parteien Kap. 86, Fußballmannschaften, Empfänger des Literatur-Nobelpreises, Formel-1-Rennfahrer u. v. m.) ziehen.

91

Die Angst des Torwarts beim Elfmeter

Links oder rechts, das ist hier die Frage

Jeder kennt die Hochspannung im Fußballstadion, wenn ein Elfmeter ansteht: Wohin wird der Schütze zielen, wohin wird sich der Tormann werfen und wird der Tormann den Ball halten können? Der Schuss ist so schnell, dass es für den Tormann praktisch unmöglich ist, abzuwarten, bis der Ball getreten ist und sich dann ihm entgegenzuwerfen; er muss vorher reagieren, auch auf die Gefahr hin, genau auf die falsche Seite zu gehen. Gegenüber dem Schützen hat der Tormann psychologisch jedoch einen Vorteil: Hält er den Ball, so wird er gefeiert, hält er ihn nicht, macht man ihm keinen Vorwurf. Vom Schützen erwartet man hingegen eine klare Verwandlung des Elfmeters; gelingt ihm das nicht, so ist er gescheitert. Warum das so ist, spiegelt sich in der Statistik der deutschen Bundesliga (von 1992 bis 2003) wider:

- Ball geht an Pfosten oder Latte: 2,3 %.
- Ball geht ins Aus: 2,6 %.
- Der Schuss wird gehalten: 19,6 %.
- Der Elfmeter wird verwandelt: 75,5 %.

K. Schredelseker, *Alltagsentscheidungen*, DOI 10.1007/978-3-658-12401-4_91

Ein Schütze, der aus seiner Chance am Elfmeterpunkt kein Tor macht, gehört zur kleinen Gruppe der Versager: Drei Viertel schaffen es und ein Viertel versagt. Bei den Torleuten hingegen gilt: Wer den Ball hält, ist ein Held: In nur einem von fünf Fällen gelingt eine solches Kunststück.

Worum geht es? Zwei Männer (oder Frauen) stehen sich gegenüber, fixieren sich, versuchen, die Aktion des anderen zu antizipieren, ihn zu täuschen, ihn zu verwirren, ihn abzulenken. Dem Schützen geht durch den Kopf: Ich schieße präziser ins rechte Eck, das weiß der Tormann und er weiß auch, dass ich weiß, dass er es weiß. Er wird daher meinen, dass ich glaube, er werfe sich nach rechts, um meinem Versuch, ihn auszutricksen, zuvorzukommen; deswegen dürfte er eher nach links springen. Ähnliche Überlegungen stellt der Tormann an. Es gibt keinen Weg aus dieser unendlichen Kette sich selbst reflektierender Überlegungen.

Spieltheoretisch handelt es sich um ein typisches Koordinations-Diskoordinationsspiel: Der Tormann muss versuchen, sich auf den Schützen zu koordinieren (er muss auf die Seite springen, auf die der Schuss geht), der Schütze hingegen muss versuchen, sich auf den Tormann zu diskoordinieren (er muss die andere Seite wählen als der Tormann). Vernachlässigt man einmal die Möglichkeit „Mitte" (tatsächlich ergab eine gemeinsame Untersuchung in der italienischen, der englischen und der spanischen Spitzenliga, dass nur 7,5 % der Strafstöße auf die Mitte des Tores gehen), so ergibt sich die folgende Spielmatrix:

	Tormann nach links	**Tormann nach rechts**
Schütze schießt links	Abgewehrt	Verwandelt
Schütze schießt rechts	Verwandelt	Abgewehrt

Dieselbe Spielstruktur haben wir bereits beim Penny Game Kap. 8 kennengelernt (Sie erinnern sich: Zwei Personen legen je eine Münze auf den Tisch; sind sie gleich, so gehören sie dem einen, sind sie unterschiedlich, so gehören sie dem anderen). Für das Penny Game gab es eine eindeutige

Lösung: Wenn nämlich jeder der beiden Spieler die Münze zufällig wirft (Wahrscheinlichkeit für *Kopf* und für *Zahl* jeweils 50 %) hat jeder eine Gewinnerwartung von null und niemand hat einen Anreiz, seine Strategie zu ändern, um damit ein besseres Ergebnis zu erzielen (= ein *Nash*-Gleichgewicht ist erreicht).

Gilt diese Überlegung auch für das Elfmeterschießen? Wären auch hier beide, Schütze wie Tormann, am besten beraten, wenn sie ihre jeweilige Richtung durch einen Münzwurf (= 50 %-Chance) ermitteln würden?

Antwort

Es wäre vielleicht nicht schlecht, einfach die Münze entscheiden zu lassen, aber es geht natürlich noch besser, denn im Gegensatz zu den Münzen beim Penny Game sind die Ergebnisse beim Elfmeterschießen nicht eindeutig gegeben: Der Ball kann, obwohl er in die linke Ecke hätte treffen sollen, am Tor vorbeigehen oder die Latte treffen. Der eine Schütze schießt auf die rechte Seite viel präziser und härter etc., für einen anderen ist die linke Seite bevorzugt. Der eine Torwart springt kraftvoller nach links, ein anderer nach rechts. Würde z. B. ein Torwart seine Seite strikt von der Zufälligkeit eines Münzwurfs abhängig machen, so könnte sich der Schütze dadurch, dass er häufiger auf seine stärkere („natürliche") Seite schießt, Vorteile verschaffen. Der Torwart müsste darauf mit einer Anpassung seiner Wahrscheinlichkeit reagieren, und zwar so lange, bis für den Schützen der Vorteil, auf seine natürliche Seite zu schießen, durch die erhöhte Wahrscheinlichkeit des Tormanns, genau auf diese Seite zu springen, gerade kompensiert wird. Spieltheoretisch formuliert: Die Kontrahenten müssen versuchen, ein Gleichgewicht in gemischten Strategien zu finden; bei einer gemischten Strategie entscheidet ein bestimmter Zufallsmechanismus (z. B. 55 % : 45 %) darüber, welche der möglichen einfachen Strategien (hier sind es nur zwei: links oder rechts) zur Anwendung kommt.

Um die für eine derartige gemischte Strategie entscheidenden Wahrscheinlichkeitsparameter zu ermitteln, ist es notwendig, die Stärken und Schwächen des jeweiligen Gegenübers genau zu kennen. Natürlich gibt es national wie international penibel geführte Statistiken über die Vorlieben der einzelnen Spieler; auch, aber in geringerem Maße, für die Torleute. Es wurde kolportiert, dass bei der Europameisterschaft

2012 der englische Torhüter im Elfmeterschießen gegen Italien zunächst einmal die Daten aus seinem iPad abrief, bevor er sich dann ins Tor begab, um sich der *Hanke*'schen Angst des Tormanns beim Elfmeter anheim zu geben.

Ein spieltheoretisch versierter Spieler wird versuchen, es seinem Gegenüber nicht leicht zu machen, eben nicht vorhersehbar zu sein, sondern sein Richtungsverhalten auch dann, wenn er weiß, dass er nach links besser ist als nach rechts, immer wieder zu verändern. Von den beiden Ausnahmesportlern *Messi* (FC Barcelona) und *Ronaldo* (Real Madrid) heißt es, dass das dem einen gelungen sei und dem anderen nicht: *Messi* schoss überwiegend auf seine bevorzugte Seite und erzielte eine gerade nur durchschnittliche Trefferquote, während *Ronaldo* bei Real Madrid von 24 Elfmetern 23 verwandeln konnte, indem er immer wieder seine Taktik änderte und unberechenbar blieb.

Dass Fußballtrainer gute Fußballer, gute Organisatoren, gute Teamleader und gute Psychologen sein müssen, das ist allseits bekannt. Sie sollten aber auch gute Spieltheoretiker sein.

92

Kann man Risikoaversion messen? Die Pflichten nach dem Wertpapierhandelsgesetz

Üblicherweise sind Menschen risikoscheu: Bei ihren Entscheidungen präferieren sie Lösungen, die weniger risikobehaftet sind als andere, bzw. verlangen für die Übernahme von Risiken eine besondere Vergütung, eine „Risikoprämie". Augenfälliger Ausdruck dessen sind die unterschiedlichen Renditen an den Finanzmärkten: Im Schnitt sind die Renditen auf Aktien höher als die auf Anleihen und bei den Anleihen erhält man umso mehr Zinsen, je zweifelhafter der Ruf des jeweiligen Schuldners ist.

Dass es Risikoscheu (Risikoaversion) gibt, ist eine Tatsache. Aber kann man sie messen?

K. Schredelseker, *Alltagsentscheidungen*, DOI 10.1007/978-3-658-12401-4_92

Antwort

Risikoaversion ist ein Persönlichkeitsmerkmal, das man beobachten, aber kaum quantifizieren kann. Hinzu kommt, dass ein und dieselbe Person mal Risiken scheut, ein anderes Mal bereitwillig Risiken eingeht: Der begeisterte Casinobesucher, der eine Haftpflichtversicherung abschließt, legt gleichermaßen Risikofreude wie Risikoscheu an den Tag. Auch der Motorradfahrer, der mit hochwertiger Schutzkleidung und einem erstklassigen Helm seine gut gewartete Maschine mit hoher Geschwindigkeit über enge Alpenpässe lenkt, ist beides: Er ist gleichermaßen risikoavers wie risikoaffin. Wie soll man so etwas messen können?

Gleichwohl ist es manchmal erforderlich, über die bloße Feststellung von Risikoaversion hinaus eine nachvollziehbare Einschätzung vorzunehmen. Sie haben es wahrscheinlich selbst schon bei Ihrer Bank erlebt. Sie wollen Geld in Wertpapieren anlegen und der zuständige Mitarbeiter der Bank führt mit Ihnen ein längeres Gespräch, bei dem er Sie z. B. fragt:

- Müssten Sie Ihren Lebensstandard einschränken, wenn Sie einen Teil Ihres Geldes an der Börse verlieren sollten?
- Könnten Sie gut schlafen, wenn Sie in Aktien angelegt haben und die Kurse gehen auf Talfahrt?
- Für wie lange werden Sie auf das Ersparte wahrscheinlich nicht zurückgreifen müssen?
- Würden Sie auch in unsicheren Zeiten im Finanzmarkt investieren?
- Halten Sie es für möglich, Ihren Arbeitsplatz in der nächsten Zeit zu verlieren?
- Haben Sie neben dem Geld, das Sie bei uns anlegen wollen, noch weiteres Vermögen (Immobilien, Wertpapiere, Lebensversicherungen, Kunstobjekte o. a.)?
- Wie gut kennen Sie sich mit Finanzanlagen aus?

Nach § 31 Abs. 4 des Wertpapierhandelsgesetzes sind Unternehmen, die im Bereich der Anlageberatung und des Portfoliomanagements tätig sind, verpflichtet, bei Aufnahme der Geschäftsbeziehungen ein derartiges Risikoprofil ihres Kunden einzuholen und ihre Anlageempfehlung an diesem auszurichten. Tlw. bedient man sich neben dem Fragebogen auch Methoden, die ihren Ursprung in der Wirtschaftstheorie haben und ein quantitatives Risikomaß bereitstellen.

Ein typisches Verfahren ist es, eine Person vor eine Auswahlentscheidung stellen und die Bedingungen so lange zu variieren, bis eine Präferenzumkehr erfolgt. Nehmen Sie an, Sie können einen Schalter auf A oder auf B stellen. Bei A wird eine Münze geworfen und Sie erhalten bei *Zahl* 1000 € und bei *Kopf* nichts. Bei B erhalten Sie einen sicheren Festbetrag X. Natürlich hängt Ihre Entscheidung davon ab, wie hoch X ist:

- Gilt X = 1000 €, so werden Sie den Schalter auf B stellen.
- Gilt X = 0 €, so werden Sie den Schalter auf A stellen.

Auf einem Zählwerk ist die Zahl X angegeben. Wie bei einer holländischen Auktion beginnt X bei 1000 und zählt zurück bis Null. Wann legen Sie den Schalter von B nach A um, d. h. wann ändern Sie Ihre Präferenz? Sollte das bei X = 500 € der Fall sein, so wird man Ihnen Risikoneutralität bescheinigen: Offenbar sind Sie indifferent zwischen einem sicheren Betrag in Höhe von 500 € und einem Risikospiel, dessen Erwartungswert auch 500 € beträgt. Legen Sie den Schalter erst bei einem Zählerstand von weniger als 500 € um, so gelten Sie als risikoavers und das umso ausgeprägter, je länger Sie warten. Wer beim Zahlerstand von 360 € von B auf A wechselt, signalisiert, dass für ihn eine sichere Zahlung von X > 360 mehr wert ist als das riskante Spiel mit 1000 € oder nichts; bei X < 360 hingegen zieht er das Risikospiel dem sicheren

Betrag vor. Der Betrag von 360 € wird daher als „Sicherheitsäquivalent“ bezeichnet, als der sichere Betrag, der einer zur Wahl gestellten Lotterie als gleichwertig angesehen wird. Je größer die Differenz zwischen dem Erwartungswert und dem Sicherheitsäquivalent, umso ausgeprägter ist die Risikoscheu.

Es liegt auf der Hand, dass alles dies nur hilflose Versuche sind, einen so schillernden Begriff wie den der Risikoneigung quantifizieren zu wollen: Nur selten misst man mit diesen Methoden, was man eigentlich messen will. Anhand der in den Finanzmärkten üblicherweise gezahlten Risikoprämien wissen wir zwar einigermaßen gut über die Risikoneigung aller Marktteilnehmer Bescheid, über die eines Einzelnen dagegen können wir ehrlicherweise nur Mutmaßungen anstellen. Gleichwohl gibt es sie: Die Übervorsichtigen und die Draufgänger, die Zauderer und die Zocker. Und die bedauernswerten Vermögensberater in den Banken, die eine Aussage darüber machen sollen, welcher Kategorie ein neuer Kunde zuzurechnen ist.

93

Sollen Studiengebühren erhoben werden?

Ideologien prallen aufeinander

Ob Studiengebühren eingeführt werden sollen oder nicht, ist zunächst einmal eine politische Entscheidung, bei der es kein eindeutiges „Richtig" oder „Falsch" geben kann. In einer auf Vernunft gegründeten Gesellschaft muss allerdings jeder seine Ansicht sachlich begründen: Ein bloßes „Ich sehe das halt so", reicht eben nicht. Bei der Frage nach den Studiengebühren wird offenkundig, dass das vielen Menschen schwerfällt und sie sich allzu leicht auf rein plakativ-emotionale Aussagen zurückziehen: „Was nichts kostet, wird nicht wertgeschätzt"; „Bildung ist ein Menschenrecht". An beidem ist etwas dran, aber eben nur etwas. Natürlich ist der Zugang vieler zu höherer Bildung eine Grundvoraussetzung für Frieden, Wohlstand und Kultur eines Landes und sollte nicht von der finanziellen Leistungsfähigkeit der Familie abhängig gemacht werden. Natürlich erwerben Studenten mit ihrem Examen einen Vermögenswert, der sich in einem deutlich höheren Lebenseinkommen niederschlägt; dazu sollten sie selbst auch etwas beitragen.

Welcher Position neigen Sie zu?

K. Schredelseker, *Alltagsentscheidungen*, DOI 10.1007/978-3-658-12401-4_93

Antwort

Häufig hört man, Bildung sei ein so hohes Gut, dass man es nicht der kalten Logik reinen Wirtschaftlichkeitsdenkens überantworten dürfe. Natürlich ist Bildung ein hohes Gut, aber noch wichtiger ist eine gesunde Ernährung. So wichtig, dass niemand auf die Idee käme, Lebensmittel kostenlos anzubieten, denn jeder weiß, dass dies mit einer gewaltigen Ressourcenvergeudung einherginge. Die öffentliche Diskussion über Studiengebühren geht seit Jahrzehnten in die falsche Richtung: Studiengebühren sind kein Instrument der Fiskalpolitik, es geht nicht darum, die Kassen des Staates zu füllen und die Studenten mit einer Art Studiensteuer zu belasten! Studiengebühren lassen sich m. E. nur als Instrument des rationalen Umgangs mit knappen Mitteln rechtfertigen und diese Funktion können sie nur dann erfüllen, wenn sie auf beide Seiten, auf Nachfrager wie Anbieter von Bildungsleistungen disziplinierend wirken.

Nehmen wir als Beispiel einmal die Medizinische Universität Innsbruck, bei der die Zahl der Studienanfänger auf jährlich 400 begrenzt ist, derzeit gestaffelt nach Österreichern (75 %), EU-Angehörigen (20 %) und Drittstaatenangehörigen (5 %). Wer diese Studienplätze bekommt, wird in einem aufwändigen und europarechtlich fragwürdigen Test entschieden. Warum kürzt nicht der Wissenschaftsminister den Zuschuss an die Universität um acht Millionen und erlaubt ihr im Gegenzug, Studiengebühren in Höhe von 20.000 € pro Jahr zu verlangen? Die eingesparten Mittel würden dafür verwendet, 400 Stipendien in Höhe von 20.000 € auszuschreiben, die nach demselben Verfahren wie die Studienplätze vergeben werden. Die finanziellen Konsequenzen: Keine für den Etat des Ministeriums, keine für die Universität und keine für diejenigen Studenten, die vorher einen „kostenlosen" Studienplatz und jetzt ein Stipendium bekommen haben, das es ihnen erlaubt, die fälligen Studiengebühren zu bezahlen. Allerdings wäre mit dieser Vorgangsweise eine Reihe von Vorteilen verbunden:

- Den Studierenden wäre bewusst, dass studieren zu können, ein hohes Gut ist, mit dem sorgfältig umzugehen ist – selbstverständlich wird das Stipendium nur für die Regelstudienzeit plus Toleranzsemester bezahlt und die Universität ist gefordert, dies durch ein entsprechendes Angebot auch möglich zu machen.
- Unterstellt man, die variablen Kosten pro Student und Jahr beliefen sich auf 15.000 €, so „erwirtschaftet" die Universität pro Student und Jahr einen Vorteil (Deckungsbeitrag) in Höhe von 5000 €. Damit ist die Universität daran interessiert, die Studienplätze zu erweitern statt zu begrenzen. Die Zahl der Studierenden verliert zudem den Charakter eines politischen Kompromisses und wird zum Ergebnis eines rationalen Kalküls.
- Es könnte mehr Österreichern ein Medizinstudium ermöglicht werden, da die EU nur Gleichbehandlung, nicht aber die finanzielle Unterstützung von Ausländern einfordert; die derzeitigen starren und europarechtlich fragwürdigen Quoten wären somit entbehrlich.
- Ausländische Studenten würden nicht als Schmarotzer angesehen, die den Inländern die Studienplätze wegnehmen, sondern man rollt den roten Teppich für sie aus, da sie zur Finanzierung der Universität beitragen.
- Ein ausländischer Kultusminister, dem 20 Studienplätze fehlen und der sie kurzfristig nicht bereitstellen kann,

könnte für 400.000 € Stipendien ausschreiben, um seinen Landeskindern ein Studium in Innsbruck zu ermöglichen.
- Für diejenigen, die im Test nicht unter die ersten 400 kommen, besteht, da es sich für die Universität lohnt, weitere Studienplätze anzubieten die Möglichkeit, dennoch Medizin zu studieren, indem sie die Studiengebühren selbst aufbringen (evtl. über Kredite).
- Die Studenten sehen sich in der Rolle eines Kunden, der Forderungen stellen kann und nicht die Rolle des Bittstellers einnehmen muss.
- Es käme ein heilsamer Wettbewerb zwischen den Universitäten um die besten Studenten in Gang, etwas, das in vielen Ländern zur Tagesordnung gehört, während in unseren Universitäten eher die Tendenz beseht, die Zahl der Studierenden gering zu halten.

Natürlich liegt bei der Ausgestaltung der Teufel im Detail; die Diskussion muss aber ernsthaft geführt werden, denn Bildung ist ein zu wertvolles Gut, um nachlässig bewirtschaftet zu werden. Allerdings sind Studiengebühren, die niedriger sind als die variablen Kosten der Bildungseinrichtung, sinnlos. Sie wirken lediglich als eine steuerähnliche Belastung der Studierenden, die allenfalls dem Fiskus und jenen Institutionen nützen, die sich Rabatte für Scheinstudenten ersparen (Verkehrsbetriebe, Theater, Museen). Ein Gastwirt, der das Bier gratis ausschenken musste, ändert nicht dann sein Verhalten, wenn er nun 20 Ct für das Glas verlangen darf. Genauso wenig wird die Universität mit der Einführung von Studiengebühren in der Höhe von ein paar hundert Euro ihr Verhalten ändern. Nur Studiengebühren, die der Universität einen Überschuss belassen, können dazu beitragen: Beurteilung der Dozenten nach ihren Forschungsergebnissen *und* nach der Qualität ihrer Lehre, Vergabe von Mittel streng nach Leistungskriterien, weitgehende Ausnutzung der räumlichen und personellen Kapazitäten, Organisation der Studienprogramme so, dass das Studium realistischer Weise auch in der Regelstudienzeit beendet werden kann etc.

Unbestritten ist, dass wir die Begabungsreserven vollständig ausschöpfen müssen, wenn wir international wettbewerbsfähig bleiben wollen. Es darf nicht sein, dass jemand, der die Befähigung zu einem Studium hat, dieses aus finanziellen Gründen nicht aufnehmen kann. Studiengebührenfreiheit ist allerdings ein ungeeignetes Instrument, dieses Ziel zu erreichen. Eher gilt das Gegenteil: Nach den Statistiken der OECD ist seit Jahren die soziale Durchlässigkeit des Bildungssystems nirgendwo geringer als in Deutschland und in Österreich, in Ländern, in denen keine nennenswerten Studiengebühren erhoben werden.

Es steht allerdings zu befürchten, dass die Politik zögert, den Schritt von der Universitätsförderung zur Studentenförderung zu wagen, denn damit wäre auch das Eingeständnis verbunden, dass die Mittel, die unsere Gesellschaft bereit ist, in die universitäre Ausbildung zu investieren, deutlich unter dem liegen, was in vergleichbaren Ländern (insb. USA, UK, Schweiz) üblich ist. Selbstverständlich würden die staatlichen Ausgaben für das tertiäre Bildungswesen mit der Einführung echter Studiengebühren steigen müssen! Es ist eben nicht so, dass Studiengebühren, wenn sie von entsprechend dotierten Stipendienprogrammen begleitet werden, unsozial seien, sie stellen nur eine andere Finanzierungsform dar. Es ist auch nicht so, dass das Studium ohne Studiengebühren kostenlos wäre, denn es wird aus dem allgemeinen Steueraufkommen finanziert, aus denselben Mitteln, aus denen die Stipendien für die Studenten stammen würden. Allenfalls könnte man die

Tatsache für unsozial halten, dass die Möglichkeit, zu studieren, obwohl man die Zulassungs- bzw. Stipendienhürde nicht geschafft hat, sozial ungleich verteilt ist: Ein im Test gescheiterter Student aus wohlhabendem Hause wird eher in der Lage sein, die erforderlichen Studiengebühren aufzubringen als jemand aus einer sozial schwachen Familie. Es muss allerdings sichergestellt werden, dass nicht jemand, nur weil er es sich leisten kann, zu einem Studium zugelassen wird, dem er intellektuell nicht gewachsen ist. Es ist aber kaum anzunehmen, dass sich unter den fast zweitausend Bewerbern, die beim Innsbrucker Zulassungstest „gescheitert" sind, nicht genügend junge Leute finden lassen, die auch das Zeug haben, gute Ärzte zu werden.

Eines der zentralen Prinzipien einer rational geordneten Gesellschaft ist das Pareto-Prinzip: Eine Situation ist sozial dann einer anderen vorzuziehen, wenn einzelne besser gestellt werden können, ohne dass dabei andere schlechter gestellt werden müssen. Genau das ist der Fall, wenn sich zusätzlich zu den staatlich geförderten Studenten (sie werden nicht schlechter gestellt) noch weitere gesellen, die ihre Beiträge selbst bezahlen (weil sie sich damit besser stellen können). Je höher die Studiengebühren sind, umso eher ist sogar die damit verbundene „Ungerechtigkeit" hinnehmbar, trägt doch jeder zusätzliche Student zur Finanzierung der Universität umso mehr bei, je höher die Differenz zwischen Studiengebühr und den variablen Kosten des Studiums sind.

Die Botschaft müsste klar sein: Führen wir Studiengebühren in Höhe von jährlich 20.000 € (oder auch mehr) ein und sorgen wir über Stipendienprogramme dafür, dass genügend begabte junge Menschen in die Lage versetzt werden, sie bezahlen zu können. Ich habe das Thema Studiengebühren in diesen Band aufgenommen, weil es zeigt, wie schwer es ist, über Entscheidungen, die stark emotional besetzt sind, halbwegs rational zu befinden. Vor einigen Jahren habe ich in einer anerkannten österreichischen Tageszeitung die vorstehenden Überlegungen vorgetragen (Studieren ohne Gebühren? *Der Standard* vom 16.03.2012) und einen wahrhaften Shitstorm geerntet: Neben vereinzelten Blog-Beiträgen, die um Verständnis bemüht waren und neben noch viel willkommeneren Beiträgen, die eine nachvollziehbare kritische Distanz zu den Vorschlägen erkennen ließen, dominierte bei weitaus den meisten Beiträgen die pure Emotionalität. Ein paar Beispiele:

- „In jedem Fall sind Sie, ganz banal, einfach nur ein Idiot."
- „Man überlasse den Autor seinem marktreligiösen Fanatismus, möge der Markt mit ihm sein."
- „Das Problem vieler Bauch-Ökonomen ist, dass sie in ihrer Genialität auf Kopf-Arbeit (und Bildung) verzichten."
- „750 Zeichen genügen einfach nicht, diesen Schmarrn zu kommentieren."
- „So ein vollkommen idiotischer Beitrag kann auch nur von einem Betriebswirt kommen"
- „Herr Professor, bitte bleibens in Pension und mischen Sie sich nicht in Dinge ein, von denen Sie offensichtlich keine Ahnung haben!"
- „Selbst für die Verhältnisse des ‚Standard' eine ungeheuer idiotische Behauptung"

Das in der entscheidungstheoretischen Literatur erhobene Postulat nach vernünftigem, rationalem Entscheiden ist selbstverständlich nicht falsch, es ist nur unglaublich schwer, es in Realität umzusetzen. Wir alle mögen darum bemüht sein, wir sind aber Menschen mit Gefühlen und Emotionen, die die durchaus vorhandene Vernunft überlagern. Vielleicht gerade deswegen ist es so spannend, sich mit menschlichem Entscheidungsverhalten auseinanderzusetzen.

94

Warum sind Gebrauchtwagen so billig?

Und was haben Autos mit Zitronen zu tun?

Sie haben sich ein neues schönes Cabriolet zum Preis von 40.000 € gekauft. Nach einem halben Jahr merken Sie, dass Sie es eigentlich gar nicht mögen, offen zu fahren, und Sie wollen das Fahrzeug doch lieber in eine komfortable Limousine umtauschen. Nachdem Sie Ihren Händler konsultiert haben, sind Sie entsetzt. Er könne Ihnen für Ihr erstklassig gepflegtes und fast neues Auto nur 32.000 € anbieten; mehr gebe der Markt einfach nicht her. Es kann doch wohl nicht sein, denken Sie sich, dass das Auto in einem halben Jahr 20 % seines Werts verliert; mit technischem Fortschritt oder mit gebrauchsbedingter Abnutzung ist ein solcher Preisverfall unmöglich zu erklären.

Womit denn?

K. Schredelseker, *Alltagsentscheidungen*, DOI 10.1007/978-3-658-12401-4_94

Antwort

Dass relativ neue Fahrzeuge, auch gängiger und beliebter Marken, nur zu einem Preis verkauft werden können, der erheblich unter dem Neupreis liegt, ist ein allenthalben zu beobachtendes Phänomen. Natürlich hat das mit technischer Abnutzung nichts zu tun. Häufige Erklärungen für diesen erheblichen Preisabschlag sind der Wunsch des Käufers, ein wirklich neues Fahrzeug zu kaufen, die neue Anmutung und der neue Geruch, die Befürchtung, den Wagen schlechter wieder verkaufen zu können (nicht „aus 1. Hand"), die nicht gewünschte Farbe und Konfiguration o. ä. Gleichwohl: Alle diese Überlegungen sind kaum geeignet, den im Markt beobachteten hohen Preisabstand rechtfertigen. *George Akerlof* (*1940) lieferte 1970 mit seinem Beitrag *The Market for Lemons* eine völlig andere Begründung und gilt mit dieser Arbeit als einer der wichtigsten Wegbereiter der modernen Informationsökonomie.

Häufig sind Märkte dadurch gekennzeichnet, dass die Marktpartner unterschiedlich gut über die Qualitätseigenschaften des zu handelnden Gutes informiert sind und dass diese Informationsasymmetrie durch einfache Kommunikation nicht überwunden werden kann. Das Problem ergibt sich insbesondere bei sog. Erfahrungsgütern (experience goods), bei denen die Produktqualität erst nach dem Kauf festgestellt werden kann; im Gegensatz dazu liegt bei Suchgütern wie Treibstoff, Grundnahrungsmittel etc. die Qualität a priori fest und es geht nur darum, den günstigsten Anbieter zu finden. Die Informationsasymmetrie bei Erfahrungsgütern kann im Extremfall zum völligen Marktversagen führen. *Akerlof* macht diese Zusammenhänge am Beispiel des Gebrauchtwagenmarkts deutlich.

Nehmen wir etwas überzeichnend an, die verkauften Neuwagen eines Herstellers seien mit 95 % Wahrscheinlichkeit einwandfrei, zu 5 % allerdings handle es sich um „Montagsautos" (am. lemons), bei denen „der Wurm drin" ist. Ein Käufer, der sicher sein könne, ein einwandfreies Fahrzeug zu erhalten, wäre bereit, dafür 31.000 € zu zahlen, während er für ein Montagsauto wegen des damit verbundenen Ärgers nur 11.000 € ausgeben würde. Da niemand weiß, welchen Typus er beim Neuwagenkauf vor sich hat, werde im Markt der Erwartungswert bezahlt, somit 0,95 · 31.000 + 0,05 · 11.000 = 30.000 €.

Nach einem halben Jahr wird, rein technisch gesehen, ein Wertverfall von 5 % veranschlagt; dies würde für einwandfreie Fahrzeuge einen Preis von 29.450 € und für Montagsautos von 10.450 € zur Folge haben. Halbjahresautos würden somit zum durchschnittlichen Preis von 28.500 € gehandelt, wenn weiterhin 95 % einwandfreie und 5 % mangelbehaftete Wagen angeboten würden. Genau das ist aber nicht der Fall, denn selbstverständlich werden es überwiegend die Besitzer von Montagsautos sein, die ihren Wagen nach einem halben Jahr loswerden wollen. Sie sind den Ärger los und machen sogar noch ein sehr gutes Geschäft dabei: Sie verkaufen ein Auto, das, wenn Informationssymmetrie herrschte, nur einen Wert von 10.450 € hätte, zum weit mehr als doppelten Preis. Die Situation unterscheidet sich jetzt grundlegend vor der vor sechs Monaten. Damals wussten Käufer und Verkäufer über das Fahrzeug gleich viel, denn der Händler kannte den ihm vom Werk gelieferten Wagen genauso wenig wie sein Kunde. Nunmehr weiß der Käufer, dass der Verkäufer des Halbjahreswagens diesen genau kennt, und er weiß auch, dass dieser sein Wissen nicht offenbaren muss. Die entstandene Informationsasymmetrie ist daher durch einfache Kommunikation nicht zu beseitigen, weswegen der potentielle Käufer einen erheblichen Preisabschlag ansetzt. Würde er z. B. damit rechnen, dass nicht 5 %, sondern 25 % der angebotenen Halbjahreswagen mangelhaft sind, wäre er maximal bereit 0,75 · 2 9.450 + 0,25 · 10.450 = 24.700 € zu bezahlen. Er weiß aber, dass zu diesem Preis kaum noch jemand einen guten Halbjahreswagen verkauft, was zu einem noch größeren Abschlag führen müsste. Das Ende dieser Überlegungskette ist offen.

Die Konsequenz liegt auf der Hand: Die schlechte Qualität verdrängt die gute aus dem Markt. Jemand, der die Qualität seines Wagens kennt, wird diesen nicht zu einem Preis abgeben, in dem sich massiv das Informationsrisiko des Käufers widerspiegelt. Im Extremfall bricht der Markt vollends zusammen.

Die Möglichkeiten des Besitzers eines qualitativ einwandfreien Erfahrungsguts, diese trotz des Informationsrisikos zu einem vernünftigen Preis zu verkaufen, sind begrenzt. *Garantieerklärungen* sind für den Verkäufer eines einzelnen Gutes nicht möglich, da er (im Gegensatz zum Hersteller) weder die statistische Schadenshäufigkeit kennt, noch sich dem Risiko aussetzen will, dass der Käufer im Bewusstsein der Garantie besonders sorglos mit der Sache umgeht (moral hazard). Sich durch ehrenhaftes Verhalten *Reputation* aufzubauen gibt nur dann Sinn, wenn längerfristige Geschäftsbeziehungen intendiert sind; dies ist aber beim Verkauf eines einzelnen Gutes (wie eines Gebrauchtwagens) nicht der Fall. Eine Prüfung durch *unabhängige Experten* ist auch kaum zielführend, da bei einem Erfahrungsgut auch die Prüfinstanz längere Zeit braucht, um die Qualität festzustellen; die Kosten wären zu hoch.

Am ehesten zielführend ist die Überwindung der Informationsasymmetrie, die allerdings nur in Ausnahmefällen glaubhaft gelingen dürfte:

- Die Witwe, die nicht Auto fahren kann und deren Mann vor kurzem gestorben ist, muss den vor einem halben Jahr neu gekauften Wagen jetzt verkaufen und der Käufer wird nicht damit rechnen müssen, dass der Verkauf qualitätsbedingt erfolgt.
- Dasselbe gilt für einen Förster, der aus der Ebene ins Hochgebirge versetzt wird und jetzt unbedingt ein Allradfahrzeug benötigt.

Jedenfalls dürften Hinweise wie „umstandshalber" o. ä. nicht geeignet sein, die berechtigten Befürchtungen des Käufers zu zerstreuen.

95

Vertrauen ist gut, Kontrolle auch

Die Vertrauensgüter

Nach einer schweizerischen Untersuchung aus dem Jahr 1993 hängt bei bestimmten Krankheiten die Wahrscheinlichkeit dafür, dass im Rahmen der Therapie eine Operation erfolgt, wesentlich davon ab, ob der Patient ein „Normalbürger" oder ein Arzt bzw. Familienmitglied eines Arztes ist. Das amerikanische Verkehrsministerium schätzt, dass bei Autoreparaturen mehr als die Hälfte der Ausgaben für an sich unnötige Leistungen und Teile anfallen. Und haben Sie nicht auch schon den Eindruck gehabt, dass der Taxifahrer, der Sie in einer fremden Stadt zum Hotel bringen sollte, eine weit längere Strecke gefahren ist als es eigentlich notwendig gewesen wäre?

Worin bestehen die Gemeinsamkeiten dieser doch sehr unterschiedlichen Erfahrungen?

K. Schredelseker, *Alltagsentscheidungen*, DOI 10.1007/978-3-658-12401-4_95

Antwort

Alle drei geschilderten Fälle betreffen Leistungen Dritter, die üblicherweise als Vertrauensgüter (credence goods) bezeichnet werden. Anders als beim Erfahrungsgut, bei dem die wahre Qualität der Leistung oder Sache zwar nicht beim Erwerb, aber zumindest in der Folgezeit durch Gebrauch festgestellt werden kann, ist dies bei Vertrauensgütern regelmäßig auch dann nicht der Fall. In beiden Fällen besteht Informationsasymmetrie zwischen Käufer und Verkäufer, bei Vertrauensgütern kann der Leistungsempfänger diese aber auch ex post nicht verringern. Da dies dem Leistungserbringer bewusst ist, kann er weitestgehend gefahrlos mogeln, indem er

- Leistungen erbringt, die über das Niveau hinausgehen, welches vom Erwerber gewünscht wird, ihm selbst aber einen höheren Gewinn bescheren (längere als notwendige Taxifahrt, mehr Medikamente als für die Behandlung erforderlich in der Apotheke, Tausch von noch intakten Teilen in der Autowerkstatt etc.).
- Leistungen erbringt, die hinter den gestellten Anforderungen zurückbleiben (nicht alle Viren werden beim Computercheck beseitigt, die notwendigen Stichproben bei einer Prüfung werden zu gering angesetzt, gesetzliche Normen bei der Lebensmittelproduktion werden nicht eingehalten etc.).
- Kosten verrechnet, die nicht der erbrachten Leistung entsprechen (Verrechnung einer anderen Tarifgruppe, Einbau billiger Teile bei Verrechnung der teureren Originalersatzteile etc.).

Die Wahrscheinlichkeit, mit der derartige Maßnahmen gesetzt werden, hängt primär von dem Informationsniveau ab, das der Leistungserbringer bei seinem Kunden vermutet. Bei einem Arzt ist die Gefahr größer, dass die Notwendigkeit einer indizierten Operation infrage gestellt wird als bei einem medizinischen Laien. Ein Einheimischer wird es sich eher nicht gefallen lassen, dass der Taxifahrer große Umwege fährt, als ein nicht ortskundiger Fremder. Der erfahrene Heimwerker wird schwerer davon zu überzeugen sein, dass das gesamte Rohrsystem ausgetauscht werden müsse, wenn die Dusche tropft, als ein eher unpraktisch veranlagter Mensch.

Eine Innsbrucker Forschergruppe hat das Verhalten Athener Taxifahrer (insg. 348 Fahrten und 4400 km) untersucht. Eine durchschnittliche Fahrt ging über 12,7 km, wobei 1,3 km überflüssig waren; Fahrgäste, die ortsunkundig erschienen, mussten doppelt so viele Umwege in Kauf nehmen als andere. Während Griechen nur in 6 % der Fälle einen für sie ungünstigen Tarif berechnet bekamen, war dies bei Ausländern weit häufiger (22 %) der Fall.

Da das Ausmaß der Mogeleien nicht von der tatsächlichen, sondern von der vermuteten Informationsasymmetrie getrieben wird, sollte man beim Erwerb eines Vertrauensguts stets bemüht sein, den Eindruck eines Kenners oder eines Fachmanns zu erwecken; zumindest sollte man seine Ahnungslosigkeit nicht zu offenkundig werden lassen. Oft reicht es schon, in der Klinik anzudeuten, man habe einen Arzt in der Familie, bei der Autowerkstatt ein paar Fachausdrücke einzuwerfen und den Taxifahrer zu fragen, welche Route er zu nehmen gedenke.

Da bei Vertrauensgütern, ähnlich wie bei Erfahrungsgütern, die Informationsasymmetrie zu Lasten beider Seiten geht (das Misstrauen des Erwerbers reduziert seine Zahlungsbereitschaft) kann es auch im Interesse des Anbieters sein, den aus der Informationsasymmetrie resultierenden Konflikt zu entschärfen. Bei der Reparatur eines technischen Geräts wird das ausgetauschte Aggregat dem Kunden präsentiert; in der Hauszeitschrift der Klinik wird auf Statistiken verwiesen, wonach die Operationshäufigkeit deutlich unter der landesüblichen liegt; das Taxi verfügt über ein Navigationssystem, das erkennbar auf die optimale Route eingestellt ist. Vollends beseitigen lassen sich die aus der ökonomischen Natur der Vertrauensgüter resultierenden Probleme allerdings nicht.

96

Das Unmögliche möglich machen

Probleme mit Kamelen

Abdul, der alte Beduine, dessen ganzer Besitz die Kamele waren, mit denen er Transporte durch die Wüste organisierte, war verstorben. Seine drei Söhne öffneten sein Testament und fanden folgende Verfügung vor: Ali, der Älteste, soll die Hälfte meines Besitzes erhalten, Amir ein Drittel und Arif ein Neuntel. Sie waren ratlos, denn die Hinterlassenschaft umfasste gerade 17 Kamele, sonst nichts. Wie kann man da im Sinne der testamentarischen Verfügung teilen? Sie waren verzweifelt, denn sie wussten nicht, was sie tun sollten. Schließlich wollte niemand die geliebten Kamele des Vaters schlachten.

Da kam gerade Ahmed, ein alter Freund von Abdul, auf seinem Kamel sitzend vorbei und fragte die Männer, warum sie so traurig seien. Sie erzählten von dem Testament und erklärten, es mache sie traurig, dass sie den letzten Willen des geliebten Vaters nicht erfüllen könnten, ohne die von ihm so geschätzten Kamele zu töten. Ahmed überlegte kurz und sagte ihnen, sie sollten die Kamele herbringen. Sie taten es und er stellte seines dazu. Dann gab er die Hälfte der nunmehr achtzehn Kamele an Ali (= neun Kamele), ein Drittel

K. Schredelseker, *Alltagsentscheidungen*, DOI 10.1007/978-3-658-12401-4_96

an Amir (= sechs Kamele) und ein Neuntel an Arif (= zwei Kamele). Eines ist dabei übriggeblieben: Sein eigenes. Er nahm es, grüßte und zog, die verdutzten Brüder zurücklassend, von dannen. Wieso war das möglich?

Auch die zweite Geschichte handelt von Kamelen. Der allseits geschätzte Beduine Sharif sieht sein Ende kommen. Er ruft seine beiden Söhne Said und Saladin zu sich und sagte: „Ich habe noch einen wunderschönen alten Kamelsattel, reich verziert und aus edelsten Materialien, den mir mein Vater geschenkt hatte. Er ist sehr wertvoll und ich will ihn einem von Euch vermachen. Seht Ihr ganz da hinten die Palme? Ich möchte, dass Ihr Eure Kamele nehmt und auf mein Zeichen losreitet, die Palme umrundet und zu mir zurückkehrt. Dem Kamel, das als Letztes bei mir eintrifft, werde ich den prachtvollen Sattel aufspannen". Said und Saladin besteigen ihre Kamele und … bleiben stehen. Da derjenige gewinnen sollte, dessen Kamel als Letztes zum Ausgangspunkt kommt, traut sich keiner, sich zu bewegen. Suleiman, ein Freund der Familie, hat das Ganze aus der Ferne beobachtet, tritt herbei und flüstert den beiden Brüdern etwas zu. Kurz darauf reiten beide in vollem Tempo los. Was hat Suleiman den beiden da zugeflüstert?

Antwort

Die beiden Kamelgeschichten sind typische Beispiele für Fehler, zu denen wir bei bestimmten Problemlösungen neigen. Wir wenden uns gleich der Lösung zu, ohne uns erst einmal mit der Problemstellung zu beschäftigen.

Im ersten Fall liegt das Problem auf der Hand. Die testamentarisch verfügte Aufteilung in 1/2, 1/3 und 1/9 summiert sich nicht auf eins, sondern auf 17/18; das Problem ist also falsch gestellt, denn bei einer Verteilung sollten sich die Quoten auf eins aufsummieren. Gleichwohl ist die Lösung von Ahmed akzeptabel und verteilungsgerecht: Jeder der Brüder erhält 5,88 % (= 1/17) mehr als er nach dem Testament hätte erhalten sollen:

- Ali hätte 17/2 = 8,5 Kamele erhalten sollen, bekommt aber 8,5 · 1,0588 = 9 Kamele.
- Amir hätte 17/3 = 5,67 Kamele erhalten sollen, bekommt aber 5,67 · 1,0588 = 6 Kamele.
- Arif hätte 17/9 = 1,89 Kamele erhalten sollen, bekommt aber 1,89 · 1,0588 = 2 Kamele.

Alle waren somit einverstanden mit der weisen Entscheidung von Ahmet, wenngleich sie doch ein wenig verwirrt zurückblieben.

Auch im zweiten Fall ergibt sich die Lösung durch aufmerksames Lesen der Fragestellung. Derjenige sollte den begehrten Sattel erhalten, *dessen Kamel* als letzter beim Vater ankommt. Der Ratschlag von Suleiman lautete also: „Wechselt die Kamele und reitet, so schnell ihr könnt, auf dem Kamel des Bruders." Beide versuchten jetzt schneller zu sein als der andere, um so das eigene Kamel auf den zweiten Platz zu verweisen. Es ist einfach vorstellbar, so schnell wie möglich zu reiten, nicht aber so langsam wie möglich zu reiten.

Wenn wir Schwierigkeiten haben, auf ein Problem eine angemessene Lösung zu finden, muss das Defizit nicht in unserer Problemlösungsfähigkeit liegen. Es kann sehr wohl sein, dass das Defizit in der Problemstellung liegt oder, was leider auch sehr häufig vorkommt, in unserer vorschnellen Interpretation der Problemstellung.

97

Warum halten wir uns für überdurchschnittlich?

Overconfidence im Auto und am Finanzmarkt

Weltweit sind Studien darüber angestellt worden, wie Autofahrer sich selbst sehen und überall waren die Ergebnisse in etwa dieselben: Befragt, ob sie sich eher als über- oder als unterdurchschnittlich gute Fahrer einschätzten, hielt sich die große Mehrheit der Autofahrer für überdurchschnittlich befähigt (in einer kanadischen Studie waren es sogar 100 % der Befragten). Würden die Befragten sich einigermaßen realistisch einschätzen, so müssten sich doch wohl etwa 50 % als über- und 50 % als unterdurchschnittlich einschätzen. Die Befragungsergebnisse sind offenbar weit von einer solchen Gleichverteilung entfernt. Besonders ausgeprägt ist die Selbstüberschätzung bei jungen Männern; allerdings neigen auch Frauen dazu, sich zu überschätzen, jedoch in einem signifikant geringeren Ausmaß.

Wie lässt sich diese Fehleinschätzung erklären?

K. Schredelseker, *Alltagsentscheidungen*, DOI 10.1007/978-3-658-12401-4_97

Antwort

In der Psychologie ist das Phänomen der Selbstüberschätzung als *Overconfidence* oder als *Better than Average-Effekt* bekannt. Sie lässt sich in vielen Bereichen des Lebens beobachten. Im Rahmen der Online-Tests an der Universität Innsbruck sollten sich Studenten zwischen Sätzen wie

- In meinem Freundeskreis bin ich beliebter als der Durchschnitt.
- In meinem Freundeskreis bin ich weniger beliebt als der Durchschnitt.

oder

- Ich bin leistungsfähiger als der Durchschnitt der Studenten.
- Ich bin weniger leistungsfähig als der Durchschnitt der Studenten.

entscheiden. Regelmäßig waren es über 70 % der Befragten, die die positive Antwort für sich in Anspruch nahmen.

Besonders ausgeprägt ist die Selbstüberschätzung im Finanzmarkt, wo die meisten dem Satz zustimmen: „Zwar habe ich auch schon Fehlentscheidungen getroffen und herbe Verluste hinnehmen müssen, aber im Durchschnitt erweisen sich meine Einschätzungen doch häufiger als richtig denn als falsch." Ein Zufallsinvestor, jemand, der die Entscheidung, ob er eine bestimmte Aktie kaufen soll oder nicht, dem Ergebnis eines Münzwurfs überlässt, wird mit gleicher Wahrscheinlichkeit diejenigen Titel in sein Portefeuille nehmen, die sich besser entwickeln als der Markt, wie die, deren Entwicklung hinter dem Markt zurückbleibt. Der Zufallsinvestor wird somit mit der durchschnittlichen Marktrendite rechnen können. Da nahezu alle von sich annehmen, bessere als rein zufällige

Entscheidungen treffen zu können, glaubt somit jeder, selbst mit einem überdurchschnittlichen Anlageergebnis rechnen zu können. Dies ist nicht nur eine durch nichts gerechtfertigte Selbstüberschätzung, sondern Ausdruck eines elementaren Unverständnisses von der Funktionsweise eines Finanzmarkts.

Vielleicht handelt es sich bei der Selbstüberschätzung aber auch gar nicht um ein Fehlverhalten (dann nämlich wäre zu erwarten, dass Underconfidence in etwa genauso häufig auftritt), sondern um einen Teil unseres genetischen Programms, wie die Politikwissenschaftler *Dominic Johnson* (*1974) und *James Fowler* (*1970) in einem vielbeachteten Beitrag in der Zeitschrift *Nature* (2011) gezeigt haben. Wer dazu neigt, sich eher als Sieger zu fühlen, tritt selbstbewusster auf, er wird eher bereit sein, sich auch schwierigeren Situationen zu stellen und Auseinandersetzungen nicht aus dem Weg zu gehen. Damit wird er besser gewappnet sein, sich im Daseinskampf zu behaupten und seine genetische Disposition weiterzugeben. Selbstüberschätzung wäre dann das Ergebnis des Evolutionsprozesses, der denjenigen einen Vorteil einräumt, die sich im alltäglichen Überlebenskampf besser gegenüber anderen durchzusetzen vermögen.

98

Warum ist Ihre Bank überdurchschnittlich gut?

Die Überlegenheit der Überlebenden

Die Idee, die hinter den klassischen Wertpapierfonds steht, ist entwaffnend einfach. Der normale Sparer hat weder die notwendigen Kenntnisse und Erfahrungen, um sein Geld an den Finanzmärkten anzulegen, noch ein Anlagevolumen, das einen hohen zeitlichen Aufwand für eine sachkundige Betreuung rechtfertigen und eine risikominimierende Streuung der Geldanlagen erlauben würde. Bereits in der zweiten Hälfte des 19. Jahrhunderts sind daher in Großbritannien Fonds aufgelegt worden, die eine Antwort auf dieses Problem geben sollten: Viele kleine Vermögen werden in einem großen gebündelt und von einem professionellen Portfoliomanager optimal veranlagt. So die Idee. Die Praxis sieht allerdings anders aus. In allen entwickelten Kapitalmärkten der Welt haben sich die Fonds im Durchschnitt als unfähig erwiesen, wenigstens eine Rendite in Höhe des Marktdurchschnitts zu erwirtschaften. Unzählige empirische Untersuchungen belegen dies; sie belegen auch, dass ein gutes Abschneiden in der Vergangenheit nichts darüber aussagt, ob sich der jeweilige Wertpapierfonds auch in der Zukunft gut entwickeln wird.

K. Schredelseker, *Alltagsentscheidungen*, DOI 10.1007/978-3-658-12401-4_98

Dennoch werden Sie, wenn Sie zu Ihrer Bank gehen und sich über angebotene Fonds-Produkte informieren wollen, höchstwahrscheinlich erfahren, dass die von *Ihrer* Bank angebotenen Fonds in den vergangenen Jahren durchweg besser abgeschnitten haben als der Marktdurchschnitt. Wieso ist das möglich?

Antwort

Eine mögliche Erklärung wäre, dass gerade die Manager der von Ihrer Bank angebotenen Fonds tatsächlich in den vergangenen Jahren den Markt haben ‚ausperformen' können. Das ist nicht ausgeschlossen, aber höchst unwahrscheinlich, da Sie ähnliche Meldungen von nahezu allen Banken und Kapitalanlagegesellschaften erhalten werden, was im Widerspruch zu den oben genannten empirischen Befunden steht. Eine andere Erklärung wäre, dass die Banken in ihren Werbeschriften mogeln und die Ergebnisse besser rechnen als sie tatsächlich waren. Auch das ist eher unwahrscheinlich, da der Reputationsverlust durch bewusste Falschangaben für die Bank ein viel zu großes Risiko darstellen würde.

Am ehesten dürfte die sog. Überlebensverzerrung (*survivalship bias*) Grund für das Phänomen sein.

Der Begriff des *survivalship bias* geht auf eine Erfahrung im Zweiten Weltkrieg zurück, als die Ingenieure der Flugzeugindustrie bemüht waren, die Maschinen stärker gegen feindlichen Beschuss zu schützen. Man analysierte die zurückgekehrten Maschinen auf ihre Beschädigungen und verstärkte die Panzerung dort, wo häufig Einschusslöcher vorlagen. Die Überlebensrate der Piloten konnte damit allerdings nicht verbessert werden. Der Mathematiker und Entscheidungstheoretiker *Wald* erkannte den Irrtum und empfahl, die Maschinen vorzugsweise dort zu panzern, wo sie *keine* Einschusslöcher aufwiesen. Treffer an diesen Stellen führten offenbar zum Abschuss und ließen die Maschinen gar nicht erst zurückkommen.

Es ist eine Tatsache, dass viele der neu aufgelegten Wertpapierfonds nach wenigen Jahren wieder geschlossen oder mit anderen zusammengelegt werden. Nehmen wir an, eine

Kapitalanlagegesellschaft habe vor fünf Jahren zwölf Fonds angeboten, die alle nach dem Zufallsprinzip gemanagt worden seien: Vier von ihnen konnten den Markt *outperformen*, vier blieben im Bereich des Index und vier entwickelten sich deutlich schlechter. Die letztgenannten wurden innerhalb der letzten fünf Jahre liquidiert oder in andere, bestehende Fonds überführt. Somit kann in der heutigen Werbebotschaft völlig korrekt behauptet werden: „Die Performance der von uns angebotenen Fonds lag in den letzten fünf Jahren deutlich über dem Index." Man hätte auch sagen können: „Die Rendite derjenigen von uns vor fünf Jahren angebotenen Fonds, deren Rendite über dem Index lag, lag über dem Index." Eine solche Formulierung hätte allerdings vor den gestrengen Augen des Marketingchefs wahrscheinlich keine Gnade gefunden.

Das Phänomen der Überlebensverzerrung lässt sich in vielen Bereichen unserer Alltagserfahrung nachweisen. Die Werke derjenigen Künstler, die vor hundert Jahren arbeiteten und die heute noch bekannt sind, haben enorm im Wert zugelegt. Die Schlussfolgerung, dass eine Investition in Kunst mit einer hohen Rendite verbunden gewesen sei, ist gleichwohl irrig: Sie berücksichtigt nur die Wertentwicklung derer, über die man heute noch spricht, nicht aber die Wertentwicklung aller zur damaligen Zeit entstandenen künstlerischen Werke.

99

Was weiß ich, wenn die anderen nichts wissen?

Der Informationsgehalt des Nichtwissens

Albert und Bernd haben in einem Strandcafé Christina kennengelernt, ein reizendes Mädchen aus ihrer Heimatstadt, mit dem sie sich blendend unterhalten. Sie fragen sie, an welchem Tag sie Geburtstag habe, und sie gibt ihnen zur Antwort, dass sie dies nicht verraten wolle, aber bereit wäre, ein paar mögliche Daten zu nennen. Albert und Bernd gehen darauf ein und erfahren beide, dass Christinas Geburtstag auf eines der folgenden Daten fällt:

3. April, 4. April, 7. April, 5. Mai, 6. Mai, 2. Juni, 4. Juni, 2. Juli, 3. Juli oder 5. Juli.

Natürlich wollen die Burschen es genauer wissen, aber Christina lässt sich nur darauf ein, Albert den Monat und Bernhard den Tag ihrer Geburt wissen zu lassen.

Daraufhin entwickelt sich das folgende Gespräch:

Albert: Ich habe keine Ahnung, wann Christina Geburtstag hat, aber ich weiß, dass auch du, Bernhard, es nicht wissen kannst.

Bernhard: Danke, lieber Albert, anfangs wusste ich es wirklich nicht, jetzt aber weiß ich es.

K. Schredelseker, *Alltagsentscheidungen*, DOI 10.1007/978-3-658-12401-4_99

Albert: Ach so, ja dann weiß ich es auch. Und wir werden ihr bei ihrem Geburtstag unsere Aufwartung machen.

Wann hat Christina Geburtstag?

Antwort

Auch diese Fragestellung zeigt, wie viel Information im Nichtwissen eines anderen stecken kann. Es handelt sich hier um eine vereinfachte Version des von *Hans Freudenthal* (1905–1990) formulierten „*Luzifer-Problems*", in dem die beiden berühmten Mathematiker *Gauß* und *Euler* in einem fiktiven Dialog ein ungleich schwierigeres Problem zu lösen hatten.

Die eher einfachen Überlegungen von Albert und Bernhard waren die folgenden:

> Dass Albert Christinas Geburtstag nicht kennt, ist eine Selbstverständlichkeit; somit ist der erste Teil seiner Aussage leeres Geplapper (*cheap talk*). Der zweite Teil seiner Aussage hingegen liefert Information. Da Bernhard nur dann wissen könnte, wann Christina Geburtstag hat, wenn dem Tag nur ein einziger Monat zugeordnet ist, kann er nicht den 6. oder 7. von Christina erfahren haben: Beim 6. hätte es nur der 6. Mai, beim 7. nur der 7. April sein können. Mit der Aussage von Albert, dass auch Bernhard es nicht wissen könne, ist klar, dass Christinas Geburtstag nur im Juni oder im Juli liegen kann. Bernhard weiß dies und daher kann das ihm von Christina mitgeteilte Datum nicht der 2. sein, weil er dann den Monat nicht kennen würde (es könnte nämlich Juni oder Juli sein). Christina kann ihm somit entweder den 3., den 4. oder den 5. genannt haben. Alberts Aussage, dass er es jetzt auch wisse, belegt, dass Christina nur am 4. Juni Geburtstag haben kann; da der 3. und der 5. im Juli liegen, hätte er das genaue Datum in diesen beiden Fällen nicht wissen können.

Da sich die beiden Burschen nach dieser Erkenntnis nicht auf ein angemessenes Geburtstagsgeschenk einigen konnten, standen sie am 4. Juli bei Christina vor der Tür und überbrachten ihr einen prachtvollen Blumenstrauß sowie eine gekühlte

Flasche Champagner. Sie wurden von der völlig überraschten Christina freudig empfangen: Die Blumen kamen in eine Vase, der Champagner in drei elegante Sektflöten und es wurde in bester Stimmung Geburtstag gefeiert. Christina ist eine wundervolle junge Frau.

Glossar

Anker, Anchoring Menschen neigen bei unsicheren Entscheidungen dazu, sich an irgendetwas Festem, eben einem „Anker" zu orientieren, der dann sehr stark die Entscheidungsfindung beeinflusst; dies gilt auch dann, wenn der „Anker" nichts oder fast nichts mit dem anstehenden Entscheidungsproblem zu tun hat. Bei Verhandlungen kann eine frühzeitige Preisnennung (= Auswerfen eines Ankers) in erheblichem Maße das Ergebnis vorprägen.

Auktion Versteigerungsverfahren. Bei der englischen Auktion geben die Bieter beginnend von einem Mindestpreis ihre Gebote ab, wobei der Meistbietende den Zuschlag erhält; die meisten Auktionen sind von dieser Art. Bei der Vickrey-Auktion erhält zwar auch der Meistbietende den Zuschlag, er muss aber nur den Betrag zahlen, auf den das zweithöchste Gebot lautet. Auf diese Weise wird sichergestellt, dass jeder Bieter seinen Reservationspreis nennt und nicht versucht, durch niedrigere Gebote ein Schnäppchen zu machen. Bei der holländischen Auktion (Rückwärtsauktion) sinkt auf einer für alle sichtbaren Anzeigetafel der Zuschlagspreis so lange, bis ein Bieter durch Knopfdruck den Vorgang unterbricht und sich zu dem angegebenen Preis die Sache sichert. Je länger man wartet, umso niedriger wird der Preis, aber umso größer wird die Gefahr, dass ein anderer den Zuschlag erhält.

Bayes-Regel Eine auf den englischen Pfarrer *Thomas Bayes* zurückgehende Regel zum Umgang mit bedingten Wahrscheinlichkeiten. Sie beschreibt ein Lernen aus Erfahrung, in dem neu hin-

K. Schredelseker, *Alltagsentscheidungen*, DOI 10.1007/978-3-658-12401-4

zukommende Information mit bestehender Vor-Information (*a-priori-Information*) verknüpft wird und zu einer Verbesserung der Beurteilung eines Sachverhalts führt (*a-posteriori-Information*).

Bearish – Bullish Begriffe aus der Börsianersprache, wobei der Bär für ein Fallen des Kursniveaus steht und der Bulle für einen Anstieg. Eine Person wird als „bullish" bezeichnet, wenn sie mit einem Kursanstieg rechnet und somit Aktien kauft; rechnet sie eher mit einem Rückgang der Kurse und verkauft, so bezeichnet man sie als „bearish".

Cheap talk Leeres Gerede, das für den Sprecher nicht mit Kosten verbunden ist, ihn zu nichts verpflichtet und das nicht extern überprüft werden kann. Im Gegensatz dazu steht das Signal.

Coopetition Kunstwort, zusammengesetzt aus *cooperation* und *competition* (Wettbewerb); es bringt die Tatsache zum Ausdruck, dass die Menschen in vielen Bereichen der modernen Lebenswelt gleichzeitig gegeneinander (Wettbewerb) wie miteinander (Kooperation) agieren. Gegensatz zum Nullsummenspiel.

DAX (Deutscher Aktienindex) Der gebräuchlichste deutsche Aktienindex; er umfasst die 30 größten und umsatzstärksten Unternehmen der deutschen Wirtschaft. Üblicherweise wird er als Performanceindex dargestellt, d. h. er erfasst auch die Dividendenerträge. Unter der Bezeichnung DAXK gibt es ihn allerdings auch als Kursindex. Wer längerfristige Renditenvergleiche, etwa den Vergleich zwischen Aktienrendite und Obligationenrendite, vornehmen möchte, sollte sich am Performanceindex orientieren.

Dominanz Wenn für eine Entscheidung mehrere Kriterien herangezogen werden (Energieverbrauch, Preis, Gewicht, Design o. ä.) gilt eine Aktion dann als dominant, wenn sie in keinem dieser Kriterien schlechter und in mindestens einem der Kriterien besser ist als die Alternative.

Effizienz Eng mit Dominanz verwandter Begriff. Wird meistens im Zusammenhang mit Entscheidungen bei zwei konkurrierenden

Zielen verwendet: z. B. Aufwand und Ertrag, oder Rendite und Risiko. Eine Aktion ist effizient, wenn es keine andere gibt, die bei gleichem Aufwand einen höheren Ertrag bringt; ein Portefeuille ist effizient, wenn es kein anderes gibt, das bei gleicher Renditenerwartung ein geringeres Risiko aufweist etc.

Entscheidungstheorie Teildisziplin der Wirtschaftswissenschaften, die sich mit menschlichem Entscheidungsverhalten beschäftigt. Bei der präskriptiven Entscheidungstheorie geht es darum, die Bedingungen herauszuarbeiten, nach denen eine Entscheidung als rational qualifiziert werden kann; die präskriptive Entscheidungstheorie wird häufig auch als Entscheidungslogik bezeichnet. Bei der deskriptiven Entscheidungstheorie geht es darum, tatsächliches Entscheidungsverhalten von Menschen, sei es rational oder nicht, zu beobachten, zu analysieren und zu erklären. Beide Teile der Entscheidungstheorie stehen in einem engen Zusammenhang zueinander.

Entscheidung gegen die Natur Entscheidungen, bei denen sich die Bedingungen nicht dadurch ändern, dass wir uns für die eine oder andere Sache entschieden haben. Wer einen Eisenbahntunnel entlang einer bestimmten Trasse zu bohren beabsichtigt, weiß, dass das Gestein auf diese Entscheidung nicht reagiert: Es wird weder härter noch weicher, nur, weil wir diese Trasse gewählt haben. Gegensatz dazu: *Spiele, Entscheidungen gegen bewusst handelnde Gegenspieler.*

Erfahrungsgut Gut, dessen Qualität der Erwerber erst nach vollzogenem Konsum feststellen kann. Typische Erfahrungsgüter sind Speisen in einem Restaurant, Urlaubsreisen, Beratungsleistungen etc. Der Konsum eines Erfahrungsguts beeinflusst das Nachfrageverhalten des Konsumenten in der Zukunft, indem der Lieferant kognitiv negativ oder positiv besetzt wird. Gegensatz dazu: Suchgut, Vertrauensgut.

Erwartungsnutzentheorie Auf *Bernoulli* (1700–1782) zurückgehendes Konzept, wonach Menschen Zahlungen nicht nach ihrer absoluten Höhe, sondern nach dem Nutzen, den sie ihnen stiften, bewerten. Wer z. B. Zahlungen einen Nutzen beimisst, der ihrer Quadratwurzel entspricht, wird die 50 : 50-Chance, 100 € oder 400 € zu erhalten, gleich einschätzen wie eine Zahlung in Höhe von 225 €, denn $(0{,}5 \cdot 10 + 0{,}5 \cdot 20)^2 = 225$. Die Erwartungsnutzentheorie wird in der modernen Entscheidungstheorie auf alle Güter, nicht nur auf solche monetärer Art, angewandt.

Erwartungswert s. Gewinnerwartung

Framing Botschaften werden völlig unterschiedlich aufgenommen und interpretiert, je nachdem, in welchem Rahmen (frame) sie angeboten werden. Dies steht in klarem Widerspruch zur Theorie der rationalen Entscheidungsfindung. Konsumenten ziehen die Aussage „*Das Gerät kostet 40 €, bei Barzahlung Rabatt von vier Euro*" der Aussage „*Das Gerät kostet 36 €, bei Überweisung veranschlagen wir einen Aufschlag von vier Euro*" vor. In beiden Fällen wird dasselbe gesagt, nur der sprachliche Rahmen, in dem die Botschaft vermittelt wird, ist ein anderer.

Gambler's fallacy (Spielerfehlschluss) Weit verbreitete, gleichwohl aber irrige Meinung, ein Ereignis werde umso wahrscheinlicher, je länger es nicht eingetreten ist. Fast alle Glücksspielsysteme (für Lotto, Würfel, Roulette etc.) basieren auf der Annahme, dass eine Zahl, die lange nicht gekommen ist, eine höhere Eintrittswahrscheinlichkeit habe als andere. Der gambler's fallacy liegt eine Fehlinterpretation des *Gesetzes der großen Zahl* zugrunde. Zufallszahlen, wie sie von einer Lottomaschine, einem Würfel oder einer Rouletteschüssel erzeugt werden, weisen kein Gedächtnis auf.

Gesetz der großen Zahlen Besagt zum einen, dass sich die relative Häufigkeit von n Zufallsexperimenten umso mehr der theoretischen Wahrscheinlichkeit annähert, je größer n wird. Andererseits wird die absolute Abweichung eines Zufallsexperiments vom theoretischen (= häufigsten) Ergebnis umso größer, je größer n ist. Bei zehn Münzwürfen kann es leicht zu 7 : 3, d. h. zu 70 % *Zahl* kommen, was eine erhebliche Abweichung vom theoretischen Ergebnis (= 50 %) darstellt; die absolute Abweichung vom häufigsten erwarteten Ergebnis (= 5 mal *Zahl*) beträgt in diesem Fall 2, maximal beträgt sie 5. Bei 10.000 Münzwürfen ist ein Ergebnis von 70 % *Zahl* praktisch unmöglich, während eine absolute Abweichung um 50 und mehr vom theoretischen Ergebnis (= 5000 mal *Zahl*) durchaus im Bereich des Erwartbaren liegt (mit einer Wahrscheinlichkeit von über 30 %).

Gewinnerwartung Ausdruck für den statistischen Erwartungswert eines Gewinns: Wirft ein Projekt mit einer Wahrscheinlichkeit von p = 1/3 einen Gewinn von 5000 € und mit einer Wahrscheinlichkeit von p = 2/3 einen Gewinn von 2000 € ab, so errechnet sich die Gewinnerwartung als 1/3 · 5000 + 2/3 · 2000 = 3000 €. Ein risikoneutraler Entscheider orientiert sich an der Gewinnerwartung, während ein risikoscheuer Entscheider einen Risikoabschlag (Risikoprämie) vornimmt.

Grenznutzen, abnehmender Mit *Grenznutzen* wird der Nutzenzuwachs bezeichnet, den ein Wirtschaftssubjekt durch den Konsum einer zusätzlichen Einheit eines Gutes erhält (= erste Ableitung der *Nutzenfunktion*). Das Konzept des *abnehmenden Grenznutzens* besagt, dass der Nutzen für jede zusätzliche Einheit eines Konsumguts zwar positiv ist, aber immer kleiner wird (= zweite Ableitung der *Nutzenfunktion*): Der Wanderer, an der Almhütte angekommen, genießt aus vollen Zügen das erste Glas Bier, auch das zweite trinkt er mit großem Genuss, wenngleich schon weniger emphatisch, und das dritte schmeckt einfach nur gut.

Hindsight bias (Rückschaufehler) Kognitive Verzerrung, nach der man sich systematisch falsch an frühere Erwartungen erinnert. Menschen neigen dazu, ihre ursprünglichen Erwartungen an die tatsächlich eingetretenen Ereignisse anzupassen. Dies hat zur Folge, dass üblicherweise die Möglichkeit, ein stattgefundenes Ereignis vorhersehen zu können, überbewertet wird. Typische Reaktionen im Nachhinein sind: Das war doch klar, damit hat man doch rechnen können.

Informationsnutzen Differenz zwischen dem Nutzen, den eine Entscheidung stiftet, die sich auf eine Information stützt, und dem Nutzen einer Entscheidung, die ohne diese Information getroffen worden wäre. Da niemand gezwungen ist, aufgrund einer neuen Information seine Entscheidung zu ändern, ist der Informationsnutzen bei Entscheidungen gegen die Natur niemals negativ. Da sich bei Spielen (Märkten) durch eine Information an einen Einzelnen das Verhalten aller Teilnehmer ändern kann, gilt das Prinzip der Nichtnegativität des Informationsnutzens nicht mehr.

Insider Person, die über Informationen verfügt, die der Allgemeinheit nicht zugänglich sind. Nach dem Wertpapierhandelsgesetz ist der Kreis der Insider genau definiert (Vorstand, Aufsichtsrat, Wirtschaftsprüfer, Steuerberater eines Unternehmens etc.). Insidern ist die Durchführung bestimmter Geschäfte unter Verwendung von Insiderinformationen untersagt. Die Sinnhaftigkeit dieses Verbots wird von Wirtschaftswissenschaftlern häufig infrage gestellt.

Kognitive Dissonanz Als emotional unangenehm empfundene Situation, bei der verschiedene Kognitionen (Meinungen, Gefühle, Wünsche, Einstellungen etc.) zueinander in Widerspruch stehen. Im Zusammenhang mit Entscheidungen kommt es insbesondere dann zu kognitiven Dissonanzen, wenn eine getroffene Entscheidung im Lichte neuer Erkenntnis infrage gestellt wird. Die Maßnahmen zur Dissonanzreduktion sind vielfältig (Leugnung, selektive Informationsbeschaffung, Kompensation o. ä.).

Komplexität Eigenschaft eines mechanischen, biologischen oder sozialen Systems, deren Elemente in vielfältiger Weise interagieren, wobei regelmäßig das Systemverhalten sich nicht direkt aus dem Verhalten der Elemente ableiten lässt (es ergibt sich aus ihrem Zusammenwirken: Emergenz). Komplexität wird in der Umgangssprache fälschlicherweise mit Kompliziertheit gleichgesetzt: Eine Schweizer Uhr mit Kalender, Schaltjahrerkennung und Mondphase ist extrem kompliziert, aber nicht komplex, da alle Funktionen Folge eines linear ablaufenden mechanischen Prozesses sind.

Marginaler Steuersatz Bei der Einkommensteuer (Lohnsteuer) der Steuersatz, mit dem der letzte verdiente Euro besteuert wird (auch *Grenzsteuersatz*). Aufgrund der progressiven Steuertarife in den meisten europäischen Ländern (so in Deutschland, Österreich, Schweiz) liegt aufgrund der Progression der marginale Steuersatz stets höher als der Durchschnittssteuersatz.

Moral hazard Moralisches Risiko, spielt insbesondere in der Versicherungswirtschaft eine Rolle, wenn Personen, die Versicherungsschutz genießen, nur deswegen ihr Verhalten ändern: Der Wintersportler, der eine Skiversicherung abgeschlossen hat, passt auf seine Ski weniger gut auf; der Kaskoversicherte akzeptiert jedwede Rechnung seiner Automobilwerkstatt, weil die Versicherung die Kosten übernimmt; der Krankenversicherte nimmt ärztliche Leistungen häufiger in Anspruch, als es medizinisch notwendig wäre etc.

Nash-Gleichgewicht Begriff aus der Spieltheorie, der eine Situation kennzeichnet, bei der keiner der Beteiligten einen Anreiz hat, seine Strategie zu verändern, wenn die anderen bei ihrer Strategie verbleiben. Für jeden Einzelnen gilt somit, dass seine Strategie die beste Antwort auf die Strategien der anderen darstellt. Neben dem Pareto-Optimum zentrales Kriterium zur Beurteilung sozialer Situationen.

Nullsummenspiel Ein Spiel, bei dem die Summe der Gewinne und Verluste aller Spieler null ist, d. h. das, was einer gewinnt, muss zulasten eines anderen (oder mehrerer anderer) gehen. Das Nullsummenspiel beschreibt im ökonomischen Sinne eine extreme Konkurrenzsituation (z. B. der Kampf um Marktanteile in einer bestimmten Region), bei der eine Kooperation nicht möglich ist.

Nutzenfunktion Gedankliches Konstrukt, mit dem die Präferenzen von Wirtschaftssubjekten modelliert werden. Eine Nutzenfunktion ordnet Gütern (Geld, Waren, Leistungen o. ä.) eine Zahl zu, wobei das jeweilige Wirtschaftssubjekt ein Gut mit einer höheren Zahl einem Gut mit einer geringeren Zahl vorzieht. Das Denken in Nutzenfunktionen hat rein heuristischen Wert, es dient dem besseren Verständnis (im Sinne von besserer Nachvollziehbarkeit) menschlicher Entscheidungen, soll aber nicht das tatsächliche Entscheidungsverhalten *beschreiben*: Niemand trifft die Entscheidung, ob er einen Pfälzer Riesling oder einen Wachauer Grünen Veltliner trinken soll, auf der Basis einer mathematischen Nutzenfunktion!

Opportunitätskosten Nutzenentgang aufgrund des Verzichts auf die nächstbeste Handlungsalternative, die man durch eine Aktion nicht hat realisieren können. Beispielsweise entstehen dem Kaufmann aufgrund seiner Arbeit im eigenen Geschäft Opportunitätskosten in Höhe des Einkommens, das er als Geschäftsführer in einem anderen Unternehmen hätte erzielen können.

Option Vertragliches Recht, eine bestimmte Sache in der Zukunft zu einem vereinbarten Preis kaufen (*Kaufoption, Call*) oder verkaufen (*Verkaufsoption, Put*) zu dürfen. Finanzwirtschaftliche Optionen (auf einzelne Aktien, Aktienindices, Währungen, Zinssätze) gehören zu den sog. Derivaten. Verwendet werden sie hauptsächlich im Rahmen des Risikomanagements zur Absicherung realwirtschaftlicher Positionen oder zur Generierung neuartiger „strukturierter" Finanzanlagen.

Partage-Regel Regel beim Roulette, wonach ein Spieler, der auf einfache Chancen gesetzt hat (gerade oder ungerade, rot oder schwarz, hoch oder niedrig) dann, wenn die Kugel auf die Null fällt, nur die Hälfte seines Einsatzes verliert. Damit wird, wie bei der ähnlichen „En Prison Regel", die Gewinnwahrscheinlichkeit des Casinos zugunsten der Spieler vermindert.

Pareto-Optimum Verteilungszustand, bei dem es nicht möglich ist, die Situation eines Beteiligten zu verbessern, ohne zugleich die eines anderen zu verschlechtern. Unter einer Pareto-superioren Position versteht man eine Situation, die sich von einer anderen dadurch abhebt, dass diese Verbesserung möglich ist. In einem Nullsummenspiel gibt es keine pareto-superioren Positionen. Neben dem Nash-Gleichgewicht zentrales Kriterium zur Beurteilung sozialer Situationen.

Portefeuille Unter einem Portefeuille (portfolio) versteht man eine Aktenmappe, in der die Wertpapiere eines Wirtschaftssubjekts erfasst sind; heute wird unter dem Begriff allgemein die Gesamtheit aller Anlagen einer Person oder eines Unternehmens verstanden. Die in den Fünfzigerjahren entwickelte Portfeuilletheorie gab Antworten auf die Frage, wie solche Bündel zu bewerten sind: Aufgrund der Möglichkeiten zur Risikodiversifikation ist das Ganze nicht gleichzusetzen mit der Summe seiner Teile. Ursprung des heute verbreiteten „ganzheitlichen Denkens".

Prisoner's dilemma Eines der bekanntesten Konzepte der Spieltheorie. Es verdeutlicht den Konflikt zwischen Individuum und Kollektiv und beschreibt eine im sozialen Kontext sehr häufig auftretende Situation, bei der das Pareto-Optimum und das Nash-Gleichgewicht auseinanderfallen. Im Zweipersonenkontext ist die von beiden präferierte Situation (Pareto-Optimum) nicht stabil im Sinne von *Nash*, denn jeder der beiden hätte einen Anreiz, sich durch unsolidarisches Verhalten individuell zu verbessern. Nur eine paretoinferiore Situation ist im Sinne eines *Nash*-Gleichgewichts stabil.

Prospect theory Auf *Kahneman* und *Tversky* zurückgehendes Alternativmodell zur Erwartungsnutzentheorie. Die *prospect theory* basiert auf empirischen Untersuchungen zum menschlichen Entscheidungsverhalten und berücksichtigt häufig beobachtbare kognitive Verzerrungen wie Ankerverhalten, Selbstüberschätzung, sich verändernde Risikoeinstellung o. ä.

Rationalität Vernunftgeleitetes und zielorientiertes Handeln. Die dem *homo oeconomicus* zugrunde liegende Rationalitätsannahme diente in der Wirtschaftstheorie immer nur der Komplexitätsreduktion und nicht, wie oftmals fälschlicherweise unterstellt wird, als Charakterisierung tatsächlichen menschlichen Verhaltens. Letztlich lässt sich nicht darüber streiten, *ob*, sondern nur *in welchem Maße* der Mensch rational handelt.

Reputation Immaterielles Gut einer Person, die von Dritten als verlässlich und integer eingeschätzt wird. Je höher die Reputation einer Person, umso höher sind ihre Kosten des Reputationsverlusts; deswegen sind die von ihr gesendeten Informationen, auch wenn sie keine Signale darstellen, für andere vertrauenswürdig.

Reservationspreis Der nicht offengelegte Preis, den ein Käufer für ein Gut maximal zu zahlen bereit wäre bzw. den ein Verkäufer mindestens erzielen möchte. Findet das Geschäft zu einem niedrigeren Preis als dem Reservationspreis des Käufers statt, so erzielt dieser eine *Konsumentenrente*; liegt er höher als der Reservationspreis des Verkäufers, so erhält dieser eine *Produzentenrente*.

Risikoeinstellung Unter *Risiko* wird die Möglichkeit verstanden, dass ein Ereignis (eine Zahlung) anders eintritt, als sie erwartet wurde. In aller Regel sind die Menschen *risikoavers*, d. h. sie ziehen weniger riskante Situationen riskanteren vor. Jemand gilt als *risikoneutral*, wenn er das Risiko unberücksichtigt lässt (z. B. er bewertet eine Zahlung von 100 € gleich einem Münzwurf, bei dem er null oder 200 € erhalten kann). Glücksspieler gelten als *risikofreudig*, da sie für ein Spiel mehr als den Erwartungswert zu zahlen bereit sind.

Risikoprämie Der Betrag, den eine risikoaverse Person dafür verlangt, dass sie bereit ist, ein Risiko einzugehen; die geforderte Risikoprämie ist umso höher, je ausgeprägter die Risikoaversion ist. In Deutschland lag die durchschnittliche Rendite auf Aktien in den vergangenen Jahrzehnten um 5–7 % über der Rendite auf Bundesanleihen.

Schwarmintelligenz Tatsache, dass oftmals dem aggregierten Urteil vieler Laien eine höhere Qualität zukommt als dem einzelnen Urteil eines Fachmanns. Schwarmintelligenz ist verbreitet bei der Einschätzung von Trends und liefert eine der zentralen Begründungen für die Überlegenheit demokratischer (*John St. Mill*, 1806–1873) bzw. marktwirtschaftlicher (*Friedrich A Hayek*, 1899–1992) Systeme.

Screening Versuch der Überwindung asymmetrischer Information, wobei der schlechter informierte dem besser informierten Marktteilnehmer Vertragsvarianten anbietet, deren Auswahl informationsenthüllend ist.

Signaling Ebenfalls ein Versuch der Überwindung asymmetrischer Information. Der besser informierte Teilnehmer sendet ein *Signal*, d. h. eine Information, die deswegen für glaubwürdig gehalten wird, weil ihre Bereitstellung demjenigen, der die signalisierte Eigenschaft nicht aufweist, prohibitiv hohe Kosten auferlegen würde.

Spiel Im spieltheoretischen Sinne eine soziale Interaktion, bei der die Ergebnisse eines jeden nicht nur von seiner eigenen Entscheidung (Strategie), sondern auch von der der anderen Teilnehmer abhängen. Im Gegensatz zu Entscheidungen gegen die Natur werden Spiele auch als Entscheidungen gegen bewusst handelnde Gegenspieler bezeichnet.

Stoppregel Regel, die angibt, wann ein Suchprozess (z. B. eine schrittweise Informationsbeschaffung) abgebrochen werden soll, um ein optimales oder annehmbares Ergebnis zu erreichen.

Strategie Entscheidungsverhalten, das die Reaktion anderer in die Überlegungen des Entscheiders einbezieht. In der Spieltheorie vollständiger Plan aller Züge, die ein Spieler vor dem Hintergrund aller möglichen Züge seines Gegners zu ziehen beabsichtigt. Bei einer gemischten Strategie wählt der Spieler einen Zufallsmechanismus, mit dem er zwischen einer oder mehreren reinen Strategien wechselt.

Suchgut Gut, dessen Eigenschaften und dessen Qualität durch den Erwerber bereits vor dem Kauf im Wesentlichen festgestellt werden kann. Beispiele sind Treibstoffe, Autos, Computer u. v. m. Gegensatz dazu: Erfahrungsgut, Vertrauensgut.

Survival of the fittest Bevorzugtes Überleben der an ihre Umwelt am besten angepassten Individuen im Rahmen der Darwin'schen Evolutionstheorie. In der modernen Evolutionsbiologie kaum noch gebräuchlicher Begriff.

Tit for tat In einem mehrperiodischen Spiel Strategie eines Spielers, beim ersten Zug zu kooperieren und sich dann genauso zu verhalten wie sein Gegenspieler (Wie du mir, so ich dir). Die Strategie beginnt freundlich, ist leicht beherrschbar, schützt vor Ausbeutung und ist nicht rachsüchtig. In dem von *Axelrod* durchgeführten Computerturnier eines wiederholten Gefangenendilemmas hat sich Tit for tat allen anderen Strategien als überlegen erwiesen.

Transitivität Eines der Grunderfordernisse rationalen Entscheidungsverhaltens: Wer A lieber hat als B und B lieber hat als C, hat auch A lieber als C. Nicht anwendbar bei Mehrpersonenentscheidungen. Wird aber auch bei Einpersonenentscheidungen häufig verletzt.

Vertrauensgut Die Qualität von Vertrauensgütern ist durch den Konsumenten weder vor dem Kauf noch nach dem Kauf feststellbar. Typischer Fall sind Medikamente (Hat es die Genesung befördert oder waren es andere Faktoren?), Taxifahrten (Hat er die kürzeste Route oder einen teuren Umweg gewählt?), Reparaturen (War der Austausch eines Aggregats notwendig oder nicht?). Gegensatz dazu: Suchgut, Erfahrungsgut.

Printed in the United States
By Bookmasters